U0344870

#《有机化学》编委会

主　编: 陈优生　张　莉　王　希

副主编: 许良葵　李宗伟　王军民

编　者: (以姓氏拼音为序)

曹华玲（广东食品药品职业学院）

陈优生（广东食品药品职业学院）

李宗伟（广东食品药品职业学院）

潘卫松（广州市药品检验所）

王军民［德乐满香精香料（广州）有限公司］

王　希（广东食品药品职业学院）

许良葵（广东食品药品职业学院）

张　莉（广州一品红制药有限公司）

钟　鸣（广州白云山汉方现代药业有限公司）

主　审: 王　霆（广州一品红制药有限公司）

有机化学

Organic Chemistry

陈优生　张　莉　王　希◎主编

暨南大學出版社
JINAN UNIVERSITY PRESS

中国·广州

图书在版编目（CIP）数据

有机化学/陈优生，张莉，王希主编. —广州：暨南大学出版社，2018.8
ISBN 978－7－5668－2368－7

Ⅰ.①有…　Ⅱ.①陈…②张…③王…　Ⅲ.①有机化学—高等职业教育—教材
Ⅳ.①O62

中国版本图书馆CIP数据核字(2018)第074993号

有机化学
YOUJI HUAXUE
主　编：陈优生　张　莉　王　希

出 版 人：徐义雄
策划编辑：张仲玲
责任编辑：邓丽藤　王　莹
责任校对：黄　颖
责任印制：汤慧君　周一丹

出版发行：暨南大学出版社（510630）
电　　话：总编室（8620）85221601
营销部（8620）85225284　85228291　85228292（邮购）
传　　真：（8620）85221583（办公室）　85223774（营销部）
网　　址：http://www.jnupress.com
排　　版：广州市天河星辰文化发展部照排中心
印　　刷：广州市穗彩印务有限公司
开　　本：787mm×1092mm　1/16
印　　张：13.25
字　　数：335千
版　　次：2018年8月第1版
印　　次：2018年8月第1次
定　　价：38.00元

前　言

有机化学是医药类、化工类等专业的基础课，对专业培养效果起着重要的作用，本教材主要供制药、药学、中药、化学、化工等专业的高职高专学生使用。

高职高专重在培养学生的应用能力，本教材编写过程中以“够用为度、实用为主”的方针对内容进行了编排。

本教材共分十四章，分别为：绪论，烷烃，烯烃，炔烃和二烯烃，立体化学，脂环烃，芳烃，卤代烃，醇、酚、醚，羰基化合物，羧酸，羧酸衍生物，含氮有机化合物，杂环化合物。教材在编排时删除了药学类、化工类等专业较少用到的知识，对某些内容增加了深度，以培养学生的理解能力，从而更有利于学生的深度学习。

本教材的编写工作由陈优生（绪论、羰基化合物），曹华玲（芳烃），李宗伟（烯烃、炔烃和二烯烃），张莉（含氮有机化合物），潘卫松（烷烃、杂环化合物），许良葵（羧酸、羧酸衍生物），钟鸣（醇、酚、醚），王希（卤代烃），王军民（立体化学、脂环烃）等老师合力完成，在此表示感谢。

本教材得到了“广东省应用植物学重点实验室开放课题（AB2016012）”的资助及主审王霆教授的指导与帮助，在此一并表示感谢。

由于时间仓促，本教材在编写中难免有疏漏之处，欢迎读者批评指正。

编　者

2018 年 1 月

目　录

1 绪 论

1.1 有机化合物和有机化学

人类对有机化合物的认识，最初主要基于实用的目的。例如，用谷物酿造酒和食醋；从植物中提取染料、香料和药物等。到 18 世纪末，已经得到了一系列纯粹的化合物，如酒石酸、柠檬酸、乳酸、苹果酸等。这些从动植物提取到的化合物具有许多共同的性质。18 世纪初 19 世纪末，由于受到生产力水平的限制，人们认为这些化合物是由动植物有机体内的“生命力”影响而形成的，有别于从没有“生命力”的矿物中提取到的化合物。因而，人们将前者称为有机化合物，后者称为无机化合物。

“生命力”学说一度阻碍了有机化学的发展，尤其是减缓了有机合成的前进步伐。第一次给予“生命力”学说沉重打击的是 1828 年德国年轻的化学家维勒（Friedrich Wöhler）首次用无机化合物氰酸铵合成了有机化合物尿素，这也是有机合成的开端。

$$\underset{\text{氰酸铵}}{NH_4OCN} \longrightarrow \underset{\text{尿素}}{NH_2CONH_2}$$

尿素的人工合成，不仅突破了无机化合物与有机化合物之间的绝对界限，动摇了“生命力”学说的基础，开创了有机合成的道路，而且启迪了人们的哲学思想，有助于生命科学的发展。

德国化学家贝耶尔（Adolf von Baeyer）与他人合作，在 1878 年首次合成了靛蓝。他因靛蓝和芳烃化合物方面的研究成果而荣获 1905 年诺贝尔化学奖。与此同时，人们又合成了大量有机化合物。至此，“生命力”学说彻底破产。

如今，许多生命物质，例如蛋白质（我国科学家于 1965 年首次人工合成了相对分子质量较小的蛋白质——胰岛素）、核酸和激素等也都被成功地合成出来。越来越多的有机合成事实，确立了有机化合物的新概念，即有机化合物是含碳化合物。有机化学是研究含碳化合物（有机化合物）的组成、结构、性质、反应、合成、反应机制及相互转变规律等的一门科学。虽然现在人们仍然使用“有机”两字来描述有机化合物和有机化学，不过它的含义与早期“有机”［贝采里乌斯（Berzelius J.）首先使用“有机化学”的概念］的含义有本质的差别。

1.2 有机化合物的一般特性

虽然有机化合物的种类繁多，性质各异，但大多数有机化合物具有共同的特性，大致表现在以下三个方面。

1.2.1 结构

同分异构现象的存在较为普遍，在有机化学中，化合物的结构是指分子中原子间的排列次序、原子间的立体位置、化学键的结合状态以及分子中电子的分布状态等总体情况。同分异构体是指具有相同分子式而结构式不同的化合物。例如，乙醇和二甲醚的分子式都是 C_2H_6O。在通常条件下，乙醇是液体，沸点为 78.6℃；而二甲醚是气体，沸点为 -23℃。显然，二者是不同的物质，乙醇和二甲醚互为同分异构体，这种现象称作同分异构现象。

在有机化学中，将化合物分子中的原子相互连接的顺序和方式称作构造，因此，乙醇和二甲醚的分子式相同，只是构造不同，人们将这种异构称作构造异构。

显然，有机化合物含有的碳原子数和原子种类愈多，分子中原子间的可能排列方式愈多，其同分异构体数量也愈多。例如，分子式为 $C_{10}H_{22}$ 的同分异构体数可达 75 个。

同分异构现象是造成有机化合物数量众多的原因之一，而同分异构现象在无机化合物中并不多见。

1.2.2 物理性质

绝大多数有机化合物可以燃烧，燃烧过程中碳化变黑，最终生成二氧化碳和水。可以利用这一性质来区别有机化合物和无机化合物。热稳定性较差，固体有机化合物的熔点一般在 400℃以下；在水中溶解度较小，但易溶于有机溶剂。

1.2.3 化学性质

化学反应速度较慢，常需采用加热、搅拌甚至催化剂等方式来加速反应。此外，由于大多数有机分子较复杂，在发生化学反应时，常常不是局限在某一特定部位，这就使反应结果较复杂；往往在主要反应的同时还伴随着一些副反应而使副产物较多，产率较低。有机反应后常需采用蒸馏、重结晶等操作进行分离提纯。

1.3 有机化合物的结构

早在 19 世纪初，化学实验的结果就表明，1 个氢原子和 1 个氯原子可以结合成 1 个氯化氢分子；2 个氢原子可以和 1 个氧原子结合成 1 个水分子。但是靠什么力量使之结合的，人们尚不清楚。

1.3.1 碳原子的四面体结构

19 世纪中叶，俄国化学家布特列洛夫（A. M. Butlerov）、德国化学家凯库勒（A. Kekulé）等先后将“化学结构”的概念引用到有机化学中，认为有机化合物的化学性质与其化学结构之间存在着一定的依赖关系，通过化学性质的研究，可以推测化学结构；同时，根据化学结构又可预见物质的化学性质。凯库勒于 1858 年指出，在有机化合物中，碳的化合价为四价，奠定了有机化合物结构理论的基石。

19 世纪末 20 世纪初，电子的发现、原子结构的揭示使物质结构理论有了极大的发展。荷兰化学家范霍夫（J. H. Van't Hoff）和法国化学家勒贝尔（J. A. Le Bel）分别独立提出了碳原子的立体概念，认为碳原子具有四面体结构。碳原子位于四面体中心，四个相等的价键伸向四面体的四个顶点，各个键之间的夹角为109°28′（见图1–1）。例如，当碳原子与四个氢原子结合成甲烷时，碳原子位于四面体中心，四个氢原子在四面体的四个顶点上，见图1–2：

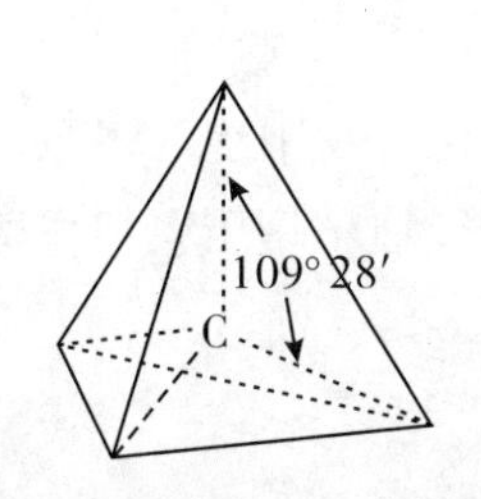

图1–1 碳原子的四面体结构

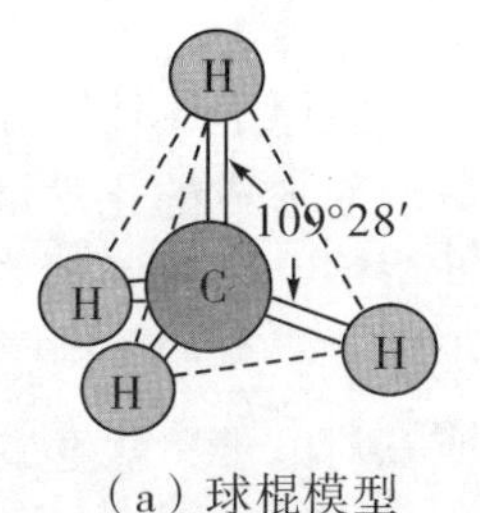

（a）球棍模型

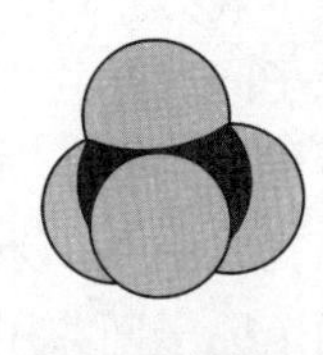

（b）比例模型

图1–2 甲烷的四面体结构

碳原子的四面体学说的提出，开启了有机结构理论新的篇章。

现在用X射线衍射法已经能准确地测定碳原子的立体结构，完全证实了这种模型的正确性。碳原子的四面体结构不仅反映了碳原子的真实构象，而且为研究有机分子的立体形状奠定了基础。

1.3.2 凯库勒结构式

凯库勒在碳的四价学说基础上，确定了苯分子的环状结构。人们已认识到，碳原子可以相互连接成碳链或碳环，也可与其他元素的原子（其他原子也有一定的化合价）连接成杂环；碳原子可以单键、双键或三键相互连接或与其他元素相互连接。例如，乙烷中两个碳原子以一价相互结合，乙烯中两个碳原子以二价相结合等，并采用以下凯库勒结构式来表示：

H—C≡C—H

乙炔

```
H     H
 \   /
  C=C
 /   \
H     H
```

乙烯

至此，人们对苯的衍生物以及有机化合物中广泛存在的异构现象，能从理论上予以解释：由于化合物的结构不同，因此性质也不相同。

1.3.3 路易斯结构式

对于碳原子的化合价为什么是四价的，两个原子之间靠什么力量相结合的问题，直至原子结构学说的诞生才得到解答。美国物理化学家路易斯（G. N. Lewis）等，在原子结构学说的基础上提出了著名的“八隅体规则”。该学说认为通常化学键的生成只与成键原子的最外层价电子有关。惰性元素原子中，电子的构型是最稳定的。其他元素的原子，都有达到这种稳定构型的倾向，因此它们可以相互结合形成化学键。惰性元素最外层电子数为8或2，故一般情况下，原子相互结合生成化学键时，其外层电子数应达到8或2。为了达到这种稳定的电子层结构，它们采取失去、获得或共用电子的方式成键。

有机化合物中的主要元素是碳，其外层有4个电子，它要失去或获得4个电子都不容易，因此，采用折中的办法，即和其他原子通过共用电子的方式成键。例如：

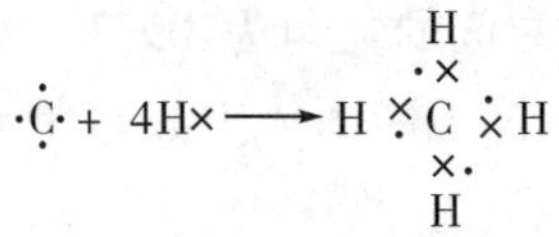

$$\cdot\dot{\underset{\cdot}{C}}\cdot + 4H\times \longrightarrow H\overset{\times}{\underset{\cdot}{}}\overset{H}{\underset{H}{C}}\times H$$

甲烷

在甲烷分子中，碳原子和氢原子最外层分别有 8 个和 2 个电子，都达到了最稳定的构型。原子间通过共用一对电子而形成的化学键称共价键。有机化合物中绝大多数的化学键是共价键。用电子对表示共价键的结构式称路易斯结构式，路易斯结构中一对电子，在凯库勒结构式中用一条横线来表示。

两个原子间共用两对或三对电子，就生成双键或三键。例如：

乙炔 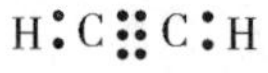 H:C⋮⋮C:H　　H—C≡C—H

路易斯结构式　　凯库勒结构式

书写路易斯结构式时，要将所有的价电子都表示出来。将凯库勒结构式改写成路易斯结构式时，未共用的电子对应标出。例如：

乙醇 CH_3CH_2OH：H—C(H)(H)—C(H)(H)—O—H　　H:C(H)(H):C(H)(H):Ö:H

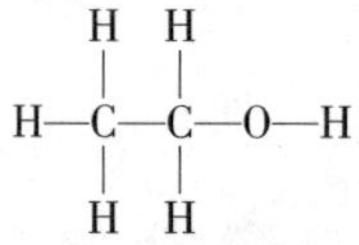

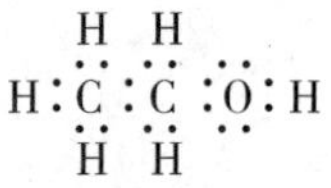

凯库勒结构式　　路易斯结构式

有机化合物的一些性质与未共用电子对有关。

原子间通过电子转移产生正、负离子，两者相互吸收所形成的化学键称为离子键。例如：

$$Na\cdot + \cdot\ddot{\underset{..}{Cl}}: \longrightarrow Na^{+}:\ddot{\underset{..}{Cl}}:^{-}$$

这两个离子的最外电子层都有 8 个电子，都达到了最稳定的构型。

配位键：这是一种特殊的共价键，其特点为形成共价键的一对电子是由一个原子提供的。例如，氨与质子结合生成铵离子时，由氨中的氮原子提供一对电子形成氮氢 N—H 共价键。

1.3.4 原子轨道

路易斯价键理论虽然有助于对有机化合物的结构与性质的关系的理解，但仍为一种静态的理论，并未能说明化学键形成的本质，即未能从电子的运动来阐明问题。对分子如何形成的概念和共价键本质的理解，是量子力学建立以后的事。

量子力学创始于 20 世纪 20 年代，是现今用来描述电子或其他微观粒子运动的基本理论。化学家用量子力学的观点来描述核外电子在空间的运动状态和处理化学键问题，建立了现代共价键理论。

现代共价键理论包括价键理论和分子轨道理论，现就相关概念和知识作一些简单介绍。

20 世纪 20 年代，人们用电子衍射实验证明，凡是微观粒子如光子、电子等，都具有波粒二象性，其运动是服从微观运动规律的。可以用量子力学的波动方程——薛定谔方程来描述。

$$H_{\psi} = E_{\psi}$$

求解波动方程所得的每一个 ψ 值，表示粒子的一个运动状态。与每一个 ψ 相应的 E 就是粒子在该状态下的能量。因此，对于原子来说，波函数 ψ 就是描述其核外电子运动的状态函数，称为原子轨道。轨道有不同的形状和大小；不同能量的电子分占不同类型的轨道。

电子围绕原子核作高速运动，无法在确定时间内找出电子的准确位置，但是可以知道电子在某一时间某一空间范围内出现的概率。如果将电子出现的概率看作带负电荷的“云”，波函数的平方（ψ^2）则代表原子核周围小区域内电子云出现的概率。ψ^2 与概率密度成正比。电子出现的概率越大，则“云层”越厚，在图 1－3（b）中的黑点越密；电子出现的概率越小，则“云层”越薄。

轨道的形状和“云”的形状大致相似。s 轨道为球形，核对称，沿轨道对称轴转任何角度，轨道的位相不变，没有方向性。轨道的大小为 1s＜2s＜3s。

p 轨道为哑铃形，以通过原子核的直线为轴对称分布。p 轨道有方向性，沿 x、y、z 三个方向伸展，分别为 p_x、p_y、p_z 三个轨道。它们的对称轴互相垂直，但能量相等。见图 1－4：

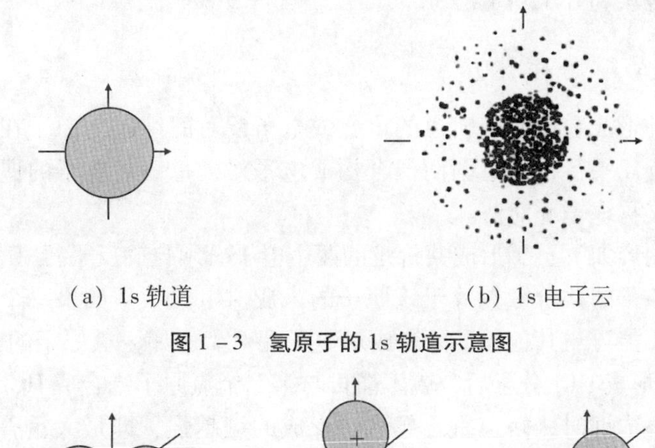

（a）1s 轨道　　（b）1s 电子云

图 1－3　氢原子的 1s 轨道示意图

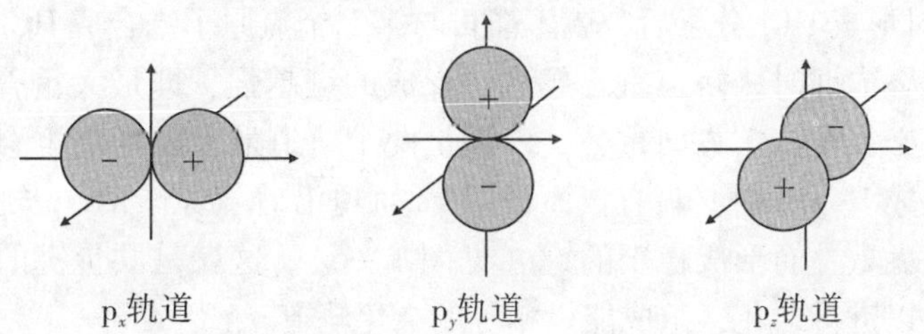

图 1－4　2p 轨道及 2p 轨道的位相

轨道图中的“＋”和“－”表示波位相。p 轨道的大小为 2p＜3p＜4p。

任何一个原子轨道只能被两个自旋相反的电子所占据，通常用向上和向下的箭头（↑、↓）来表示。电子首先占据能量最低的轨道，当此种轨道被填满后，才依次占据能量较高的轨道。当有几个能量相同的轨道时，则电子尽可能分占不同的轨道。以上三点就是泡利（W. Pauli）不相容原理、能量最低原理和洪特（F. Hund）规则。

1.3.5　共价键的本质

两个氢原子通过共用一对电子形成氢分子，并且在通常条件下，氢分子不会自动分解成氢原子。这说明两个氢原子共用一对电子比各自带一个电子要稳定得多。1927 年德国化学家海特勒（W. Heitler）和伦敦（F. London）首次成功证实了这一事实，他们利用量子力学的近似方法处理化学键问题，计算氢分子中共价键形成时体系的能量变化。结果发现，当各自带有一个单电子且自旋方向相反的两个氢原子相互接近到一定程度（核间距 r =

0.074nm）时，两个原子轨道重叠，核间产生电子云密度较大的区域，吸引两个原子核，此时体系能量降低（比两个孤立的氢原子的能量低），形成稳定的氢分子（见图1－5），降低的能量就是氢分子的结合能，这就是共价键的本质。

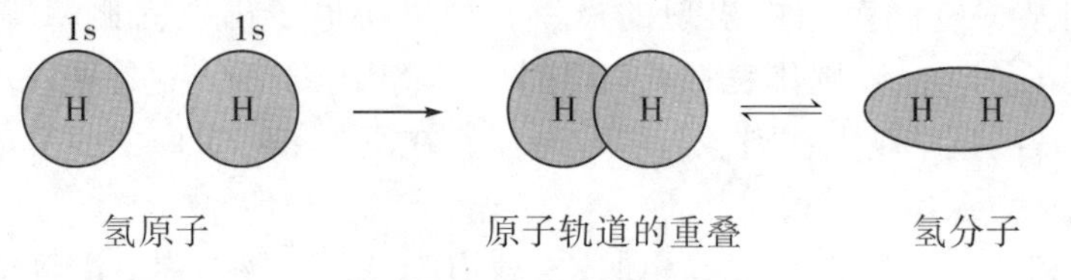

图1－5 氢分子的形成

后来美国化学家鲍林（L. Pauling）等，把处理氢分子的共价键的方法定性地推广到双原子和多原子分子，通过近似方法计算可以得到与实验大致符合的结果。近似方法中最常用的两种方法是价键法和分子轨道法。

1.3.6 价键法

价键法即把键的形成看作原子轨道的重叠或电子配对的结果。原子在未化合前所含的未成对电子如果自旋反平行，则可两两偶合构成电子对，每一对电子的偶合就生成一个共价键，所以价键法又称电子配对法。

价键法的主要内容如下：①形成共价键的两个电子必须自旋反平行（↑、↓）。②共价键有饱和性。元素原子的共价键数等于该原子的未成对电子数。如果一个原子的未成对电子已经配对，它就不能再与其他原子的未成对电子配对。例如，氢原子的1s电子与一个氯原子的3p电子配对形成HCl分子后，就不能再与第二个氯原子结合成HCl_2。③共价键有方向性。原子轨道重叠成键时，轨道重叠越多，形成的键越强，即最大重叠原理。因此，成键的两个原子轨道必须按一定方向重叠，以满足两个轨道最大限度的重叠，形成稳定的共价键。例如，在形成H—Cl时，只有氢原子的1s轨道沿着氯原子的3p轨道对称轴的方向重叠，才能达到最大重叠而形成稳定的键（见图1－6）。这就是共价键的方向性。④能量相近的原子轨道可以进行杂化，组成能量相等的杂化轨道。

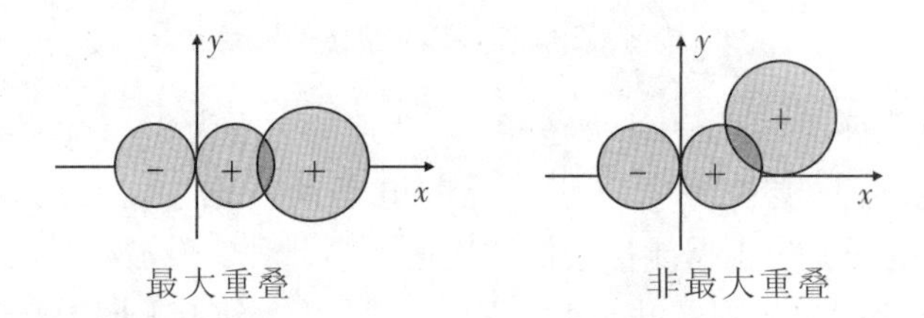

图1－6 s轨道和p轨道的重叠

1.3.7 杂化轨道理论

杂化轨道理论是鲍林等人于1931年提出来的。杂化轨道理论认为，元素的原子在成键时，可以变成激发态，而且能量近似的原子轨道可以重新组合成新的原子轨道，称为杂化轨道。杂化轨道的数目等于参与杂化的原子轨道的数目，并包含原子轨道的成分。杂化轨道的方向性越好，成键的能力越强。

碳原子的sp^3杂化轨道、sp^2杂化轨道和sp杂化轨道：

（1）sp^3杂化轨道。碳原了在基态时的电子构型为 $1s^22s^22p_x^{\ 1}2p_y^{\ 1}2p_z^{\ 0}$，按理只有 $2p_x$ 和 $2p_y$ 可以形成共价键，键角为 90°。但在甲烷分子中，是四个完全等同的键，键角均为 109°28′。这是因为在成键过程中，碳原子的 2s 轨道有一个电子激发到 $2p_z$ 轨道，成为 $1s^2$ $2s^12p_x^{\ 1}2p_y^{\ 1}2p_z^{\ 1}$。然后三个 p 轨道与一个 s 轨道重新组合杂化，形成四个完全相同的 sp^3 杂化轨道，其形状一头大一头小，每个轨道是由 1/4 s 与 3/4 p 轨道杂化组成，这四个 sp^3 轨道的方向都指向正四面体的四个顶点，因此 sp^3 轨道间的夹角都是 109°28′，见图 1－7：

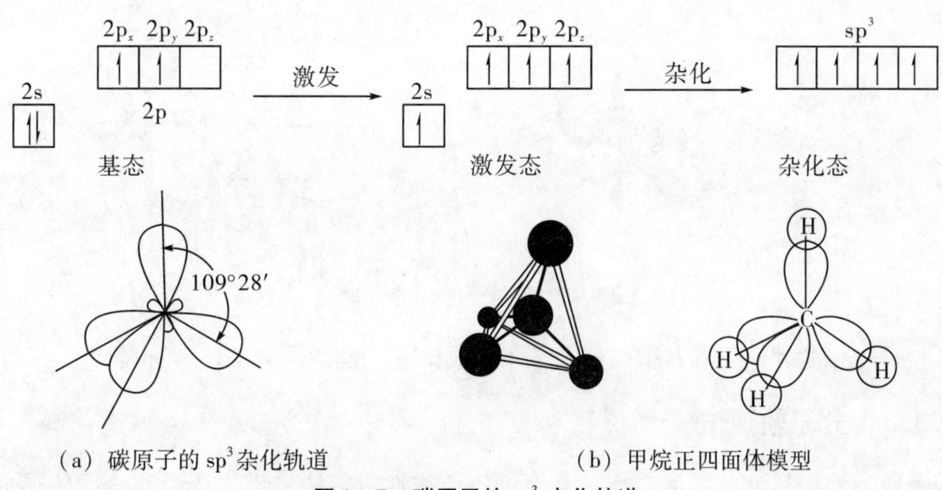

（a）碳原子的 sp^3 杂化轨道　　（b）甲烷正四面体模型

图 1－7　碳原子的 sp^3 杂化轨道

（2）sp^2杂化轨道。碳原子在成键过程中，首先是基态 2s 轨道中的一个电子激发到 $2p_z$ 空轨道，然后一个 2s 轨道和二个 2p 轨道重新组合杂化，形成三个相同的 sp^2 杂化轨道，还剩余一个 p 轨道未参与杂化。

每一个 sp^2 杂化轨道均由 1/3 s 与 2/3 p 轨道杂化组成，这三个 sp^2 杂化轨道在同一平面，夹角为 120°。余下一个 $2p_z$ 轨道，垂直于三个 sp^2 轨道所处的平面，见图 1－8：

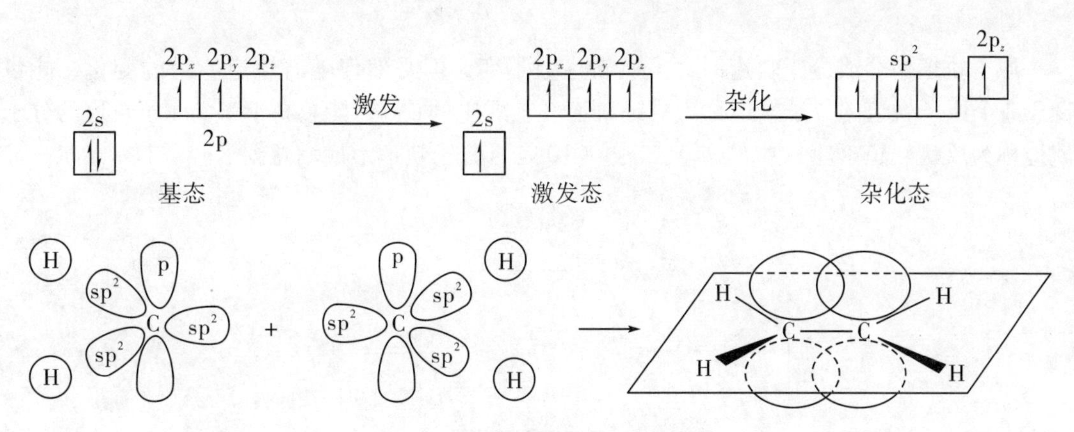

图 1－8　碳原子的 sp^2 杂化轨道

乙烯分子中的两个碳原子和其他烯烃分子中构成碳碳双键的碳原子均为 sp^2 杂化。

（3）sp 杂化轨道。碳原子在成键过程中，碳原子的基态 2s 轨道中的一个电子首先激发到 $2p_z$ 空轨道，然后一个 2s 轨道与一个 2p 轨道重新组合杂化形成两个相同的 sp 杂化轨道，还剩余两个 p 轨道未参与杂化。

每个 sp 杂化轨道由 1/2 s 与 1/2 p 轨道杂化组成轨道间夹角为 180°，呈直线形。余下两个互相垂直的 p 轨道垂直于杂化轨道平面，见图 1－9：

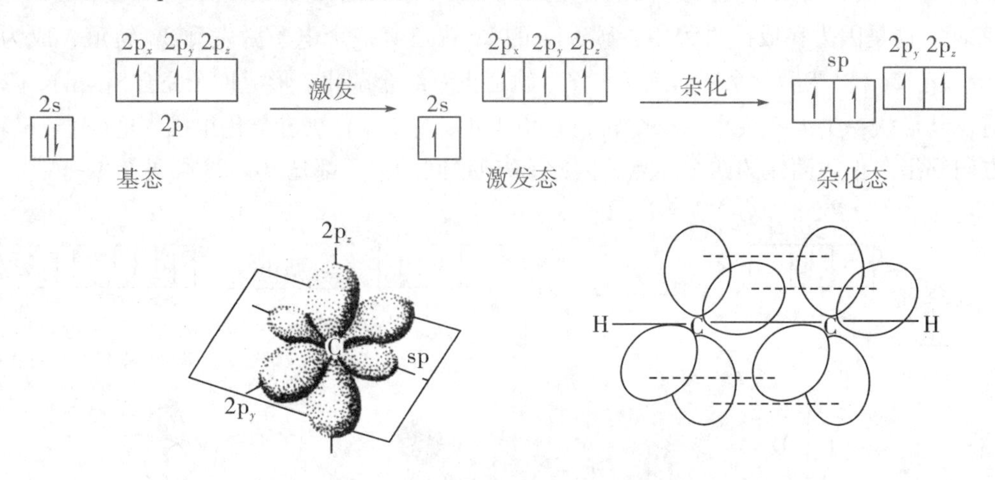

图 1－9 碳原子的 sp 杂化轨道

乙炔分子中的碳原子和其他炔烃分子中构成碳碳三键的碳原子均为 sp 杂化。

1.3.8 分子轨道法

分子轨道法中目前应用最广泛的是原子轨道线性组合法，该法认为共价键的形成是成键原子的原子轨道相互接近相互作用而重新组合成整体的分子轨道的结果。分子轨道是电子在整个分子中运动的状态函数。它认为“形成共价键的电子分布在整个分子之中”，这是一种“离域”的观点。其主要内容简单归纳如下：

（1）分子轨道由原子轨道线性组合而成。分子轨道法认为，n 个原子轨道组合成 n 个分子轨道。例如，A、B 两个原子的原子轨道 ϕ_A 和 ϕ_B 可以线性组合成两个分子轨道 ψ_1 和 ψ_2。

$$\phi_A + \phi_B = \psi_1 \qquad \phi_A - \phi_B = \psi_2$$

原子轨道组合成分子轨道时，虽然轨道数不变，但必然伴随着轨道能量的变化，能量低于 2 个原子轨道的分子轨道称为成键轨道（上式中的 ψ_1），能量高于 2 个原子轨道的分子轨道称为反键轨道（上式中的 ψ_2），图 1－10 是氢分子轨道形成示意图。

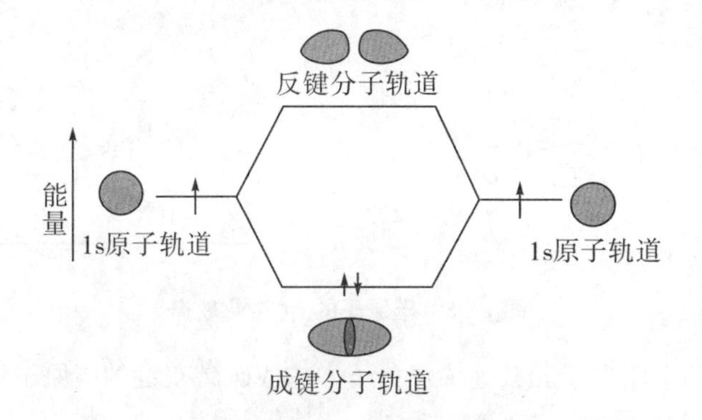

图 1－10 氢分子轨道的形成

（2）能量相近原则。分子轨道法认为，只有能量相近的原子轨道才能线性组合形成分子轨道。

（3）对称性匹配原则。成键的两个原子轨道，必须是位相相同的部分相互重叠才能形成稳定的分子轨道。图 1－11 中的（c）、（e）、（f）为对称性匹配，而（a）、（b）、（d）、（g）为对称性不匹配，对称性不匹配不能形成稳定的分子轨道。

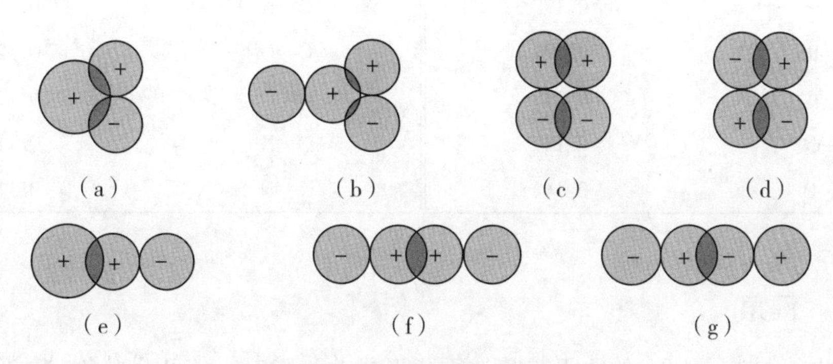

图 1－11　对称性匹配原则

（4）最大重叠原则。即原子轨道相互重叠形成分子轨道时，轨道重叠的程度越高，形成的键越稳定。这一点与价键法类似。

（5）能量最低原则。分子中的电子，在不违背每个分子轨道只能容纳两个自旋反平行的电子的原则下（即遵循泡利不相容原理），电子将优先占据能量最低的分子轨道，并按照洪特规则尽可能分占能量相同的轨道且自旋平行。

1.4　共价键参数

有机化合物中最常见的化学键就是共价键，下面就共价键的一些基本特性（如键长、键角、键能等）作一些介绍。这些特性对进一步了解有机化合物的结构和性质是很有益的。

1.4.1　键长

以共价键相结合的两个原子核间的距离称为键长。相同的共价键在不同的分子中其键长会稍有不同。因为成键的两个原子在分子中不是孤立的，它们受到分子中其他原子的影响。

化学键的键长是考察化学键的稳定性的指标之一。一般来说，键长越长，越容易受到外界的影响而发生极化。

现在应用 X 射线衍射法、电子衍射法等物理方法已可测定各种键的键长。表 1－1 列出了一些常见的共价键的键长。

表 1－1　一些常见共价键的键长

键	键长（nm）	键	键长（nm）
H—H	0.074	N—H	0.104
N—N	0.145	O—H	0.096
C—C	0.154	H—Cl	0.126

（续上表）

键	键长（nm）	键	键长（nm）
C—H	0.109	C═C	0.133
C—F	0.140	N═N	0.123
C—Cl	0.177	C═N	0.128
C—Br	0.191	C═O	0.120
C—I	0.212	C≡C	0.121
C—N	0.147	C≡N	0.116
C—O	0.143	N≡N	0.110

1.4.2 键角

当一个二价或二价以上的原子与其他原子形成共价键时，每两个共价键之间的夹角称为键角。例如，前面提到的甲烷分子中，每两个 C—H 键之间的夹角为 109°28′；乙烯分子中，两个 C—H 键之间的夹角为 120°。键角的大小与成键的中心原子的杂化状态有关，这是因为甲烷分子和乙烯分子中碳原子的杂化状态不同，所以键角不同。此外，键角的大小还与中心碳原子上所连的基团有关，当中心碳原子相同而与之相连的基团不同时，键角会有不同程度的改变。例如，甲烷分子和正丙烷分子：

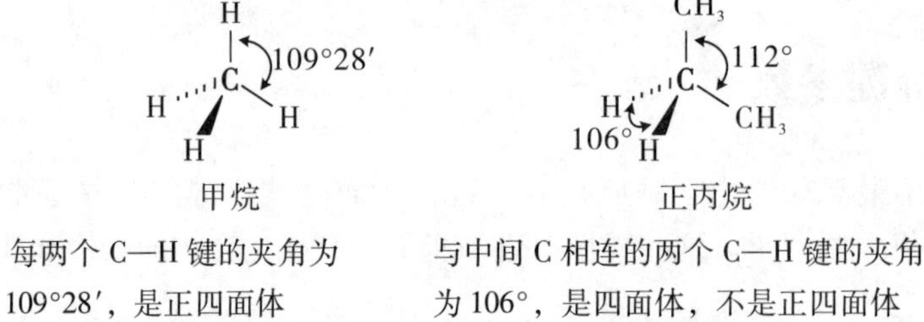

甲烷

每两个 C—H 键的夹角为 109°28′，是正四面体

正丙烷

与中间 C 相连的两个 C—H 键的夹角为 106°，是四面体，不是正四面体

因此，键角与有机分子的立体形状有关。以上表示甲烷和正丙烷的立体形状的式子称契形式，式中的契形实线表示该价键朝向纸平面外，契形虚线表示该价键朝向纸平面内。

1.4.3 键能和键的离解能

共价键断裂时需要从外界吸收能量，反之则要放出能量。将分子中某一共价键均裂成原子或自由基所需要的能量称为该共价键的离解能，亦称为该共价键的解离能。反之，两个氢原子结合成氢分子，两个甲基自由基结合成乙烷，则分别放出 435.4kJ/mol 和 368.4kJ/mol 的能量。表 1－2 列出了分子中常见共价键的离解能。

	DH（kJ/mol）
H—H ⟶ 2H·	435.4
$H_3C—CH_3 \longrightarrow 2\dot{C}H_3$	368.4

表1-2 分子中常见共价键的离解能

键	离解能（kJ/mol）	键	离解能（kJ/mol）
F—F	153.2	CH_3—Cl	351.6
H—F	565.1	Br—Br	192.6
CH_3—F	435.4	H—Br	364.2
C_2H_5—H	410.3	CH_3—Br	293.0
$(CH_3)_2$CH—H	397.4	I—I	150.6
$(CH_3)_3$C—H	380.9	H—I	297.2
C_6H_5—H	468.8	CH_3—CH_3	368.4
$C_6H_5CH_2$—H	355.8	$(CH_3)_2$CH—CH_3	351.6
CH_2═CH—H	452.1	(CH_3) C—CH_3	339.1
Cl—Cl	242.8	CH_2═CH—CH_3	406.0
H—Cl	431.2	CH_2═CHCH_2—CH_3	309.0

若将甲烷分子中的4个C—H键断裂总共需要的能量（1657.6kJ/mol）除以4，即断裂甲烷分子中每个C—H键平均需要的能量。人们将“一个多原子分子中几个同种共价键均裂时每个键平均需要的能量”称为平均键能（见表1-3），但4个C—H键的离解能是不尽相同的，由此可见，平均键能与键的离解能的含义是不同的。

$$CH_4 \longrightarrow \cdot CH_3 + H \qquad \Delta H = 423kJ/mol$$

$$CH_3\cdot \longrightarrow \cdot\dot{C}H_2 + H \qquad \Delta H = 439kJ/mol$$

$$\cdot\dot{C}H_2 \longrightarrow \cdot\dot{C}H + H \qquad \Delta H = 448kJ/mol$$

$$\cdot\dot{C}H \longrightarrow \cdot\underset{\cdot}{\dot{C}}\cdot + H \qquad \Delta H = 347kJ/mol$$

表1-3 常见共价键的平均键能

键	键能（kJ/mol）	键	键能（kJ/mol）	键	键能（kJ/mol）	键	键能（kJ/mol）
O—H	464.7	C—C	347.4	C—Cl	339.1	C═N	615.3
N—H	389.3	C—O	360	C—Br	284.6	C≡N	891.6
S—H	347.4	C—N	305.6	C—I	217.8	C═O	736.7（醛）
C—H	414.4	C—S	272.1	C═C	611.2		749.3（酮）
H—H	435.3	C—F	485.6	C≡C	837.2		

通常将平均键能简称为键能，但对于双原子分子来说，键能就是离解能，键能是衡量共价键牢固度的一个重要参数，共价键的键能越大，该共价键越牢固。

此外，利用平均键能可计算一个反应的反应热。理论上，反应热就是化学反应前后键能的变化（ΔH），即反应物分子中键能的总和与反应后分子中键能总和之差。当ΔH为负值时，表示反应为放热反应；ΔH为正值时，反应为吸热反应。当然，利用键能来计算一个反应的反应热，只是一种粗略的估算方法，并没有考虑化学键键能的其他影响因素。但以此作为预测，却是十分有用的。

1.4.4 键的极性和极化性

由两个相同的原子形成的共价键，由于它们对成键电子的吸引力相同，其电子云在两个原子之间对称分布，这种共价键是没有极性的，称为非极性共价键，例如 H—H 键和 Cl—Cl 键。

由不相同的原子形成的共价键，因两个原子的电负性不同，所以它们对共享电子对的吸引力不同。共享电子对偏向于电负性较大的原子，结果电子云在两个原子之间的分布就不对称，这种共价键具有极性，称为极性共价键。例如，氯化氢分子中，氯原子的电负性比氢原子的大，成键的一对电子偏向于氯原子，使氯原子附近的电子云密度大一些，而氢原子附近的电子云密度小一些，这样 H—Cl 键就产生了偶极，氯原子带上部分负电荷，而氢原子带上部分正电荷。H—Cl 是极性共价键。极性共价键两端的带电状况一般用“δ^-”或“δ^+”标在有关原子的上方来表示。“δ^-”表示带有部分负电荷，“δ^+”表示带有部分正电荷。例如：

$$\overset{\delta^+}{\mathrm{H}}—\overset{\delta^-}{\mathrm{Cl}}$$

共价键极性，主要取决于成键两原子的电负性之差。两种原子的电负性差越大，形成的共价键的极性越大。表 1－4 列出了常见元素的电负性值。

表 1－4 常见元素的电负性值

元素	电负性值	元素	电负性值	元素	电负性值	元素	电负性值
H	2.15	P	2.1	C	2.6	F	3.9
Li	0.95	Mg	1.2	N	3.0	Cl	3.1
Na	0.9	S	2.6	O	3.5	Br	2.9
K	0.8	Ca	1.0	Al	1.5	I	2.6

共价键极性的大小可以用偶极矩（dipole moment，μ）来衡量。偶极矩是指正负电荷中心间的距离 d 和正电荷或负电荷中心的电荷值 q 的乘积：

$$\mu = q \times d$$

μ 的单位为库仑·米（C·m）。偶极矩是一个向量，用符号“$\longmapsto$”表示，箭头指向带负电荷的一端。例如：

$$\overset{\delta^+}{\mathrm{H}}\longrightarrow\overset{\delta^-}{\mathrm{Cl}} \qquad \overset{\delta^+}{\mathrm{C}}—\overset{\delta^-}{\mathrm{X}}$$

多原子分子的偶极矩是各极性共价键电偶极矩的向量和。图 1－12 是常见化合物的偶极方向和偶极矩。

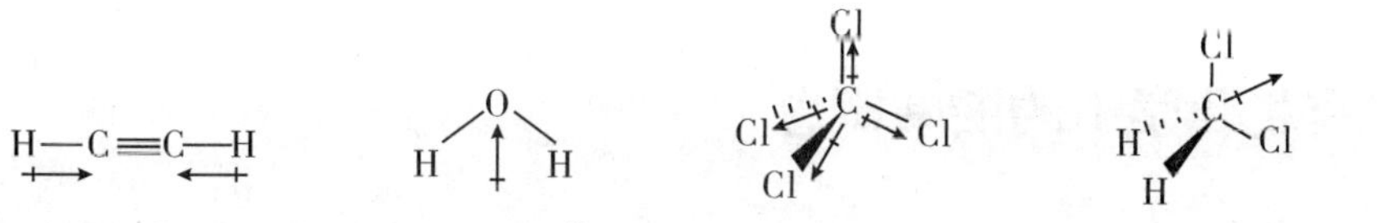

$H—C≡C—H$　　$\mu=0$

H_2O　　$\mu=1.85\times10^{-30}\,C\cdot m$

CCl_4　　$\mu=0$

CH_2Cl_2　　$\mu=5.23\times10^{-30}\,C\cdot m$

图 1－12　常见化合物的偶极方向和偶极矩

共价键的极性是键的内在性质，是共价键的一种永久极性（或称永久偶极）。

在外界电场的影响下，共价键的电子云分布会发生改变，即分子的极化状态发生改变。但当外界电场消失后，共价键以及分子的极化状态又恢复原状。共价键对外界电场的这种敏感性称为共价键的极化性（或极化度）。极化性与成键原子的结构和键的种类有关，各种共价键的极化性是不同的。此外，共价键的极化性还与其键内电子的流动性有关，成键原子的体积越大，电负性越小，核对成键原子的约束就越小，键电子的流动性越大，键的极化性就越大。例如 C—X 键的极化性强弱顺序为：

$$C—Cl < C—Br < C—I$$

共价键的极化性与极性是共价键很重要的性质，它们和化学键的反应性能间有着密切的关系。因为有机反应无非旧键的断裂和新键的形成过程，而极性共价键就已孕育了破裂的因素。

1.5　共价键的断裂方式

任何有机反应都要涉及键的断裂和形成。有机化合物中的化学键主要是共价键，下面介绍两种共价键断裂的方式。

（1）共价键的均裂。共价键的均裂是指共价键断裂后成键的一对电子平均分给两个原子或原子团。

共价键均裂所产生的带有一个单电子的原子或原子团称为自由基或游离基。自由基是有机反应中的一种活性中间体。下式中的符号“↷”和“↶”，表示单电子转移的方向。

通过均裂，即通过自由基中间体而进行的化学反应称为自由基反应。自由基反应一般在光、热或自由基引发剂的作用下进行。

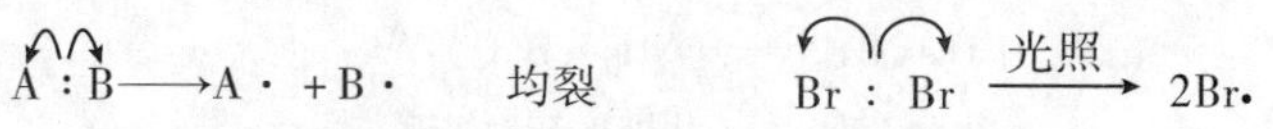

$$A:B \longrightarrow A\cdot + B\cdot \quad 均裂 \qquad Br:Br \xrightarrow{光照} 2Br\cdot$$

（2）共价键的异裂。共价键的异裂是指共价键断裂后，成键的一对电子为某一个原子或原子团所占有，产生正离子和负离子。

下式中符号“↷”表示电子对转移的方向。正离子、负离子也是有机反应中的活性中间体，经过异裂所进行的化学反应称离子型反应，离子型反应往往在酸、碱或极性条件下进行。例如：

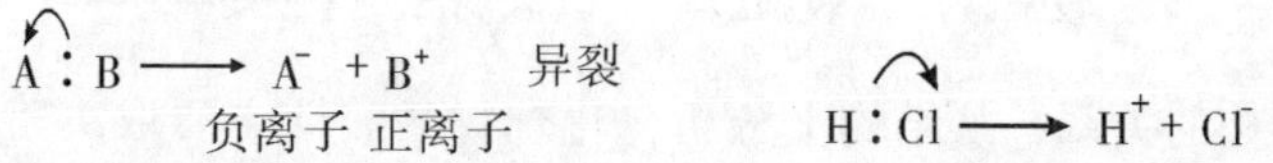

$$A:B \longrightarrow \underset{负离子}{A^-} + \underset{正离子}{B^+} \quad 异裂 \qquad H:Cl \longrightarrow H^+ + Cl^-$$

1.6 有机化学中的酸碱概念

有机化学中的酸碱理论是有机反应最基本的概念之一，目前广泛应用于有机化学的是阿伦尼乌斯（Arrhenius）电离理论、布朗斯特（J. N. Bronsted）酸碱质子理论和路易斯（G. N. Lewis）酸碱理论。

1.6.1 阿伦尼乌斯电离理论

阿伦尼乌斯1887年提出在水中能电离出质子的为酸，能电离出氢氧负离子的为碱。

在水中能产生质子的有机化合物有羧酸（RCOOH）、磺酸（RSO_2OH）、酚（ArOH）、硫醇（RSH）等化合物；能产生氢氧负离子的主要是胺类化合物。

其他化合物如烃、卤代烃、醇、醛、酮和酰胺等在水中不能电离出氢质子，都属于中性化合物。但这种酸碱理论有很大的局限性。

1.6.2 布朗斯特酸碱质子理论

布朗斯特认为，凡是能给出质子的分子或离子都是酸；凡是能与质子结合的分子或离子都是碱。酸失去质子，剩余的基团就是它的共轭碱；碱得到质子生成的物质就是它的共轭酸。例如，醋酸溶于水的反应可表示如下：

$$CH_3COOH + H_2O \rightleftharpoons CH_3COO^- + H_3O^+$$

在正反应中，CH_3COOH是酸，CH_3COO^-是它的共轭碱；H_2O是碱，H_3O^+是它的共轭酸。对逆反应来说，H_3O^+是酸，H_2O是它的共轭碱；CH_3COO^-是碱，CH_3COOH是它的共轭酸。

在共轭酸碱中，一种酸的酸性愈强，其共轭碱的碱性就愈弱，因此，酸碱的概念是相对的，某一物质在一个反应中是酸，但在另一反应中可以是碱。例如，H_2O对CH_3COO^-来说是酸，而H_2O对NH_4^+则是碱：

$$\underset{(酸)}{H_2O} + \underset{(碱)}{CH_3COO^-} \rightleftharpoons \underset{(共轭酸)}{CH_3COOH} + \underset{(共轭碱)}{OH^-}$$

$$\underset{(碱)}{H_2O} + \underset{(酸)}{NH_4^+} \rightleftharpoons \underset{(共轭碱)}{NH_3} + \underset{(共轭酸)}{H_3O^+}$$

酸的强度通常用离解平衡常数K_a或pK_a表示；碱的强度则用K_b或pK_b表示。在水溶液中，酸的pK_a值与共轭碱的pK_b值之和为14。即碱的$pK_b = 14 -$共轭酸的pK_a。

在酸碱反应中，总是较强的酸把质子传递给较强的碱。例如：

$$\underset{(较强碱)}{RONa} + \underset{(较强酸)}{H_2O} \rightleftharpoons \underset{(较弱酸)}{ROH} + \underset{(较弱碱)}{NaOH}$$

酸性强度和结构的关系，从结构上分析，化合物的酸性主要取决于其解离出质子后留下的负离子（共轭碱）的稳定性。负离子越稳定，负离子与氢质子结合的倾向性越小，该酸的酸性就越大。

影响负离子稳定性的因素有；

（1）中心原子的电负性。中心原子是指与酸性氢直接相连的原子，几种酸的中心原子处于元素周期表同一周期，它们的电负性增大，原子核对负电荷的束缚加大，使这些负离子的稳定性增强，酸性增强。如甲烷、氨、水、氟化氢几种酸的中心原子碳、氮、氧和氟处于同一周期，它们的酸性随中心原子的电负性增强而增强。

中心原子电负性（↑）	C	N	O	F
负离子的稳定性（↑）	H_3C^-	H_2N^-	HO^-	F^-
酸性（↑）	$H_3C—H$	$H_2N—H$	$HO—H$	$F—H$
pK_a 值（↓）	49	35	15.7	3.8

（2）中心原子的原子半径。如中心原子处于元素周期表同一族，如氧、硫和硒，它们的原子半径增大，有利于负电荷的分散，与质子结合的倾向减小，使负离子的稳定性增大，相应酸的酸性增强。水、硫化氢和硒酸的酸性随中心原子的半径增大而增强。一个带电体的稳定性随电荷的分散而增强，这是个重要的规律。

中心原子原子半径（↑）	O	S	Se
负离子的稳定性（↑）	HO^-	HS^-	HSe^-
酸性（↑）	$HO—H$	$HS—H$	$HSe—H$
pK_a 值（↓）	15.7	7.0	3.77

（3）取代基。当中心原子相同时，如甲磺酸、乙酸和苯酚的中心原子都是氧，中心原子上分别连有甲磺酰基、乙酰基和苯基，酸性有明显区别，甲磺酸、乙酸和苯酚都是弱酸，苯酚最弱。

取代基吸电诱导效应（↑）	甲磺酰基	乙酰基	苯基
负离子的稳定性（↓）	$CH_3SO_2—O^-$	$CH_3CO—O^-$	$C_6H_5—O^-$
酸性（↓）	甲磺酸	乙酸	苯酚
pK_a 值（↑）	-1.2	4.74	10

1.6.3 路易斯酸碱理论

布朗斯特酸碱质子理论仅限于得失质子，而路易斯酸碱理论着眼于电子对，认为酸是能接受外来电子对的电子接受体；碱是能给出电子对的电子给予体。因此，酸和碱的反应可用下式表示：

$$A + :B \rightleftharpoons A:B$$

上式中，A 是路易斯酸，至少有一个原子具有空轨道，有接受电子对的能力，在有机反应中常称为亲电试剂；B 是路易斯碱，至少含有一对未共用电子对，具有给予电子对的能力，在有机反应中常称为亲核试剂。酸和碱反应生成的 AB 叫作酸碱加合物。

路易斯碱与布朗斯特碱两者没有多大区别，但路易斯酸的概念要比布朗斯特酸的更广泛。例如，在氯化铝分子中，铝原子的外层电子只有六个，可以接受另一对电子。

$$H_2\ddot{\underset{..}{O}}\quad \ddot{N}H_3\quad R\ddot{N}H_2\quad R\ddot{\underset{..}{O}}H\quad R\ddot{\underset{..}{S}}H\quad R\ddot{\underset{..}{O}}R$$

$$AlCl_3 + Cl^- \rightleftharpoons AlCl_4^-$$

1.7 有机化合物的分类方法

1.7.1 按碳架分类

有机化合物是以碳为骨架的，根据碳原子结合而成的基本骨架不同，可分成三大类：

（1）链状化合物。化合物分子中的碳原子连接成链状，因油脂分子中主要是这种链状结构，因此又称为脂肪族化合物。例如丙烷、正醇、丙酸。

（2）碳环化合物。化合物分子中的碳原子连接成环状结构。碳环化合物又可分为脂环族化合物（例如环戊烷、环己醇）和芳香族化合物（例如苯甲酸、萘）。

（3）杂环化合物。化合物分子中含有由碳原子和氧、硫、氮等杂原子组成的环。例如呋喃、噻吩、吡啶。

1.7.2 按官能团分类

官能团是决定有机化合物主要性质的原子或原子团。官能团是有机化合物分子中比较活泼的部位，一旦条件具备，它们就可以发生化学反应。含有相同官能团的有机化合物具有类似的化学性质。例如，丙酸和苯甲酸，因分子中都含羧基（—COOH），故都具有酸性。因此，将有机化合物按官能团进行分类，便于对有机化合物的共性进行研究。表 1－5 列出了有机化合物中常见的官能团。

表 1－5 有机化合物中常见的官能团

官能团		有机化合物类别	化合物举例
基团结构	名称		
$>C=C<$	双键	烯烃	$CH_2=CH_2$（乙烯）
$—C\equiv C—$	三键	炔烃	$H—C\equiv C—H$（乙炔）
—OH	羟基	醇、酚	$CH_3—OH$（甲醇）、$C_6H_5—OH$（苯酚）
$>C=O$	羰基	醛、酮	$CH_3—C(=O)—H$（乙醛）、$CH_3—C(=O)—CH_3$（丙酮）
$—C(=O)—OH$	羧基	羧酸	$CH_3—C(=O)—OH$（乙酸）

（续上表）

官能团		有机化合物类别	化合物举例
基团结构	名称		
$—NH_2$	氨基	胺	$CH_3—NH_2$（甲胺）
$—NO_2$	硝基	硝基化合物	$C_6H_5—NO_2$（硝基苯）
—X	卤素	卤代烃	CH_3Cl（氯甲烷）、CH_3CH_2Br（溴乙烷）
—SH	巯基	硫醇、硫酚	$CH_3CH_2—SH$（乙硫醇）、$C_6H_5—SH$（苯硫酚）
$—SO_3H$	磺酸基	磺酸	$C_6H_5—SO_3H$（苯磺酸）
—C≡N	氰基	腈	$CH_3C≡N$（乙腈）
$\overset{\vert}{\underset{\vert}{—C}}—O—\overset{\vert}{\underset{\vert}{C—}}$	醚键	醚	$CH_3CH_2—O—CH_2CH_3$（乙醚）

2 烷 烃

分子中仅含有碳和氢两种元素的有机化合物称为烃；烃是有机化合物的母体，其他各类有机化合物可视为烃的衍生物，如甲醇 CH_3OH 可视为 CH_4 分子中的一个氢原子被羟基取代的产物。烃的种类很多，根据氢分子中碳原子相互连接的方式不同，可将烃分为两大类：链烃和环烃。

链烃分为饱和烃和不饱和烃；饱和烃即烷烃，不饱和烃包括烯烃和炔烃。

环烃根据结构可分为脂环烃和芳烃。芳烃又可分为苯型芳烃和非苯型芳烃。

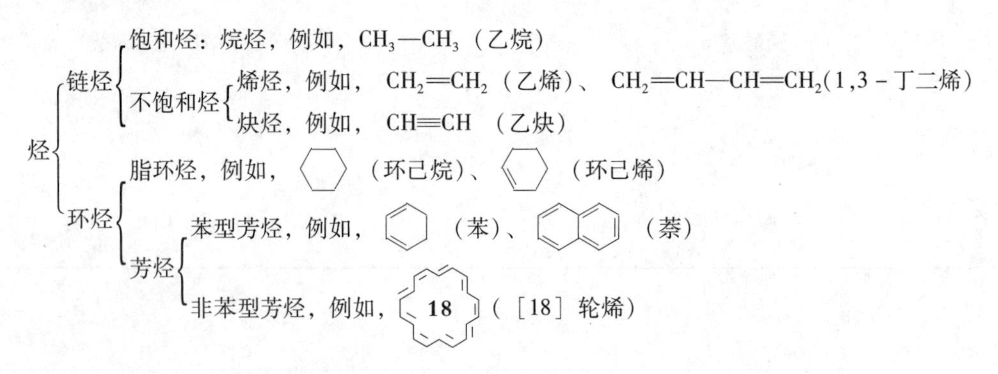

2.1 烷烃的同系列及同分异构现象

2.1.1 烷烃的同系列

最简单的烷烃是甲烷，依次为乙烷、丙烷、丁烷等，它们的分子式、构造式见下表：

常见烷烃的分子式、构造式

	分子式	构造式	结构简式
甲烷	CH_4	$\begin{array}{c} H \\ \vert \\ H—C—H \\ \vert \\ H \end{array}$	CH_4
乙烷	C_2H_6	$\begin{array}{c} H\ \ H \\ \vert\ \ \ \vert \\ H—C—C—H \\ \vert\ \ \ \vert \\ H\ \ H \end{array}$	CH_3CH_3

（续上表）

	分子式	构造式	结构简式
丙烷	C_3H_8	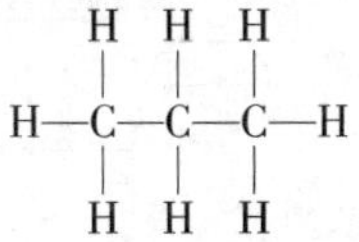 $\begin{array}{ccccccc} & & H & H & H & & \\ & & \vert & \vert & \vert & & \\ H & — & C & —C— & C & — & H \\ & & \vert & \vert & \vert & & \\ & & H & H & H & & \end{array}$	$CH_3CH_2CH_3$
丁烷	C_4H_{10}	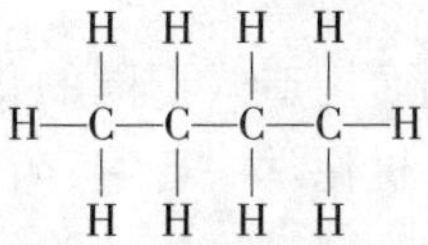 $\begin{array}{ccccccc} & H & H & H & H & \\ & \vert & \vert & \vert & \vert & \\ H— & C— & C— & C— & C & —H \\ & \vert & \vert & \vert & \vert & \\ & H & H & H & H & \end{array}$	$CH_3CH_2CH_2CH_3$

从上述结构式可以看出，链烷烃的组成都是相差一个或几个 CH_2（亚甲基）而连成碳链，碳链的两端各连一个氢原子，故烷烃的通式为 $H\text{—}(CH_2)_n\text{—}H$ 或 C_nH_{2n+2}。

具有同一通式，结构和化学性质相似，组成上相差一个或多个 CH_2 的一系列化合物称为同系列。同系列中的化合物互称为同系物。

由于同系列中同系物的结构和性质相似，其物理性质也随着分子中碳原子数目的增加而呈规律性变化，所以掌握了同系列中几个典型成员的化学性质，就可推知同系列中其他成员的一般化学性质，为研究庞大的有机物提供了便利。

在应用同系列概念时，除了注意同系物的共性，还要注意它们的个性（因共性易见，个性则比较特殊），要根据分子结构上的差异来理解性质上的异同，这是我们学习有机化学的基本方法之一。

2.1.2 烷烃的同分异构现象

甲烷、乙烷、丙烷只有一种结合方式，无异构现象，从丁烷开始有同分异构现象，可由下面方式导出：

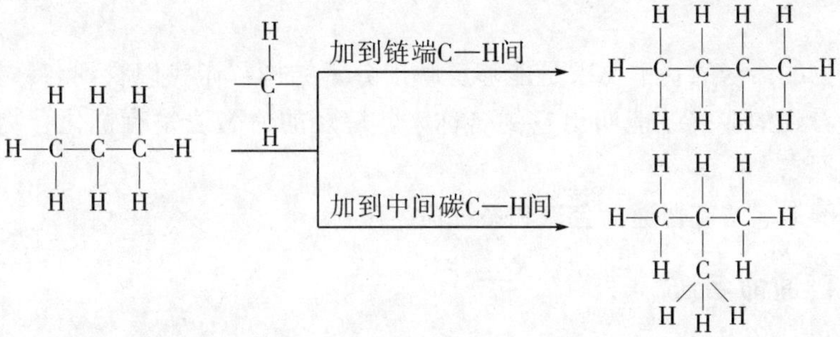

$$\begin{array}{ccccccc} & H & H & H & \\ & \vert & \vert & \vert & \\ H— & C— & C— & C & —H \\ & \vert & \vert & \vert & \\ & H & H & H & \end{array} \quad \begin{array}{c} H \\ \vert \\ —C— \\ \vert \\ H \end{array} \quad \begin{array}{l} \xrightarrow{\text{加到链端C—H间}} \begin{array}{cccccc} & H & H & H & H & \\ & \vert & \vert & \vert & \vert & \\ H— & C— & C— & C— & C & —H \\ & \vert & \vert & \vert & \vert & \\ & H & H & H & H & \end{array} \\ \xrightarrow{\text{加到中间碳C—H间}} \begin{array}{ccccc} & H & H & H & \\ & \vert & \vert & \vert & \\ H— & C— & C— & C & —H \\ & \vert & \vert & \vert & \\ & H & C & H & \\ & & H\ H\ H & & \end{array} \end{array}$$

由两种丁烷可异构出三种戊烷：

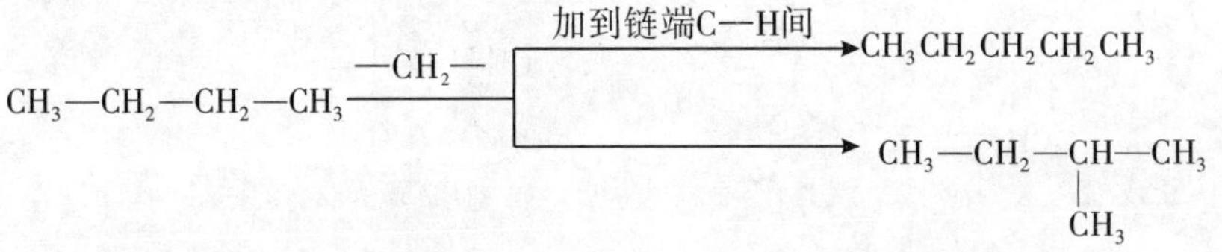

$$CH_3—CH_2—CH_2—CH_3 \xrightarrow{—CH_2—} \begin{array}{ll} \xrightarrow{\text{加到链端C—H间}} CH_3CH_2CH_2CH_2CH_3 & \text{正戊烷（沸点 36.1℃）} \\ \longrightarrow \begin{array}{c} CH_3—CH_2—CH—CH_3 \\ \qquad\qquad\quad \vert \\ \qquad\qquad\quad CH_3 \end{array} & \text{异戊烷（沸点 28℃）} \end{array}$$

$CH_3—CH_2—CH(CH_3)—CH_3$ —CH_2— 加到链端C—H间 ↗；加到中间碳C—H间 → $C(CH_3)_4$ 新戊烷（沸点9.5℃）

上述这种分子式相同而构造式不同的化合物称为同分异构体，这种现象称为构造异构现象。构造异构现象是有机化学中普遍存在的异构现象的一种，这种异构是由于碳链的构造不同而形成的，故又称为碳链异构。随着碳原子数目的增多，异构体的数目也增多。

2.1.3 伯碳原子、仲碳原子、叔碳原子、季碳原子

与一个碳相连的碳原子叫作伯碳原子（或一级碳原子，用1°表示）；与两个碳相连的碳原子叫作仲碳原子（或二级碳原子，用2°表示）；与三个碳相连的碳原子叫作叔碳原子（或三级碳原子，用3°表示）；与四个碳相连的碳原子叫作季碳原子（或四级碳原子，用4°表示）。例如：

1° CH_3 1° CH_3 1° CH_3 4° C 2° C 3° CH 1° CH_3 1° CH_3 H H

与伯碳原子、仲碳原子、叔碳原子相连的氢原子，分别称为伯氢原子、仲氢原子、叔氢原子。不同类型的氢原子的反应性能有一定的差别。

2.2 烷烃的命名

有机化合物的命名的基本要求是能够反映出分子结构，让我们看到名称就能写出它的构造式，或是看到构造式就能叫出它的名称来。烷烃的命名法是有机化合物命名的基础，应该熟练地掌握它。

烷烃常用的命名法有普通命名法和系统命名法。

2.2.1 普通命名法

根据分子中碳原子数目称为“某烷”，碳原子数十个及以内的依次用甲、乙、丙、丁、戊等表示，十个以上的用汉字数字表示碳原子数，用正、异、新表示同分异构体。例如：

CH_3 CH_3 正戊烷　　CH_3 CH_3 CH_3 异戊烷　　CH_3 CH_3 C CH_3 CH_3 新戊烷

普通命名法简单方便，但只能适用于构造比较简单的烷烃。对于比较复杂的烷烃必须使用系统命名法。

为了学习系统命名法，应先认识烷基：烷烃分子中去掉一个氢原子而剩下的原子团。

CH_3—	甲基	$(CH_3)_3C$—	叔丁基
CH_3CH_2—	乙基	$CH_3CH_2CH(CH_3)$—	仲丁基
$CH_3CH_2CH_2$—	正丙基	$CH_3CH_2CH_2CH_2CH_2$—	正戊基
$(CH_3)_2CH$—	异丙基	$(CH_3)_2CHCH_2CH_2$—	异戊基
$CH_3CH_2CH_2CH_2$—	正丁基	$(CH_3)_3CCH_2$—	新戊基
$(CH_3)_2CHCH_2$—	异丁基	$CH_3CH_2CH_2CH(CH_3)$—	仲戊基

烷基的通式为 C_nH_{2n+1}，常用 R 表示。此外还有“亚”某基、“次”某基。

2.2.2 系统命名法

系统命名法是中国化学学会根据国际纯粹与应用化学联合会（IUPAC）制定的有机化合物命名原则，再结合我国汉字的特点而制定的（1960 年制定，1980 年进行了修订）。

系统命名法规则如下：

1. 选择主连（母体）

（1）选择含碳原子数目最多的碳链作为主链，支链作为取代基。

（2）分子中有两条以上等长碳链时，则选择支链多的一条为主链。例如：

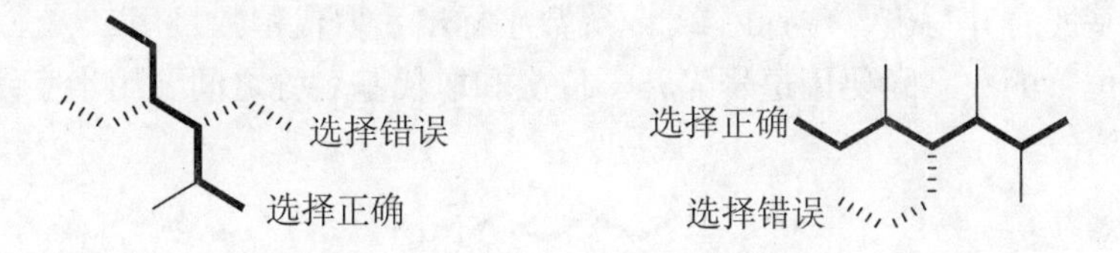

2. 碳原子的编号

（1）从最接近取代基的一端开始，将主链碳原子用 1、2、3 等编号。

编号错误 编号正确　　编号正确 编号错误

（2）从碳链任何一端开始，第一个支链的位置都相同时，则从较简单的一端开始编号。

编号正确 编号错误

（3）若第一个支链的位置相同，则依次比较第二、三个支链的位置，以取代基的系列编号最小为原则（最低系列原则）。

编号正确 编号错误

3. 烷烃名称的写出

（1）将支链（取代基）写在主链名称的前面。

（2）取代基按顺序规则小的基团优先列出。主链上若连有不同的取代基，应按顺序规则将取代基先后列出，较优基团应后列出。

顺序规则最主要的原则是比较原子序数，首先是比较与主链直接相连的原子的原子序数，原子序数大的原子优先于原子序数小的原子。具体比较方法如下：

①与主链碳直接相连的原子不同时，原子序数由大到小的排列顺序，即为其先后顺序。对同位素，质量较重的优先于较轻的。例如：

$$—I>—Br>—Cl>—SH>—OH>—NH>—CH_3>—D>—H$$

②若几个取代基中与主链相连的原子相同时，则须比较与该原子相连的后面的原子，直到比较出大小为止。例如，$—CH_3$和$—CH_2CH_3$，第一个原子都是碳，须比较后面的原子，在$—CH_3$中是 C、H、H、H，而$—CH_2—CH_3$中是 C、C、H、H，所以$—CH_2CH_3$优先于$—CH_3$。

③若取代基中第一个原子以双键或三键与其他原子相连时，则把它看作与两个或三个其他原子以单链相连。例如：

$—CH=CH_2$ 看作 —C(C)(H)—C(C)(H)—H

若遇到苯基，我们规定用凯库勒结构式来进行比较。根据顺序规则，其排列顺序为：叔丁基>异丙基>异丁基>丁基>丙基>乙基>甲基。

（3）相同基团合并写出，位置用2、3等数字标出，取代基数目用二、三等汉字标出。

（4）表示位置的数字间要用逗号隔开，位次和取代基名称之间要用半字线隔开。例如：

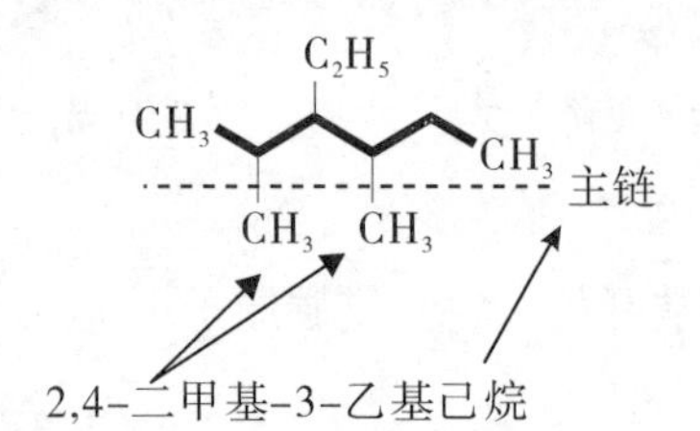

可将烷烃的命名归纳为十六个字：最长碳链，最小定位，同基合并，由简到繁。

（5）含复杂支链烷烃的命名。复杂支链是指支链上还有取代基的烷基。复杂支链的命名方法与命名烷烃类似，但选其最长链时应从与主链直接相连的那个碳原子开始，这条长链的编号亦要从该碳原子开始，然后将复杂支链的名称作为一个整体放在括号内，括号外冠以其在主链的位次。

复杂支链 CH_3 CH_3 1 2 3 CH_3 CH_3 CH_3 10 7 3 CH_3 1 主链

3－甲基－7－（1,1－二甲基丙基）癸烷

2.3 烷烃的构型

构型是指具有一定构造的分子中原子在空间的排列状况。

2.3.1 碳原子的四面体概念

烷烃中碳原子为正四面体构型。甲烷中碳原子位于正四面体结构的中心，四个氢原子在四面体的四个顶点上，四个 C—H 键长都为 0.109nm，所有键角都是 109°28′。

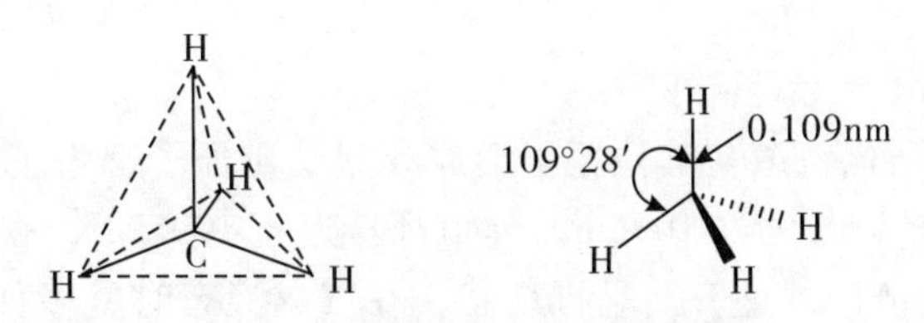

图 2－1 甲烷的正四面体构型

2.3.2 碳原子的 sp^3 杂化

碳原子的基态电子排布是（$1s^2 2s^2 2p_x^{\ 1} 2p_y^{\ 1} 2p_z$），按未成键电子的数目，碳原子应是二价的，但在烷烃分子中碳原子却是四价的，且四个价键是完全相同的。

为什么烷烃分子中碳原子为四价，且四个价键是完全相同的呢？

原因是在有机物分子中碳原子都是以杂化轨道参与成键的，在烷烃分子中碳原子是以 sp^3 杂化轨道成键的。杂化后形成四个能量相等的新轨道称为 sp^3 轨道，这种杂化方式称为 sp^3 杂化，每一个 sp^3 杂化轨道都含有 1/4 s 成分和 3/4 p 成分。四个 sp^3 轨道对称的分布在碳原子的四周，对称轴之间的夹角为 109°28′，这样可使价电子尽可能彼此离得最远，相互间的斥力最小，有利于成键。

sp^3 轨道有方向性，图形为一头大，一头小，见图 2－2：

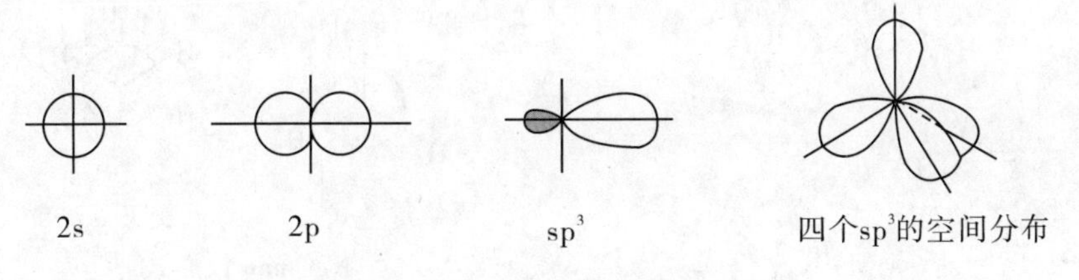

图 2－2 sp^3 轨道的方向示意图

2.3.3 烷烃分子的形成

烷烃分子形成时，碳原子的 sp^3 轨道沿着对称轴的方向分别与碳的 sp^3 轨道或氢的 1s 轨道相互重叠成 σ 键。

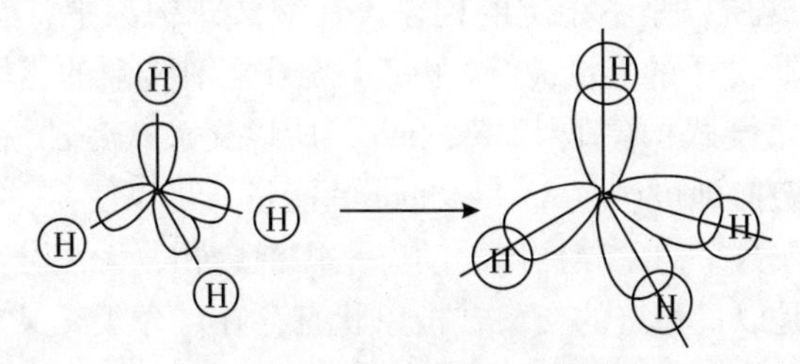

图 2－3 甲烷的形成示意图

1. σ 键

成键电子云沿键轴方向呈圆柱形对称重叠而形成的键叫作 σ 键。

σ 键有以下四个特点：①电子云沿键轴呈圆柱形对称分布。②可自由旋转而不影响电子云重叠的程度。③结合得较牢固。如 C—H 键的键能为 415. 3kJ/mol；C—C 键的键能为 345. 6kJ/mol。

2. 其他烷烃的构型

碳原子都是以 sp^3 杂化轨道与其他原子形成 σ 键，碳原子都为正四面体结构；C—C 键长均为 0. 154nm，C—H 键长为 0. 109nm，键角都接近于 109°28′；碳链一般是曲折地排布在空间中，在晶体时碳链排列整齐，呈锯齿状，在气、液态时呈多种曲折排列形式（因 σ 键能自由旋转所致）。

为了书写方便，通常简写成键线式。

2. 4 烷烃的构象

构造一定的分子，通过单键的旋转而引起分子中各原子在空间的不同排布称为构象。

2. 4. 1 乙烷分子的构象

在乙烷分子中，以 C—C 键为轴进行旋转，使碳原子上的氢原子在空间的相对位置发生变化，可产生无数的构象异构体。我们选择两种典型情况来研究；一种是内能比较高的重叠式，另一种是内能最低的交叉式。常用两种三维式表示，即锯架式和 Newman 投影式，见图 2 -4：

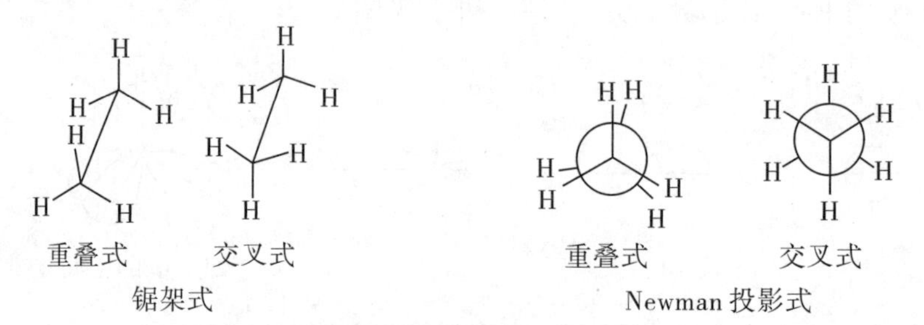

图 2 -4 乙烷分子的构象

锯架式是从分子的侧面观察分子，能直接反映碳原子和氢原子在空间的排列情况。Newman投影式是沿着 C—C 键观察分子，从圆圈中心伸出的三条线，表示离观察者近的碳原子上的价键；而从圆周向外伸出的三条线，表示离观察者远的碳原子上的价键。

在乙烷分子的重叠式构象中，前后两个碳原子上的氢原子相距最近，相互间的排斥力最大，分子的能量最高，所以是不稳定的构象。在交叉式构象中，碳原子上的氢原子相距最远，相互间斥力最小，分子的能量最低。由乙烷分子各种构象的能量曲线（见图 2 -5）可见交叉式构象的能量比重叠式构象低 12. 6kJ/mol，所以交叉式是乙烷分子稳定的优势构象。室温下，由于分子间的碰撞即可产生 83. 8kJ/mol 的能量，足以使 C—C 键“自由”旋转，各构象间迅速互变，成为无数个构象异构体的动态平衡混合物，无法分离出其中某一构象异构体，但大多数乙烷分子是以最稳定的交叉式构象状态存在。介于交叉式和重叠式两种构象之间，还有无数种构象，其能量也介于两者之间，例如斜交叉式就是其中一种构象。

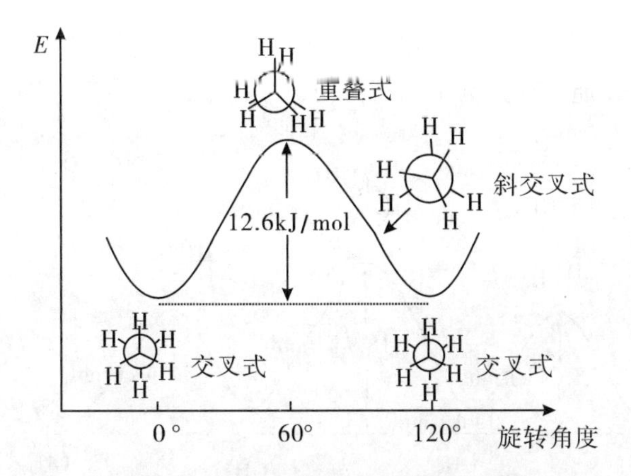

图 2-5 乙烷分子各种构象的能量曲线

2.4.2 正丁烷分子的构象

正丁烷分子在围绕 C_2—C_3 键旋转时，有四种典型的构象异构体，即对位交叉式、邻位交叉式、部分重叠式和全重叠式，见图 2-6：

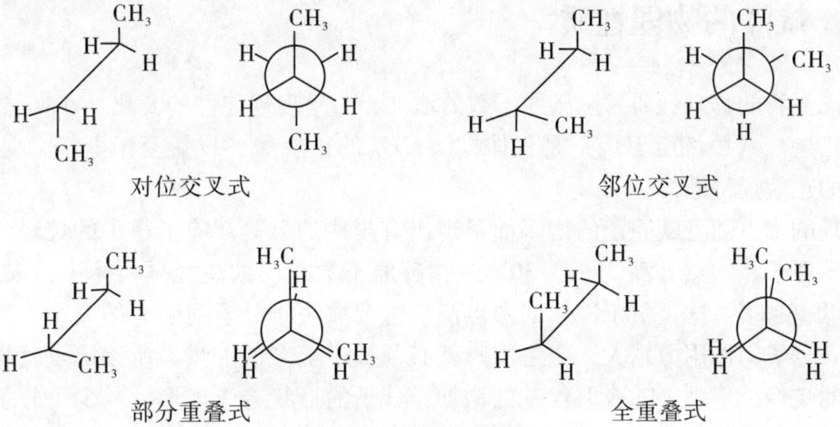

对位交叉式　　邻位交叉式

部分重叠式　　全重叠式

图 2-6 正丁烷分子构象

对位交叉式中，两个体积较大的甲基处于对位，相距最远，分子的能量最低，所以在动态平衡混合物中，大多数正丁烷分子以最稳定的优势构象——对位交叉式存在。邻位交叉式中的两个甲基处于邻位，靠得比对位交叉式近，两个甲基之间的范德华斥力（或空间斥力）使这种构象的能量较对位交叉式高，因而较不稳定。全重叠式中的两个甲基及氢原子都各处于重叠位置，相互间作用力最大，故分子的能量最高，是最不稳定的构象。部分重叠式中，甲基和氢原子的重叠使其能量较高，但比全重叠式的能量低。因此四种构象的稳定性顺序是：对位交叉式 > 邻位交叉式 > 部分重叠式 > 全重叠式。

由正丁烷 C_2—C_3 键旋转时各种构象的能量曲线（见图 2-7）可见，正丁烷各种构象之间的能量差别不太大。在室温下分子碰撞的能量足可引起各构象间的迅速转化，因此正丁烷实际上是构象异构体的混合物，但主要是以对位交叉式和邻位交叉式的构象存在，前者约占 63%，后者约占 37%，其他两种构象所占的比例很小。

随着正烷烃碳原子数的增加，它们的构象也变得复杂，但其优势构象都类似正丁烷，是能量最低的对位交叉式。因此，直链烷烃的碳链在空间的排列，绝大多数是锯齿形，而不是一条真正的直链，通常只是为了书写方便，才将结构式写成直链的形式。

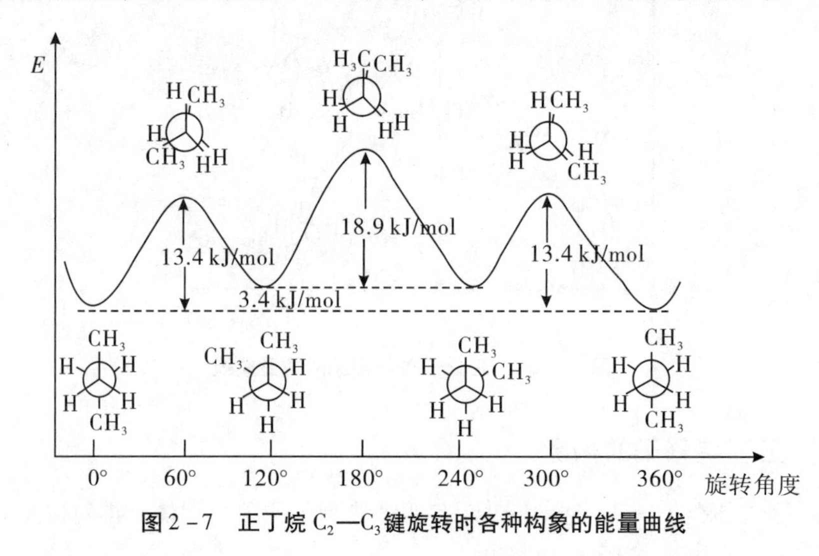

图 2-7 正丁烷 C_2—C_3 键旋转时各种构象的能量曲线

2.5 烷烃的物理性质

烷烃同系物的物理性质常随碳原子数的增加，而呈现规律性的变化。在室温和常压下，C_1 ~ C_4 的正烷烃（甲烷至丁烷）是气体，C_5 ~ C_{17} 的正烷烃（戊烷至十七烷）是液体，C_{18} 和更高级的正烷烃是固体。

正烷烃的沸点随着碳原子的增多而呈现出有规律的升高。除了很小的烷烃外，链上每增加一个碳原子，沸点升高 20℃ ~30℃。在碳原子数相同的烷烃异构体中，取代基越多，沸点就降低得越多。这是由于液体的沸点高低主要取决于分子间引力的大小。烷烃的碳原子数越多，分子间作用力越大，使之沸腾就必须提供更多的能量，所以沸点就越高。但在含取代基的烷烃分子中，随着取代基的增加，分子的形状趋于球形，减少了分子间有效接触的程度，使分子间的作用力变弱而降低沸点。如戊烷异构体中正戊烷的沸点是 36.1℃，异戊烷的是 28℃，新戊烷的则是 9.5℃。

正烷烃的熔点随着碳原子数的增多而升高，但其变化并不像沸点那样规则。在具有相同碳原子数的烷烃异构体中，取代基对称性较好的烷烃比直链烷烃的熔点高，这是由于对称性较好的烷烃分子，晶格排列较紧密，致使链间的作用力增大而熔点升高。如正戊烷的熔点是 -129.7℃；对称性最差的异戊烷，熔点最低，为 -160℃；而分子对称性最好的新戊烷，则熔点最高，为 -17℃。

正烷烃的密度随着碳原子数的增多而增大，但在 $0.8g/cm^3$ 左右时趋于稳定。所有烷烃的密度都小于 $1g/cm^3$，烷烃是所有有机化合物中密度最小的一类化合物。

烷烃分子是非极性或弱极性的化合物。根据“极性相似者相溶”的经验规律，烷烃易溶于非极性或极性较小的苯、氯仿、四氯化碳、乙醚等有机溶剂，而难溶于水和其他强极性溶剂。液态烷烃作为溶剂时，可溶解弱极性化合物，但不溶解强极性化合物。

2.6 烷烃的化学性质

烷烃的化学性质稳定（特别是正烷烃）。在一般条件下（常温、常压），与大多数试剂如强酸、强碱、强氧化剂、强还原剂及金属钠等都不发生反应，或反应速度极慢。

原因有：①其共价键都为 σ 键，键能大（C—H 键为 390 ~ 435kJ/mol，C—C 键为 345.6kJ/mol）；②分子中的共价键不易极化（电负性差别小 $C_{2.5}$，$H_{2.1}$）。

但稳定性是相对的、有条件的，在一定条件下（如高温、高压、光照、催化剂），烷烃也能发生一些化学反应：①氧化反应：烷烃在空气中燃烧，生成二氧化碳和水，并放出大量热能。②热裂化反应：在高温及没有氧气的条件下使烷烃分子中的 C—C 键和 C—H 键发生断裂的反应，生成不饱和烃。③卤代反应。

烷烃的氢原子被卤素取代生成卤代烃的反应称为卤代反应，通常是指氯代反应或溴代反应。

1. 甲烷的氯代反应

$$CH_4+Cl_2 \begin{cases} \xrightarrow{\text{黑暗中}} \text{不发生反应} \\ \xrightarrow{\text{强烈日光}} HCl+C \quad \text{猛烈反应} \end{cases}$$

在紫外光漫射或高温下，甲烷易与氯、溴发生反应。

甲烷的卤代反应较难停留在一元阶段，氯甲烷还会继续发生氯化反应，生成二氯甲烷、三氯甲烷和四氯化碳。若控制一定的反应条件和原料的用量比，可得其中一种氯代烃为主要的产物。

2. 其他烷烃的氯代反应

（1）反应条件与甲烷的氯代相同（光），但产物更为复杂，因氯可取代不同碳原子上的氢，得到各种一氯代或多氯代产物。

$$CH_3CH_2CH_3 \xrightarrow[\text{光}]{Cl_2} \underset{\displaystyle Cl}{CH_3CH_2\overset{}{CH_2}} + \underset{\displaystyle Cl}{CH_3CHCH_3} + \text{二氯代物} + \text{三氯代物}$$

（2）伯氢、仲氢、叔氢的相对反应活性。

$$CH_3—CH_2—CH_3 + Cl_2 \xrightarrow[25℃]{\text{光}} \underset{\substack{|\\Cl\\43\%}}{CH_3—CH_2—CH_2} + \underset{\substack{|\\Cl\\57\%}}{CH_3—CH—CH_3}$$

分子中有六个等价伯氢、两个等价仲氢，一氯代烃的产率理论上为 6 : 2 = 3 : 1，但实际上为 43 : 57 = 1 : 1.33，这说明在低温氯代时，各类氢的反应活性是不一样的，氢的相对活性 = 产物的数量 ÷ 被取代的等价氢的个数。仲氢与伯氢的相对活性为 4 : 1。

同上分析，叔氢的反应活性为伯氢的 5 倍。故室温时三种氢的相对活性为 3°H : 2°H : 1°H = 5 : 4 : 1。溴代反应时（光，127℃），三种氢的相对活性为 3°H : 2°H : 1°H = 1600 : 82 : 1

$$\underset{\substack{|\\CH_3}}{CH_3-CH-CH_3} + Br_2 \xrightarrow[127℃]{光} \underset{>99\%}{CH_3-\underset{Br}{\overset{CH_3}{C}}-CH_3} + \underset{<1\%}{CH_3-\overset{CH_3}{CH}-\underset{Br}{CH_2}}$$

故溴代反应的选择性好，在有机合成中比氯代更有用。

2.7 烷烃的卤代反应历程

反应历程是化学反应所经历的途径或过程，又称为反应机理。

反应历程是根据大量实验事实做出来的理论推导，实验事实越丰富，可靠的程度就越高。到目前为止，有些已被公认确定下来，有些尚欠成熟，有待于理论化学工作者的进一步努力。

2.7.1 甲烷的氯代历程

实验证明，甲烷的氯代反应为自由基历程。

$$Cl:Cl \xrightarrow[hv]{\triangle 或} 2Cl\cdot \qquad 链引发$$

$$\left.\begin{array}{l} CH_4 + Cl\cdot \longrightarrow \dot{C}H_3 + HCl \\ \dot{C}H_3 + Cl_2 \longrightarrow CH_3{-}Cl + Cl\cdot \end{array}\right\} 链增长阶段$$

$$\left.\begin{array}{l} Cl\cdot + Cl\cdot \longrightarrow Cl_2 \\ \dot{C}H_3 + Cl\cdot \longrightarrow CH_3{-}Cl \\ \dot{C}H_3 + \dot{C}H_3 \longrightarrow CH_3{-}CH_3 \end{array}\right\} 链终止阶段$$

从上述过程中可以看出，一旦有自由基生成，反应就能继续进行下去，这样周而复始，反复不断地进行反应，故又称为连锁反应。

凡是自由基反应，都是经过链的引发、链的增长、链的终止三个阶段来完成的。

2.7.2 卤代反应影响因素

（1）卤素的反应活性顺序为：氟 > 氯 > 溴 > 碘。可从卤素对甲烷的反应热 ΔH_R 看出。

（2）烷烃卤代的相对活性顺序为：3°C—H > 2°C—H > 1°C—H。原因是不同 C—H 键的离解能（D）不同，键的离解能越小，则自由基越容易生成，反应也就越容易进行。

（3）自由基的稳定性顺序为 3°R · >2°R · >1°R · > CH_3。原因是同（2），即越容易生成的自由基越稳定。

2.8 过渡态理论

过渡态理论指每一个反应的反应进程分为三个阶段：始态、过渡态和终态，即一个反应由反应物到产物的转变过程中，需要经过一个过渡状态。

$$反应物（始态）\rightleftharpoons 过渡态 \rightleftharpoons 产物（终态）$$

用通式表示则为：

$$A+B-C \rightleftharpoons [A\cdots B\cdots C] \rightleftharpoons A-B+C$$

过渡态

反应进程中体系能量的变化见图 2 - 8：

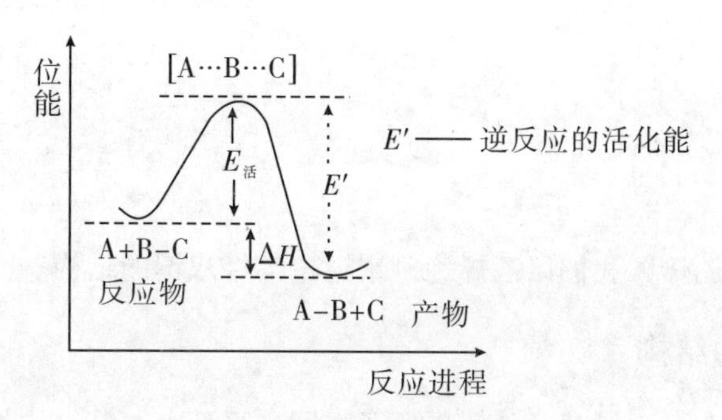

图 2 - 8 反应进程中体系能量的变化

过渡态处在反应进程位能曲线上的最高点，也就是反应所需要克服的能垒，是过渡态与反应物分子基态之间的位能差，称为反应的活化能，用 $E_{活}$ 表示。$E_{活}$ 是过渡态与反应物之间的位能差。ΔH 是产物与反应物的内能差（反应热）。

过渡态理论认为活化能是发生一个化学反应所需要的最低限度的能量。$E_{活}$ 与 ΔH 之间没有直接的联系，不能从 ΔH 的大小来预测 $E_{活}$ 的大小。活化能一般只能通过温度和反应速率的关系由实验测得；而反应热可以从反应中键能的改变近似计算出来。决定反应速度的是 $E_{活}$ 而不是 ΔH，即使是放热反应，其反应的发生也仍需要一定的活化能。这可从甲烷的氯代反应中两步反应的能量变化看出。

$$\dot{C}l + H—CH_3 \rightleftharpoons [\overset{\delta^-}{Cl}\cdots H\cdots \overset{\delta^+}{CH_3}] \rightleftharpoons HCl + \dot{C}H_3 \qquad \Delta H_1 = 4.1 kJ/mol$$

435.1　　过渡态Ⅰ　　431　　$E_1 = 16.7 kJ/mol$

$$\dot{C}H_3 + Cl—Cl \rightleftharpoons [\overset{\delta^-}{Cl}\cdots Cl\cdots \overset{\delta^+}{CH_3}] \rightleftharpoons CH_3Cl + \dot{C}l \qquad \Delta H_2 = -108.9 kJ/mol$$

242.5　　过渡态Ⅱ　　351.4　　$E_2 = 4.2 kJ/mol$

反应进程—位能曲线见图 2 - 9：

$E_F = 9.8 kJ/mol$

$E_{Cl} = 16.7 kJ/mol$

$E_{Br} = 75.3 kJ/mol$

$E_I > 138 kJ/mol$

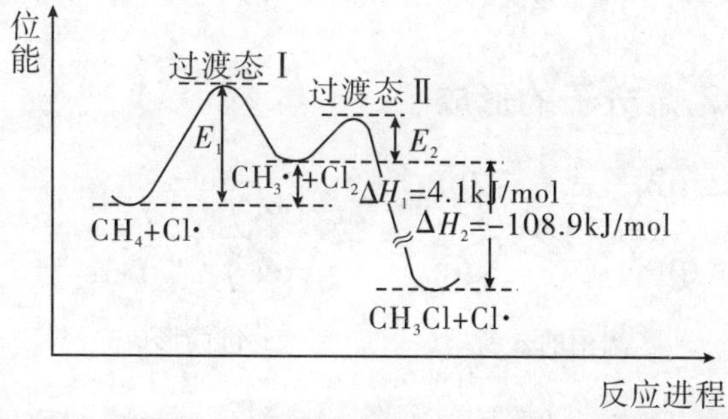

位能　过渡态Ⅰ　过渡态Ⅱ　E_1　E_2　$CH_3\cdot + Cl_2$　$\Delta H_1 = 4.1 kJ/mol$　$\Delta H_2 = -108.9 kJ/mol$　$CH_4 + Cl\cdot$　$CH_3Cl + Cl\cdot$　反应进程

图 2 - 9 反应进程—位能曲线

一个反应的活化能越高，反应越难进行，如溴与甲烷进行卤代的活化能为 75.3kJ/mol，比与氯反应的活化能高得多，故溴代反应要在 127℃、光照条件下才能发生。

3 烯 烃

3.1 烯烃的结构

最简单的烯烃是乙烯，我们以乙烯为例来讨论烯烃双键的结构。

3.1.1 双键的结构

现代物理方法证明，乙烯分子的所有原子在同一平面上，其结构如下：

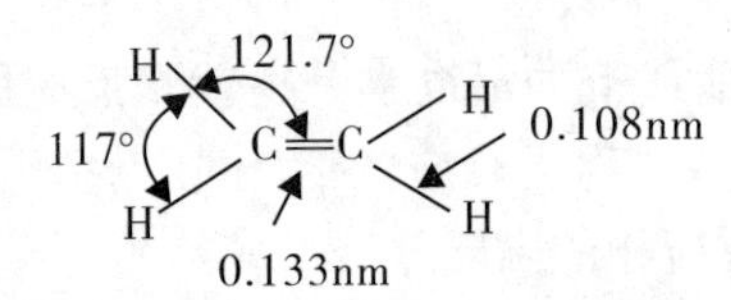

由键能看出碳碳双键的键能（610kJ/mol）不是碳碳单键（346kJ/mol）的两倍，说明碳碳双键不是由两个碳碳单键线性叠加构成的。事实说明碳碳双键是由一个 σ 键和一个 π 键构成的。

3.1.2 sp^2杂化

碳原子在形成双键时是以另外一种轨道杂化方式进行的，即 sp^2杂化。

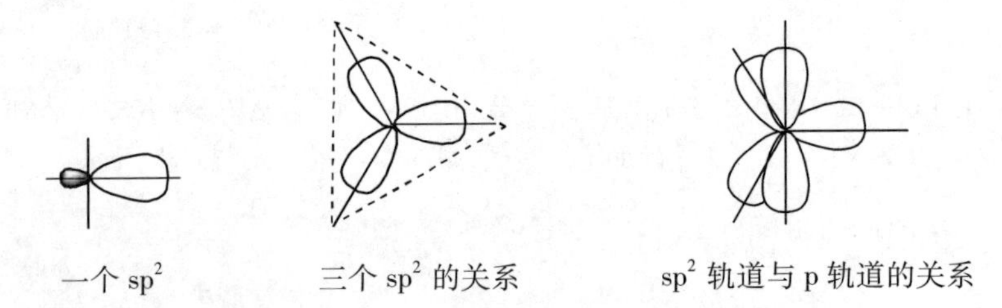

一个 sp^2　　三个 sp^2 的关系　　sp^2 轨道与 p 轨道的关系

3.1.3 乙烯分子的形成

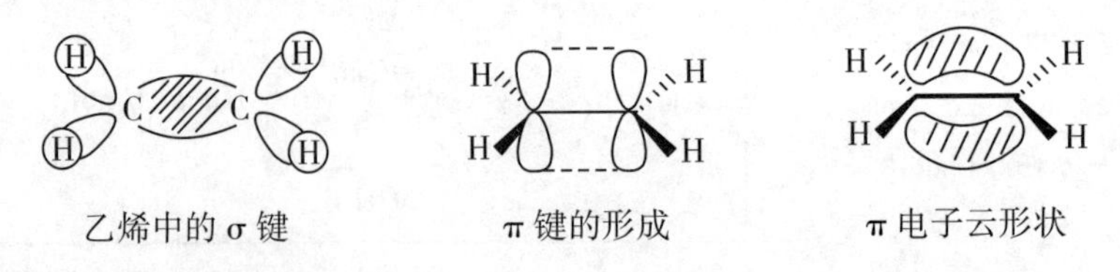

乙烯中的 σ 键　　π 键的形成　　π 电子云形状

其他烯烃的双键，也都是由一个 σ 键和一个 π 键组成的。

π 键键能 = 碳碳双键键能 − 碳碳单键键能 = 610kJ/mol − 346kJ/mol = 264kJ/mol

π 键的特点是：①不如 σ 键牢固（因 p 轨道是侧面重叠的）；②不能自由旋转（π 键没

有轨道轴的重叠）；③电子云沿键轴上下分布，不集中，易极化发生反应；④不能独立存在。

3.2 烯烃的异构和命名

3.2.1 烯烃的同分异构

烯烃的同分异构现象比烷烃的要复杂，除了碳链异构，还有由于双键的位置不同引起的位置异构和双键两侧的基团在空间的位置不同引起的顺反异构。

1. 构造异构（以四个碳的烯烃为例）

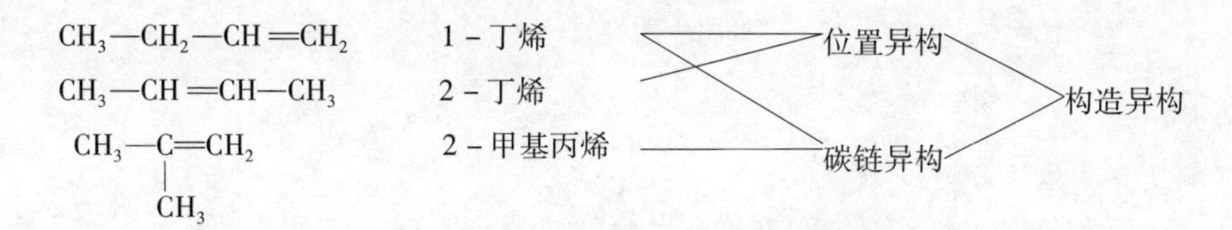

2. 顺反异构

由于双键不能自由旋转，而双键碳上所连接的四个原子或原子团是处在同一平面的，当双键的两个碳原子各连接两个不同的原子或原子团时，就会产生顺反异构体。例如：

顺丁烯（H、H 同侧，CH_3、CH_3 同侧）沸点 3.7℃

反丁烯（H 与 CH_3 交叉）沸点 0.88℃

} 顺反异构体（立体异构体）} 构型异构

这种由于组成双键的两个碳原子上连接的基团在空间的位置不同而形成的构型不同的现象称为顺反异构现象。

产生顺反异构体的必要条件：构成双键的任何一个碳原子上所连的两个基团不同。

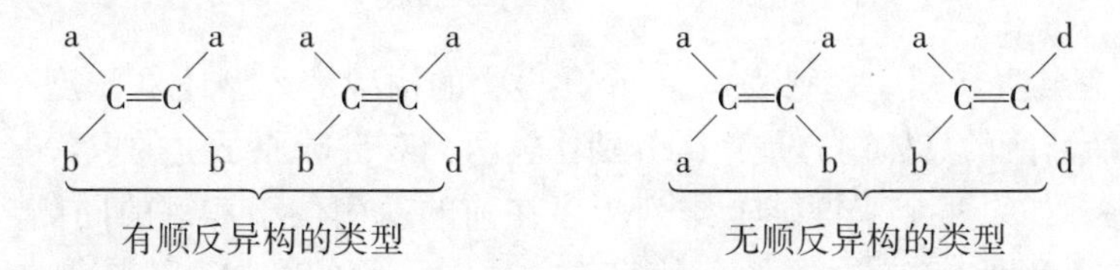

顺反异构体的物理性质不同，因而分离它们并不是很难。

3.2.2 烯烃的命名

1. 烯烃系统命名法

烯烃系统命名法，基本和烷烃的相似。其要点是：①选择含碳碳双键的最长碳链为主链，称为某烯；②从最靠近双键的一端开始，将主链碳原子依次编号；③将双键的位置标明在烯烃名称的前面（只写出双键碳原子中位次较小的一个）；④其他同烷烃的命名。

主链选择

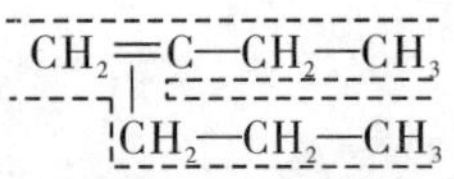

$$\begin{array}{l}CH_2{=}C{-}CH_2{-}CH_3\\ \quad\ \ |\\ \quad\ CH_2{-}CH_2{-}CH_3\end{array}$$

（1） ×
（2） ×
（3） √

$$\begin{array}{ccccccc} 1 & 2 & 3 & 4 & 5 & 6 & \\ CH_3{-} & C{=} & CH{-} & CH_2{-} & CH{-} & CH_3 \\ 6 & 5| & 4 & 3 & 2| & 1 & \\ & CH_3 & & & CH_3 & & \end{array}$$

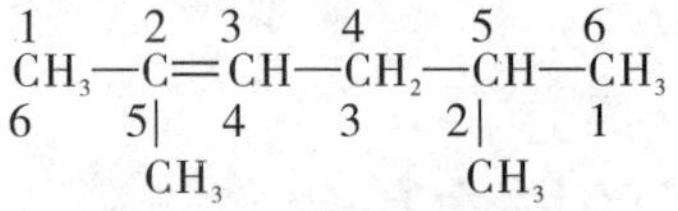

编号正确
编号错误

例如，上面两个化合物的名称分别为：2-乙基-1-戊烯、2,5-二甲基-2-己烯。

2. 几个重要的烯基

烯基是烯烃从形式上去掉一个氢原子后剩下的一价基团。

$CH_2{=}CH{-}$ 乙烯基

$CH_3CH{=}CH{-}$ 丙烯基（1-丙烯基）

$CH_2{=}CH{-}CH_2{-}$ 烯丙基（2-丙烯基）

$CH_2{=}C(CH_3){-}$ 异丙烯基

（丙烯基、烯丙基、异丙烯基：IUPAC 允许沿用的俗名）

3. 顺反异构体的命名

（1）顺反命名法：在系统名称前加一“顺”或“反”字。例如：

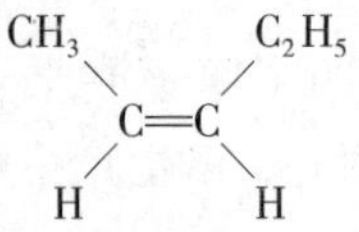

$$\begin{array}{ccc}CH_3 & & C_2H_5\\ & C{=}C & \\ H & & H\end{array}\qquad\qquad \begin{array}{ccc}C_2H_5 & & H\\ & C{=}C & \\ CH_3 & & C_2H_5\end{array}$$

顺-2-戊烯 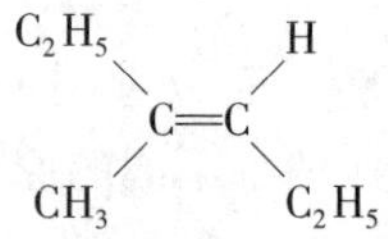　　　　反-3-甲基-3-己烯

顺反命名法有局限性，即在两个双键碳上所连接的两个基团彼此应有一个是相同的，彼此无相同基团时，则无法命名其顺反。例如：

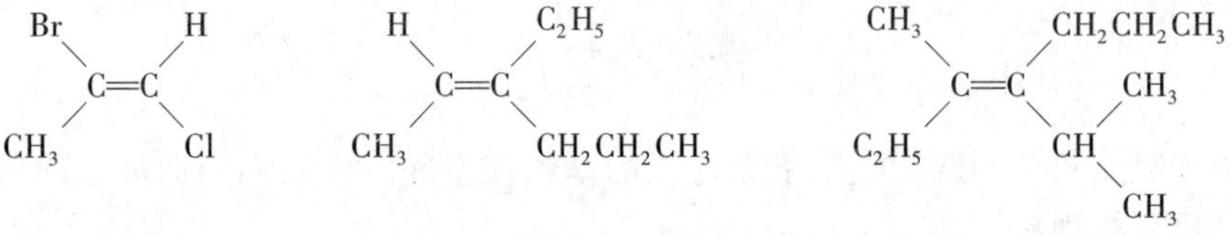

$$\begin{array}{ccc}Br & & H\\ & C{=}C & \\ CH_3 & & Cl\end{array}\qquad \begin{array}{ccc}H & & C_2H_5\\ & C{=}C & \\ CH_3 & & CH_2CH_2CH_3\end{array}\qquad \begin{array}{ccc}CH_3 & & CH_2CH_2CH_3\\ & C{=}C & \\ C_2H_5 & & CH(CH_3)CH_3\end{array}$$

为解决上述构型难以用顺反命名法的难题，IUPAC 规定，用 Z、E 命名法来标记顺反异构体的构型。

（2）Z、E 命名法（顺序规则法）：一个化合物的构型是 Z 型还是 E 型，要由顺序规则来决定。Z、E 命名法的具体内容是：①分别比较两个双键碳原子上的取代基团按顺序规则排出的先后顺序，如果两个双键碳上排列顺序在前的基团位于双键的同侧，则为 Z 构型，反之为 E 构型。②Z 是德文 Zusammen 的字头，是同一侧的意思；E 是德文 Entgegen 的字头，是相反的意思。

顺序规则的要点：①比较与双键碳原子直接连接的原子的原子序数，按大的在前、小的在后排列。例如：

$$I > Br > Cl > S > P > F > O > N > C > D > H$$

$$-Br > -OH > -NH_2 > -CH_3 > -H$$

②如果与双键碳原子直接连接的基团的第一个原子相同时，则要依次比较第二、三顺

序原子的原子序数，来决定基团的大小顺序。例如：

$CH_3CH_2— > CH_3—$（因第一顺序原子均为 C，故必须比较与碳相连基团的大小）

CH_3—中与碳相连的是 C（H、H、H），CH_3CH_2—中与碳相连的是 C（C、H、H），所以 CH_3CH_2—大。

同理，$(CH_3)_3C— > CH_3CH(CH_3)CH— > (CH_3)_2CHCH_2— > CH_3CH_2CH_2CH_2—$。

③当取代基为不饱和基团时，则把双键、三键原子看成它与多个某原子相连。例如：

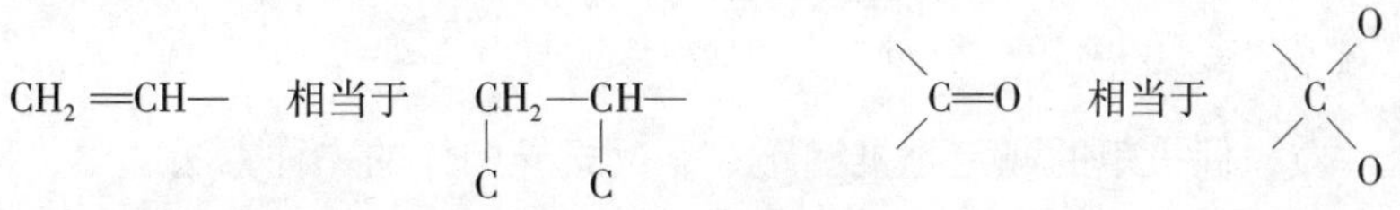

$CH_2{=}CH—$ 相当于 $\underset{|\atop C}{CH_2}—\underset{|\atop C}{CH}—$　　　$>C{=}O$ 相当于 $>C(O)(O)$

Z、E 命名法举例如下：

A. 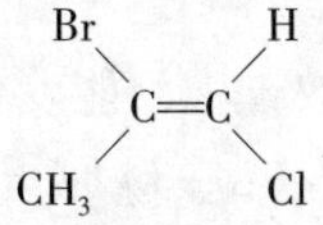 $(Br)(CH_3)C{=}C(H)(Cl)$　　$—Br > —CH_3$；$—Cl > —H$　　（E）-1-氯-2-溴丙烯

B. 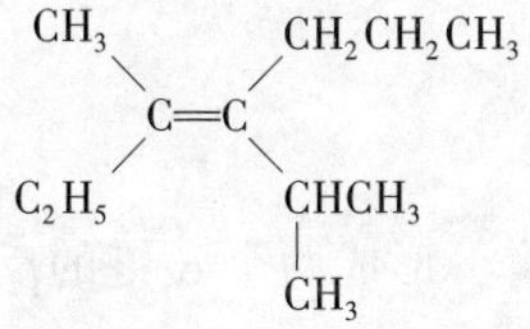 $(CH_3)(C_2H_5)C{=}C(CH_2CH_2CH_3)(CH(CH_3)CH_3)$　　$C_2H_5— > CH_3—$；$(CH_3)_2CH— > CH_3CH_2CH_2—$　　（Z）-3-甲基-4-异丙基庚烷

C. 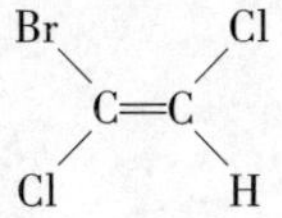 $(Br)(Cl)C{=}C(Cl)(H)$　　$Br > Cl$；$Cl > H$　　（Z）-1,2-二氯-1-溴乙烯

从例 C 可以说明，顺反命名法和 Z、E 命名法是不能一一对应的。

3.3 烯烃的物理性质

在常温常压下，含 2～4 个碳原子的烯烃是气体，5～18 个碳原子的烯烃是液体，19 个碳原子以上的烯烃是固体。烯烃的物理性质与相应烷烃很相似，其沸点、溶解度、密度、熔点与碳原子数有关。烯烃的密度均小于 $1g/cm^3$，比对应的烷烃略大，烯烃中由于 π 键的存在，极化性比烷烃强，分子间范德华引力比对应的烷烃稍强，故沸点比烷烃略高，折射率也略高，烯烃也不溶于水，而溶于非极性有机溶剂（如苯、乙醚、氯仿、四氯化碳等）。值得注意的是，烯烃可溶于浓硫酸中，但烷烃不溶于浓硫酸。

与烷烃不同的还有，烯烃能形成顺反异构体，在顺反异构体中，由于顺式异构体极性较大，通常其沸点比反式异构体的沸点高；反式异构体比顺式异构体有较高的对称性，分子能较规则地排入晶体结构，分子间力作用较大，因此反式异构体通常有较高熔点和较小的溶解度。例如，顺—丁烯二酸的熔点为 130℃，溶解度为 77.8g/L；反—丁烯二酸的熔点为 300℃，溶解度为 0.7g/L。

连接在碳碳双键上的烷基与双键碳原子间有一个 $C_{sp^3}—C_{sp^2}$ σ 键，因为 sp^2 轨道的伸展度较小，所以这个键中的共用电子对比较靠近 C_{sp^2} 原子，使这个键有如下方向的偶极矩：

$$C \rightleftarrows C=C$$

连在双键上的烷基是一个斥电子基团，虽然这个键的偶极矩很小，但它足以使顺式、反式异构体之间有明显的区别。

矢量和

$\mu = 1.1 \times 10^{-30} C \cdot m$ $\mu = 0$

根据这个性质，偶极矩的测定是推测顺式、反式异构体的一种方法。

3.4 烯烃的化学性质

烯烃的化学性质很活泼，可以和很多试剂作用，主要发生在碳碳双键上，能发生加成、氧化聚合等反应。此外，由于双键的影响，与双键直接相连的碳原子（α-碳原子）上的氢（α-H）也可发生一些反应。

3.4.1 加成反应

在反应中π键断开，双键上两个碳原子和其他原子团结合，形成两个α键的反应称为加成反应。

1. 催化加氢反应

烯烃与氢气在金属Pt、Pd、Ni等催化剂存在下能发生加成反应：

$$R-CH=CH-R' \xrightarrow[Pt]{H_2} RCH_2CH_2R'$$

烯烃的加氢反应在热力学上是一个放热反应，每个C=C氢化对放出的热量为126kJ/mol（称为氢化热），但是由于反应具有很高的活化能，如果没有催化剂，反应很难发生。用高度分散的Pt、Pd、Ni等金属作催化剂，可降低反应的活化能，使反应顺利发生。反应是在金属表面进行的，高度分散的金属粉末有极高的表面活性，能与吸附在金属表面的烯烃分子和氢分子作用，削弱碳碳π键和H—H σ键，促使它们发生均裂，相互反应形成产物。

值得注意的是，Pt、Pd、Ni等金属催化剂均不溶于有机溶剂，称为异相催化剂。近年来又发展了一些可溶于有机溶剂的均相催化剂，如氯化铑与三苯基膦的配合物。

异相催化加氢是在金属表面上进行的，在立体化学上倾向于顺式加成，两个氢原子从双键平面的同一侧加成到两个碳原子上去。

可以利用氢化热来比较含不同碳原子数和不同碳架的烯烃的相对稳定性，结果得到如下次序：$CH_2=CH_2 < RCH=CH_2 < RCH=CHR < R_2C=CHR < R_2C=CR_2$，即烯烃分子中

双键碳原子上烷基取代基的数目多的烯烃较为稳定。

2. 亲电加成反应

在烯烃分子中，由于 π 电子具有流动性，易被极化，因此烯烃具有供电子性能，易受到缺电子试剂（亲电试剂）的进攻而发生反应，这种由亲电试剂的作用而引起的加成反应称为亲电加成反应。

（1）与酸的加成。酸中的 H^+ 是最简单的亲电试剂，能与烯烃发生加成反应。其反应通式如下：

$$>C=C< + H-Nu \longrightarrow -\underset{H}{\underset{|}{C}}-\underset{Nu}{\underset{|}{C}}-$$

$$Nu = -X \quad -OSO_3H \quad -OH \quad -OCOCH_3 \text{ 等}$$

①与 HX 的加成：$CH_2=CH_2 + HX \longrightarrow CH_3CH_2-X$。

A. HX 的反应活性次序为：HI > HBr > HCl > HF。

B. 不对称烯烃的加成产物遵守马氏规则（有一定的取向，即区位选择性）。例如：

$$CH_3CH=CH_2 \xrightarrow{HBr} \underset{80\%\text{(主)}}{CH_3-\underset{Br}{\underset{|}{CH}}-CH_3} + \underset{20\%}{CH_3-CH_2-\underset{Br}{\underset{|}{CH_2}}}$$

$$(CH_3)_2C=CH_2 \xrightarrow{HCl} \underset{100\%}{CH_3-\overset{CH_3}{\overset{|}{\underset{Cl}{\underset{|}{C}}}}-CH_3}$$

上述两例说明不对称烯烃加 HX 时有一定的取向，马尔科夫尼科夫总结了这个规律，我们把它称为马尔科夫尼科夫规则，简称马氏规则。

马氏规则：不对称烯烃与卤化氢等极性试剂进行加成时，试剂中带正电荷的部分 E^+ 总是加到含氢较多的双键碳原子上，试剂中带负电荷的部分总是加到含氢较少的双键碳原子上。

C. 过氧化物效应：当有过氧化物（如 H_2O_2、R—O—O—R 等）存在时，不对称烯烃与 HBr 的加成产物不符合马氏规则（反马氏取向）。

$$CH_3-CH=CH_2 \xrightarrow[\text{过氧化物}]{HBr} \underset{\text{反马氏产物}}{CH_3-CH_2-CH_2-Br}$$

这种由过氧化物而引起的按反马尔科夫尼科夫规则进行的溴化氢加成反应，称为过氧化物效应。这种反应不是离子型亲电加成反应，而是有过氧化物参与的自由基加成反应，其反应机理类似于烷烃的自由基取代反应。

第一步，链引发：

$$R-O-O-R \longrightarrow RO\cdot$$

$$RO\cdot + HBr \longrightarrow ROH + Br\cdot \qquad \Delta_r H_m^{\ominus} = -96\ kJ/mol$$

第二步，链增长：

$$RCH{=}CH_2 + Br\cdot \longrightarrow R\dot{C}HCH_2Br \quad \Delta_r H_m^{\ominus} = -38\ kJ/mol$$

（中间体）

$$R\dot{C}HCH_2Br + HBr \longrightarrow RCH_2CH_2Br + Br\cdot \quad \Delta_r H_m^{\ominus} = -29\ kJ/mol$$

（加成产物）

第三步，链终止：

$$2\,\dot{Br} \longrightarrow Br_2$$

$$R\dot{C}HCH_2Br + \dot{Br} \longrightarrow RCHBrCH_2Br$$

$$2R\dot{C}HCH_2Br \longrightarrow \begin{array}{l} RCHCH_2Br \\ \quad| \\ RCHCH_2Br \end{array}$$

②与 H_2SO_4的加成：

$$CH_2{=}CH_2 \xrightarrow[0℃\sim15℃]{H_2SO_4} CH_3{-}CH_2{-}OSO_3H \xrightarrow{\triangle} CH_3{-}CH_2{-}OH$$

硫酸氢乙酯

不对称烯烃与硫酸（H_2SO_4）加成的反应取向符合马氏规则。

（2）与卤素的加成。烯烃能与卤素起加成反应，生成邻二卤代物。

$$CH_2{=}CH_2 \xrightarrow{Br_2/CCl_4} \underset{Br}{CH_2}{-}\underset{Br}{CH_2}$$

$$\text{环己烯} \xrightarrow{Br_2/CCl_4} \text{1,2-二溴环己烷}$$

溴水褪色（黄→无）实验室里，常用此反应来检验烯烃

卤素的反应活性次序为：$F_2 > Cl_2 > Br_2 > I_2$。

氟与烯烃的反应太剧烈，往往使碳链断裂；碘与烯烃难以发生反应。故烯烃与卤素的加成反应实际上是指加氯或加溴。

烯烃也能与卤水等（混合物）发生加成反应，在有机合成上很有用。

$$CH_3CH{=}CH_2 \xrightarrow{HOCl} CH_3{-}\underset{OH}{CH}{-}\underset{Cl}{CH_2}$$

反应遵守马氏规则，因卤素与水作用生成次卤酸（H—O—Cl），在次卤酸分子中氧原子的电负性较强，使之极化成$HO^{\delta-}{-}Cl^{\delta+}$，氯成了带正电荷的试剂。

（3）与乙硼烷的加成（硼氢化反应）：

$$>C{=}C< + B_2H_6 \longrightarrow -\underset{H}{\overset{|}{C}}-\underset{BH_2}{\overset{|}{C}}-$$

乙硼烷是甲硼烷的二聚体，反应时乙硼烷离解成甲硼烷：

$$B_2H_6 \rightleftharpoons 2BH_3$$

有三点需要说明：

①产物为三烷基硼，是分步进行加成而得到的。

$$CH_3CH{=}CH_2 \xrightarrow{B_2H_6} \underset{\text{一丙基硼}}{CH_3CH_2CH_2BH_2} \xrightarrow{CH_3CH{=}CH_2}$$

$$\underset{\text{二丙基硼}}{(CH_3CH_2CH_2)_2BH} \xrightarrow{CH_3CH{=}CH_2} \underset{\text{三丙基硼}}{(CH_3CH_2CH_2)_3B}$$

②不对称烯烃加硼烷时，硼原子加到含氢较多的双键碳原子上。

$$CH_3CH{=}CH_2 + H{-}BH_2 \longrightarrow CH_3CH_2CH_2BH_2 \quad + \quad CH_3{-}\overset{CH_3}{\overset{|}{C}}{=}CH_2 \quad (1\% \quad 99\%)$$

原因：B—H 键中键的极性为 $\overset{\delta^+}{B}{-}\overset{\delta^-}{H}$（电负性 $B_{2.0}$，$H_{2.1}$）。

③烷基硼与过氧化氢（H_2O_2）的氢氧化钠（NaOH）溶液作用，立即被氧化，同时水解为醇。

$$(RCH_2CH_2)_3B \xrightarrow[OH^-]{H_2O_2} (RCH_2CH_2O)_3B \xrightarrow{H_2O} RCH_2CH_2OH + B(OH)_3$$

此反应是用末端烯烃来制取伯醇的好方法，其操作简单，副反应少，产率高。在有机合成上具有重要的应用价值。

硼氢化反应是美国化学家布朗（Brown）于1957年发现的，布朗由此获得了1979年的诺贝尔化学奖。

3.4.2 氧化反应

1. 用 $KMnO_4$ 或 OsO_4 氧化

（1）用稀的碱性 $KMnO_4$ 氧化，可将烯烃氧化成邻二醇。

$$RCH{=}CH_2 + KMnO_4 + H_2O \xrightarrow[\text{中性}]{\text{碱性或}} R{-}\underset{OH}{\underset{|}{CH}}{-}\underset{OH}{\underset{|}{CH_2}} + MnO_2\downarrow + KOH$$

反应中 $KMnO_4$ 褪色，且有 MnO_2 沉淀生成，此反应可用来鉴定不饱和烃。反应生成的产物为顺式-1,2-二醇，可看成特殊的顺式加成反应，也可以用 OsO_4 代替 $KMnO_4$ 进行反应。

（2）用酸性 $KMnO_4$ 氧化，在酸性条件下氧化，反应进行得更快，得到碳链断裂的氧化产物（低级酮或羧酸）。

$$R{-}CH{=}CH_2 \xrightarrow[H_2SO_4]{KMnO_4} \underset{\text{羧酸}}{R{-}COOH} + HCOOH \longrightarrow CO_2 + H_2O$$

$$\begin{matrix} R' \\ \quad\diagdown \\ \quad\quad C{=}CHR'' \\ \quad\diagup \\ R \end{matrix} \xrightarrow[H_2SO_4]{KMnO_4} \begin{matrix} R' \\ \quad\diagdown \\ \quad\quad C{=}O \\ \quad\diagup \\ R \end{matrix} + R''{-}COOH$$

酮 羧酸

此反应可以用于鉴别烯烃；制备一定结构的有机酸和酮；推测原烯烃的结构。

2. 臭氧化反应

将含有臭氧（6% ~8%）的氧气通入液态烯烃或烯烃的四氯化碳溶液，臭氧迅速而定量地与烯烃作用，生成臭氧化物的反应，称为臭氧化反应。

$$\begin{matrix} R & & R'' \\ & C{=}C & \\ R' & & H \end{matrix} \xrightarrow{O_3} \text{臭氧化物} \xrightarrow{H_2O} \begin{matrix} R \\ \quad\diagdown \\ \quad\quad C{=}O \\ \quad\diagup \\ R' \end{matrix} + O{=}C\begin{matrix} R'' \\ \\ H \end{matrix} + H_2O_2 \longrightarrow R''{-}COOH \quad H_2O$$

臭氧化物

为了防止生成的过氧化物继续氧化醛、酮，通常臭氧化物的水解是在加入还原剂（如 Zn/H_2O）或催化氢化下进行。例如：

$$CH_3{-}\underset{\underset{CH_3}{|}}{C}{=}CHCH_3 \xrightarrow[(2)\ Zn/H_2O]{(1)\ O_3} \begin{matrix} CH_3 \\ \quad\diagdown \\ \quad\quad C{=}O \\ \quad\diagup \\ CH_3 \end{matrix} + CH_3CHO$$

丙酮 乙醛

烯烃臭氧化物的还原水解产物与烯烃结构的关系为：

烯烃结构	臭氧化还原水解产物
$CH_2{=}$	HCHO（甲醛）
$RCH{=}$	RCHO（醛）
$R_2C{=}$	$R_2C{=}O$（酮）

故可通过臭氧化物还原水解的产物来推测原烯烃的结构。例如：

臭氧化物还原水解产物	原烯烃的结构
CH_3COCH_3 $OHCCH_2CHO$ HCHO	$CH_3{-}\underset{\underset{CH_3}{|}}{C}{=}CHCH_2CH{=}CH_2$

3. 催化氧化

某些烯烃在特定催化剂存在下能被氧化成重要的化工原料，此类反应是特定反应，不能广泛应用。例如，如要将其他烯烃氧化成环氧烷烃，则要用过氧酸来氧化：

$$CH_3CH{=}CH_2 \xrightarrow{CH_3\overset{\overset{O}{\|}}{C}{-}O{-}O{-}H} CH_3{-}\underset{\diagdown O \diagup}{CH{-}CH_2} + CH_3COOH$$

3.4.3 聚合反应

烯烃在少量引发剂或催化剂作用下，键断裂而互相加成，形成高分子化合物的反应称为聚合反应。

3.4.4 α-H（烯丙氢）的卤代反应

双键是烯烃的官能团，凡官能团的邻位统称为α位，α位（α-碳）上连接的氢原子称为α-H（又称为烯丙氢）。α-H受C═C的影响，α位C—H键离解能减弱。

α-H有以下特点：①故α-H比其他类型的氢易发生反应；②其活性顺序为：α-H＞3° H＞2° H＞1° H＞乙烯H；③有α-H的烯烃与氯或溴在高温下（500℃～600℃），发生α-H原子被卤原子取代的反应而不是加成反应。

$$\text{环己烯} \xrightarrow[>500℃]{Cl_2} \text{3-氯环己烯} + HCl$$

卤代反应中α-H的反应活性为：3°α-H＞2°α-H＞1°α-H

$$CH_3—CH(CH_3)—CH═CH—CH_3 \xrightarrow[>500℃]{Br_2} CH_3—CBr(CH_3)—CH═CH—CH_3 + CH_3—CH(CH_3)—CH═CH—CH_2Br$$

主要产物 次要产物

高温下发生取代反应而不是加成反应的原因是高温时反应为自由基取代历程。

$$Cl_2 \longrightarrow 2Cl·$$

$$CH_3CH═CH_2 + Cl· \longrightarrow HCl + \dot{C}H_2CH═CH_2$$

$$\dot{C}H_2CH═CH_2 + Cl_2 \longrightarrow ClCH_2CH═CH_2 + Cl·$$

若进行的是自由基加成：

$$CH_3CH═CH_2 + Cl· \longrightarrow CH_3\dot{C}HCH_2Cl + CH_3CHCl\dot{C}H_2$$

而$CH_3\dot{C}HCH_2Cl$或$CH_3CHCl\dot{C}H_2$没有$\dot{C}H_2CH═CH_2$稳定，高温下$CH_3\dot{C}HCH_2Cl$易逆转重新生成$CH_3CH═CH_2$。

当烯烃在温度低于250℃时与氯反应，则主要是进行加成反应。

3.5 烯烃的亲电加成反应历程和马氏规则

3.5.1 烯烃的亲电加成反应历程

烯烃的亲电加成反应历程可由实验证明：

$$CH_2=CH_2 \xrightarrow[NaCl（水溶液）]{Br_2} \underset{Br}{CH_2}-\underset{Br}{CH_2} + \underset{Br}{CH_2}-\underset{Cl}{CH_2} \quad 无 \ \underset{Cl}{CH_2}-\underset{Cl}{CH_2}$$

实验证明，①与溴的加成不是一步，而是分两步进行的。若是一步反应，两个溴原子应同时加到双键上，那么 Cl^- 就不可能加进去，产物应仅为 1,2－二溴乙烷，而不可能有 1－氯－2－溴乙烷。但实际产物中竟然有 1－氯－2－溴乙烷，没有 1,2－二氯乙烷。因而可以肯定 Cl^- 是在第二步才加上去的，没有参加第一步反应。②反应为亲电加成历程。溴在接近碳碳双键时极化，由于带微正电荷的溴原子较带微负电荷的溴原子更加不稳定，因此，第一步反应是 Br^+ 首先进攻双键碳中带微负电荷的碳原子，形成溴鎓离子，第二步负离子从反面进攻溴鎓离子生成产物。

第一步：

$$H_2C=CH_2 + \overset{\delta^+}{Br}-\overset{\delta^-}{Br} \longrightarrow H_2C=CH_2 \cdots\cdots Br-Br \longrightarrow [CH_2-CH_2]\overset{\oplus}{Br} + Br^{\ominus}$$

第二步：

$$\underset{(Cl^{\ominus})}{Br^{\ominus}} + [CH_2-CH_2]\overset{\oplus}{Br} \longrightarrow \underset{(Cl)}{Br}-CH_2-CH_2-Br$$

烯烃与各种酸加成时，第一步是 H^+ 加到双键碳上，生成碳正离子中间体，第二步加上负性基团形成产物。

$$>C=C< \xrightarrow{H^+} -\underset{H}{C}-\overset{+}{C}< \xrightarrow{X^-} -\underset{H}{C}-\underset{X}{C}-$$

要明确两点：①亲电加成反应历程有两种，都是分两步进行的，作为第一步都是形成带正电的中间体（一种是碳正离子，另一种是鎓离子）。②由于形成的中间体的结构不同，第二步加负性基团时，进攻的方向不一样，中间体为鎓离子时，负性基团只能从反面进攻，中间体为碳正离子时，正反两面都可以。

$$>C=C< + \overset{\delta^+}{E}-\overset{\delta^-}{Nu} \longrightarrow \begin{cases} >C\overset{E^+}{---}C< \xrightarrow[\text{反面进攻}]{Nu^-} >\underset{E}{C}-\overset{Nu}{C}< \ \text{反式加成产物} \\ >\underset{E}{C}-\overset{+}{C}< \xrightarrow[\text{两面进攻}]{Nu^-} >\underset{E}{C}-\underset{Nu}{C}< + >\underset{E}{C}-\overset{Nu}{C}< \end{cases}$$

（第一步）　（第二步）　顺式加成　反式加成

混合产物

一般来说，Br_2、I_2通过鎓离子历程，HX 等通过碳正离子历程。

3.5.2 马氏规则的解释和碳正离子的稳定性

马氏规则是由实验总结出来的经验规则，它的理论解释可以从结构和反应历程两方面来理解。

1. 用诱导效应和σ-π共轭效应来解释

①用诱导效应解释：因电负性 $sp^2 > sp^3$，当甲基与 C═C 双键相连时，使 C═C 双键上的π电子云发生偏移，C_1 上的电子云密度增大，C_2 上的电子云密度减小，即双键上π电子云发生了极化（如下所示），故加成时带正电荷的基团优先加到 C_1 上得到马氏产物。

$$\underset{sp^3}{CH_3}—\underset{sp^2}{CH}═CH_2$$

$$CH_3 \longrightarrow \overset{\delta^+}{CH}═\overset{\delta^-}{CH_2}$$

②用σ-π共轭效应解释：当键直接与双键相连时，这样的体系中存在着电子的离域现象，其结果使极化。

$$H—\underset{H}{\overset{H}{C}}—\overset{\delta^+}{CH}═\overset{\delta^-}{CH_2}$$

2. 用碳正离子中间体的稳定性解释

碳正离子的杂化状态及结构如下所示：

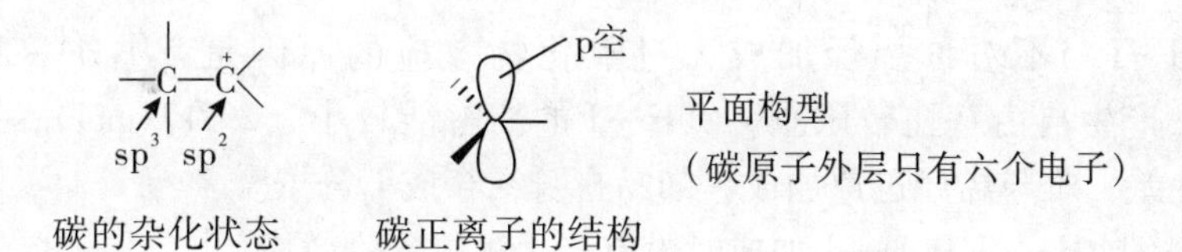

碳的杂化状态　　碳正离子的结构

定性地说，碳正离子的稳定性顺序为：

$$\underset{叔(3°)}{CH_3—\underset{CH_3}{\overset{CH_3}{C^+}}} > \underset{仲(2°)}{CH_3—\underset{H}{\overset{CH_3}{C^+}}} > \underset{伯(1°)}{CH_3—\underset{H}{\overset{H}{C^+}}} > \overset{+}{C}H_3$$

原因有：①从电负性看 $C_{sp^2} > C_{sp^3}$，故烷基上的电荷向 C^+ 转移，分散了 C^+ 的电荷，烷基越多，分散作用越大，碳正离子越稳定；②从σ-p共轭效应看，参与σ-p共轭的键数量越多，则正电荷越分散，碳正离子越稳定。

碳正离子的稳定性越大，越易生成，当有两种碳正离子可能生成时，优先生成稳定的碳正离子，故主要得到马氏产物。例如：

$$CH_3—CH═CH_2 + HBr \xrightarrow{(1)} CH_3—\overset{+}{C}H—CH_3 \xrightarrow{Br^-} CH_3—\underset{\displaystyle Br}{\underset{|}{C}H}—CH_3$$

异丙基碳正离子(2°)

$$CH_3—CH═CH_2 + HBr \xrightarrow{(2)} CH_3—CH_2—\overset{+}{C}H_2$$

丙基碳正离子(1°)

稳定性为（$CH_3—\overset{+}{C}H_3—CH_3$）$> CH_3—CH_2—\overset{+}{C}H_2$，故反应①为主要反应。

3.5.3 烯烃加溴化氢时过氧化物效应解释（自由基加成历程）

烯烃与溴化氢加成，当有过氧化物存在时，HBr 首先氧化成溴原子：

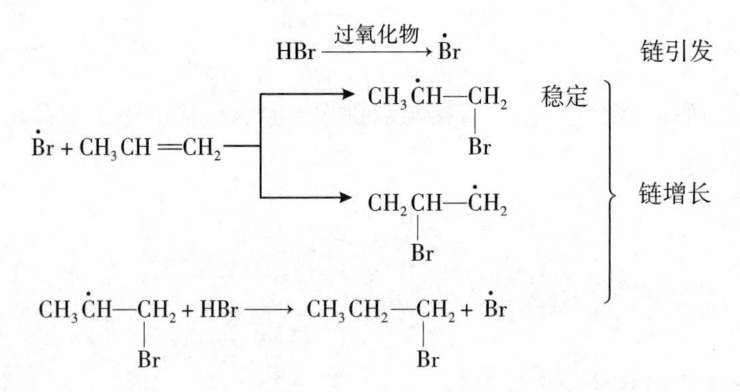

由于自由基的稳定性为 $3°R· > 2°R· > 1°R· > CH_3·$，故其自由基加成的产物是反马氏规则的。

H—Cl、H—I 与不对称烯烃加成无过氧化物效应的原因是：①H—Cl 的离解能大（431kJ/mol），产生自由基比较困难。②H—I 的离解能较小（297kJ/mol），较易产生 I·，但 I· 的活泼性差，难与烯烃迅速加成，却易自身结合成 I_2 分子。

不对称烯烃与 H—Cl 和 H—I 加成时没有产生过氧化物效应。

4 炔烃和二烯烃

4.1 炔 烃

4.1.1 炔烃的结构

最简单的炔烃是乙炔，我们以乙炔来讨论碳碳三键的结构。

现代物理方法证明，乙炔分子是一个线型分子，分子中四个原子排在一条直线上。

杂化轨道理论认为三键碳原子既满足 8 电子结构和碳的四价，又形成直线型分子，故三键碳原子成键时采用了 sp 杂化方式。

0.106nm 0.12nm

H—C≡C—H

180°

1. sp 杂化轨道

杂化后形成两个 sp 杂化轨道（含 1/2 s 和 1/2 p 成分），剩下两个未杂化的 p 轨道。两个 sp 杂化轨道成180°分布，两个未杂化的 p 轨道互相垂直，且都垂直于 sp 杂化轨道轴所在的直线。

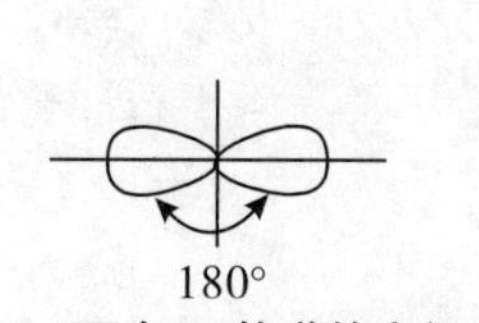

图 4－1 两个 sp 轨道的空间分布

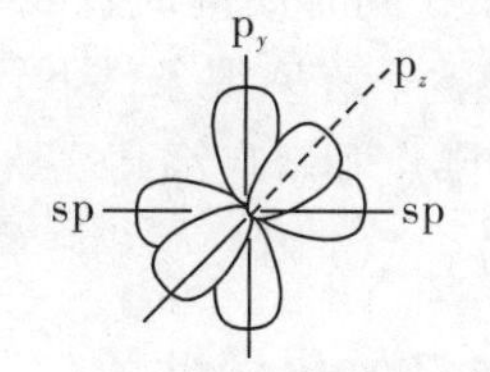

图 4－2 三键碳原子的轨道分布图

2. 碳碳三键的形成

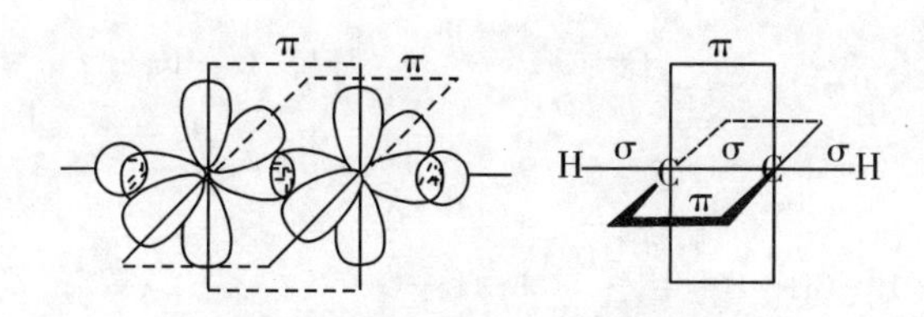

图 4－3 乙炔分子的成键情况

图 4－4 乙炔的电子云

4.1.2 炔烃的命名

炔烃的命名法和烯烃相似，只需将“烯”改为“炔”。例如：

$$\underset{\displaystyle CH_3}{\overset{}{CH_3\underset{|}{C}HC\equiv CCH_3}}$$

4－甲基－2－戊炔

为了简便，有时也采用以乙炔为母体的衍生物命名法。例如：

$CH_3CH_2—C\equiv CH$　乙基乙炔　　$CH_3C\equiv CCH_3$　二甲基乙炔

当分子中同时存在双键和三键时，首先选出含有双键和三键的最长碳链作为主链，称作“烯炔”。碳链编号应从最先遇到 C═C 或 C≡C 的一端开始，并遵循 C ═C 在前、C≡C 在后的原则，若在主链两端等距离处遇到 C═C 和 C≡C 时，编号要从靠近 C═C 的一端开始。例如：

$CH_3—C\equiv C—CH_2—CH(CH_3)—CH=CH_2$　3－甲基－1－庚烯－5－炔

$CH_3—C\equiv C—CH(CH_3)—CH_2—CH=CH—CH_3$　5－甲基－2－辛烯－6－炔

对于某些复杂的炔烃，有时也将分子中炔键结构部分作为取代基来命名。例如：

$HC\equiv C—$　乙炔基　　$CH_3—C\equiv C—$　1－丙炔基　　$HC\equiv C—CH_2—$　2－丙炔基

4.1.3　炔烃的物理性质

炔烃的物理性质与烯烃、烷烃的相似，它仍是以非极性或极性极小的碳碳键和碳氢共价键所组成的非极性分子，分子间的主要作用力是范德华力。与烯烃、烷烃比较，炔键中由于 π 电子增多，同时炔键成直线型结构，分子间较易靠近，分子间作用略增大，沸点、熔点、密度均略高。在室温条件下，乙炔、丙炔和 1－丁炔为气体。C≡C 在中间的炔烃比 C≡C 在末端的沸点和熔点都高。炔烃在水中的溶解度较小，易溶于石油醚、四氯化碳、苯等有机溶剂。

4.1.4　炔烃的化学性质

1. 亲电加成反应

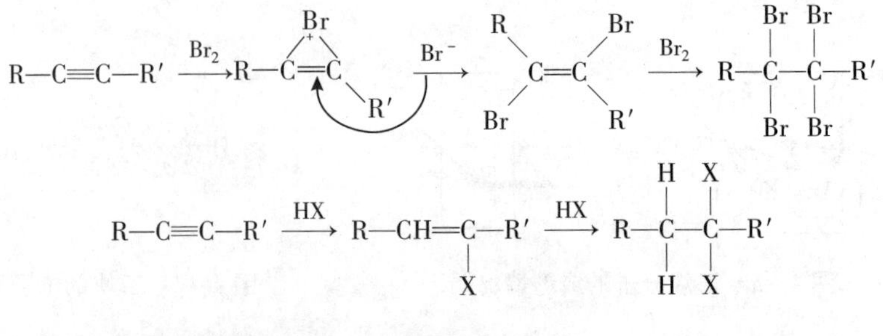

$$R—C\equiv C—R' \xrightarrow{Br_2} R—C(\overset{+}{Br})=C—R' \xrightarrow{Br^-} (R)(Br)C=C(Br)(R') \xrightarrow{Br_2} R—CBr_2—CBr_2—R'$$

$$R—C\equiv C—R' \xrightarrow{HX} R—CH=CX—R' \xrightarrow{HX} R—CH_2—CX_2—R'$$

（1）R—C≡C—H 与 HX 等加成时，遵循马氏规则。

（2）炔烃的亲电加成比烯烃困难。原因有：①炔碳原子是 sp 杂化，杂化轨道中 s 的成分大。s 的成分越大，键长就越短，键的离解能就越大。②两个轨道分布于键的四周，重叠程度比乙烯中的要高，比双键更难以极化。③炔烃加成所得的烯基碳正离子，正电荷定域于烯键碳的一个 sp^2 杂化轨道中，并且 sp^2 成分较没有杂化的 p 轨道能量低，离碳原子更近，正电荷较靠近碳原子核，是一个不稳定体系；而烯烃加成所得到的烷基碳正离子，正电荷分布在离碳原子核较远的 p 轨道中，形成的碳正离子受相邻烷基的斥电子诱导效应和 σ－p 超共轭效应的影响比较稳定。

$$CH_2{=}CH_2 + Br_2/CCl_4 \longrightarrow \text{溴褪色快}$$
$$H{-}C{\equiv}C{-}H + Br_2/CCl_4 \longrightarrow \text{溴褪色慢}$$

2. 水化反应

在炔烃加水的反应中，先生成一个很不稳定的烯醇，烯醇很快转变为稳定的羰基化合物（酮式结构）。

$$\underset{\text{烯醇式(不稳定)}}{>C{=}C<_{OH}} \rightleftharpoons \underset{\text{酮式(稳定)}}{-\overset{|}{\underset{H}{C}}-C{=}O}$$

这种异构现象称为酮醇互变异构。

$$HC{\equiv}CH \xrightarrow[H_2O]{HgSO_4/H_2SO_4} [\underset{H}{H{-}C}{=}\underset{O-H}{CH}] \longrightarrow CH_3{-}\overset{O}{\overset{\|}{C}}{-}H$$

这一反应是库切洛夫在 1881 年发现的，故称为库切洛夫反应。

其他炔烃水化时，则变成酮。例如：

$$CH_3C{\equiv}CH \xrightarrow[H_2O]{HgSO_4/H_2SO_4} [CH_3{-}\underset{OH}{\underset{|}{C}}{=}CH] \longrightarrow CH_3{-}\underset{O}{\underset{\|}{C}}{-}CH_3$$

3. 氧化反应

炔烃与烯烃相似，能发生氧化反应，在一定条件下，用 $KMnO_4$ 氧化炔烃（末端炔烃除外），可以得到二元酮。在较高温度或酸性条件下，$KMnO_4$ 将使炔键全部断裂，得到羧酸或二氧化碳。臭氧也能氧化炔烃，氧化产物水解后得到相应的羧酸。

4. 炔化物的生产

三键碳上的氢原子具有微弱酸性（pK_a 值为 25），可被金属取代，生成炔化物。

$$R{-}C{\equiv}C{-}H \xrightarrow{Ag(NH_3)_2^+} R{-}C{\equiv}C{-}Ag\downarrow \ \text{(白色)}$$
$$R{-}C{\equiv}C{-}H \xrightarrow{Cu(NH_3)_2^+} R{-}C{\equiv}C{-}Cu\downarrow \ \text{(棕红色)}$$

炔烃生成炔银、炔铜的反应很灵敏，现象明显，棕红色可用来鉴定乙炔和端基炔烃。干燥的炔银或炔铜受热或震动时易发生爆炸生成金属和碳。

$$Ag{-}C{\equiv}C{-}Ag \longrightarrow 2Ag + 2C + 364kJ/mol$$

所以，实验完毕，应立即加盐酸将炔化物分解，以免发生危险。

$$Ag—C\equiv C—Ag + 2HCl \longrightarrow H—C\equiv C—H + 2AgCl\downarrow$$

乙炔和 RC≡C—H 在液态氨中与氨基钠作用生成炔化钠。

$$H—C\equiv C—H \xrightarrow{NaNH_2/NH_3\ (L)} H—C\equiv C^- —Na^+ + NH_3$$

$$R—C\equiv C—H \xrightarrow{NaNH_2/NH_3\ (L)} R—C\equiv C^- —Na^+ + NH_3$$

炔化钠是很有用的有机合成中间体，可用来合成炔烃的同系物。例如：

$$CH_3CH_2C\equiv CNa + CH_3CH_2CH_2Br \longrightarrow CH_3CH_2C\equiv CCH_2CH_2CH_3 + NaBr$$

$$R—X = 1°RX$$

说明：炔氢较活泼的原因是 ≡C—H 键为 sp - s 键，其电负性 $C_{sp} > H_s$（C_{sp}的电负性为 3.29，H_s 的电负性为 2.2），显极性，具有微弱的酸性。

5. 还原（加氢）反应

（1）催化加氢。

$$R—C\equiv C—R' \xrightarrow[Ni]{H_2} R—CH=CH—R' \xrightarrow[Ni]{H_2} R—CH_2—CH_2—R'$$

催化氢化常用的催化剂有 Pt、Pd、Ni，但一般难控制在烯烃阶段。用林德拉（Lindlar）催化剂，可使炔烃只加一分子氢而停留在烯烃阶段，且得到顺式烯烃。

$$C_6H_5—C\equiv C—C_6H_5 \xrightarrow[\text{林德拉试剂}]{H_2} \text{(顺)-}C_6H_5CH=CHC_6H_5$$

林德拉催化剂的三种表示方法：

$$1°\xrightarrow[\text{喹林}]{Pd - BaSO_4} \qquad 2°\xrightarrow[Pd\ (Ac)_2]{Pd - CaCO_3} \qquad 3°\xrightarrow{\text{Lindlar Pd}}$$

（2）在液氨中用钠或锂还原炔烃，主要得到反式烯烃。

$$n - C_3H_7—C\equiv C—n - C_3H_7 \xrightarrow{Na/\text{液}\ NH_3} \text{(反)-}n\text{-}C_3H_7CH=CH\text{-}n\text{-}C_3H_7 + NaNH_2$$

4 - 辛炔 （E） -4 - 辛烯（97%）

4.2 二烯烃

分子中含有两个碳碳双键的烃类化合物称为二烯烃。

4.2.1 二烯烃的结构

丙二烯两端碳原子上各连两个不同基团时，由于所连四个基团两两各在相互垂直的平面上，分子就没有对称面和对称中心，因而有手性。

有手性　　　　无手性

如2，3－戊二烯就已分离出对映异构体。

丁二烯分子中碳原子都以杂化轨道相互重叠或与氢的轨道重叠，形成两个π键和九个σ键，所有的原子都在同一平面上，键角都接近120°。此外，每个碳原子上未参与杂化的轨道均垂直于上述平面，四个轨道的对称轴互相平行侧面重叠，形成了包含四个碳原子的四电子共轭体系。

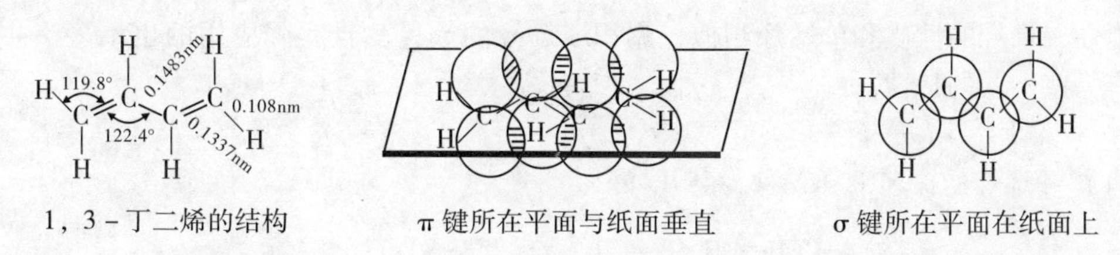

1，3－丁二烯的结构　　π键所在平面与纸面垂直　　σ键所在平面在纸面上

按照分子轨道理论的概念，丁二烯的四个p轨道可以组成四个π电子的分子轨道，从分子轨道图形可以看出，在ψ_1轨道中π电子云的分布不是局限在C_1　C_2与C_3—C_4之间，而是分布在四个碳原子的两个分子轨道中，这种分子轨道称为离域轨道，这样形成的键称为离域键。从ψ_2分子轨道可以看出，C_1—C_2与C_3—C_4之间的键加强了，但与C_2—C_3之间的键减弱了，结果，虽然所有的键都具有π键的性质，但C_2—C_3键的π键的性质弱些。所以，在丁二烯分子中，四个π电子是分布在包含四个碳原子的分子轨道中，而不是分布在两个定域的π轨道中。

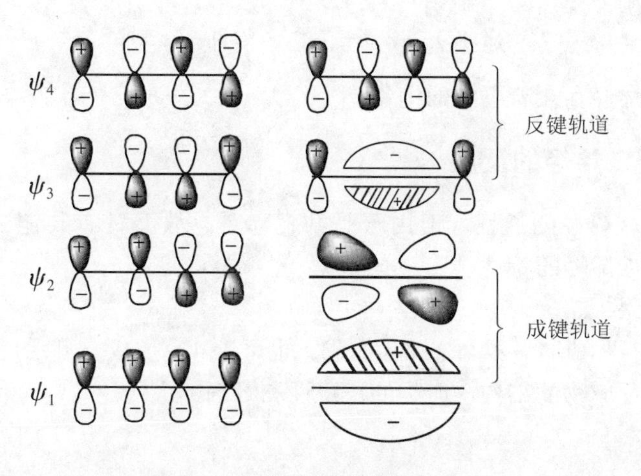

图4－5　丁二烯的分子轨道图形

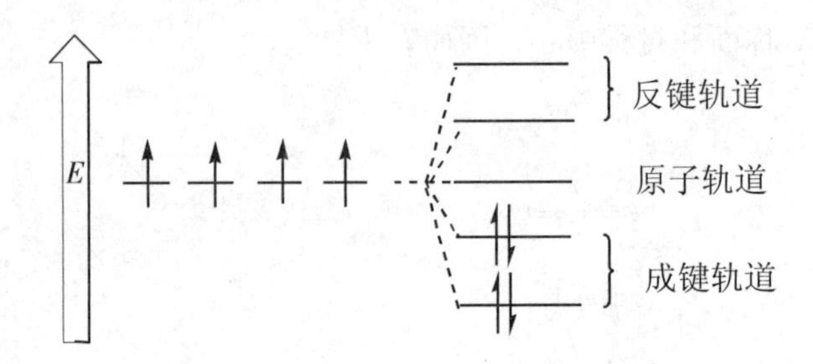

图4-6 丁二烯 π 电了分子轨道的能级图

4.2.2 二烯烃的分类和命名

1. 分类

根据两个双键的相对位置可把二烯烃分为三类：

二烯烃
- 累积二烯烃 —CH═C═CH—
- 共轭二烯烃 —CH═CH—CH═CH—
- 孤立二烯烃 —CH═CH$(CH_2)_n$CH═CH—($n \geq 1$)

孤立二烯烃的性质和单烯烃相似，累积二烯烃的数量少且实际应用的也不多。共轭二烯烃有一些不同的特性。

2. 命名

(1) 和烯烃的命名一样，称为某几烯。

$CH_3CH═CH—C(CH_3)═CH_2$ 2-甲基-1,3-戊二烯

(2) 多烯烃的顺反异构的标出（每一个双键的构型均应标出）。

$CH_3(H)C═C(CH_3)—CH═C(CH_3)(C_2H_5)$

(2Z,4Z) -2,5-二甲基-2,4-庚二烯

应注意共轭二烯烃存在着不同的构象。

4.2.3 共轭二烯烃的反应

共轭二烯烃具有烯烃的通性，但由于是共轭体系，故又具有共轭二烯烃的特有性质。下面主要讨论共轭二烯烃的特性。

1. 1,4-加成反应

共轭二烯烃进行加成时，既可1,2-加成，也可1,4-加成，哪一反应占优，具体决定于反应时的温度、反应物的结构、产物的稳定性和溶剂的极性。

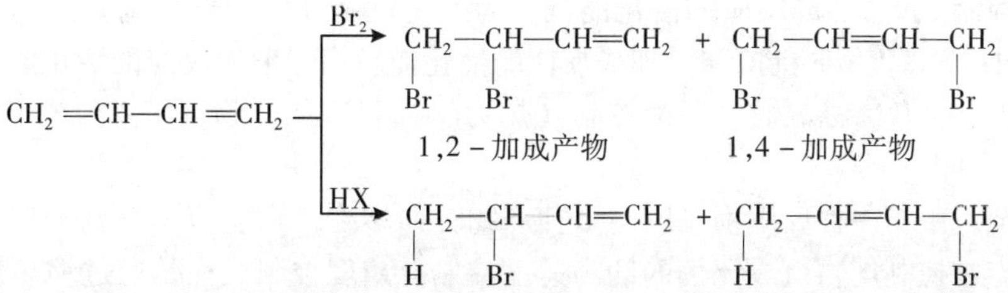

$$CH_2=CH-CH=CH_2 \xrightarrow{Br_2} \underset{Br}{CH_2}-\underset{Br}{CH}-CH=CH_2 + \underset{Br}{CH_2}-CH=CH-\underset{Br}{CH_2}$$

1,2－加成产物　　1,4－加成产物

$$CH_2=CH-CH=CH_2 \xrightarrow{HX} \underset{H}{CH_2}-\underset{Br}{CH}-CH=CH_2 + \underset{H}{CH_2}-CH=CH-\underset{Br}{CH_2}$$

极性溶剂、较高温度有利于1,4－加成；非极性溶剂、较低温度有利于1,2－加成。

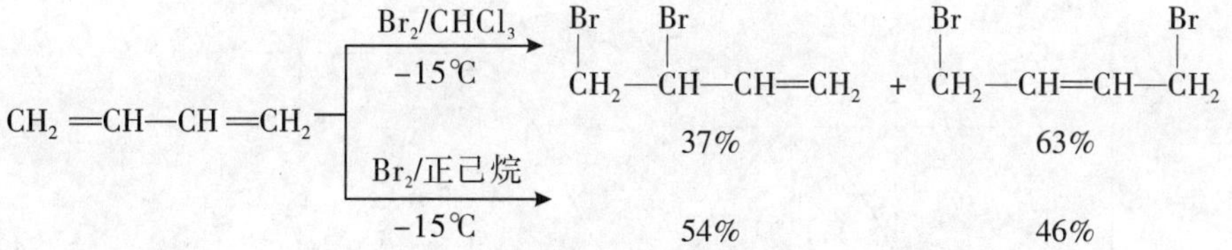

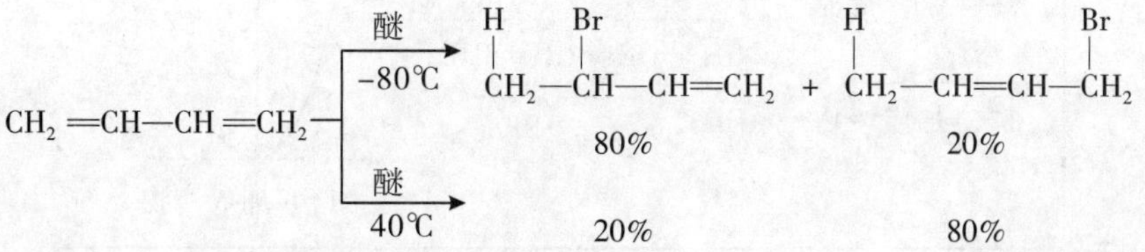

$$CH_2=CH-CH=CH_2 \xrightarrow[-15℃]{Br_2/CHCl_3} \overset{Br}{CH_2}-\overset{Br}{CH}-CH=CH_2\ (37\%) + \overset{Br}{CH_2}-CH=CH-\overset{Br}{CH_2}\ (63\%)$$

$$\xrightarrow[-15℃]{Br_2/正己烷}\quad 54\% \qquad 46\%$$

$$CH_2=CH-CH=CH_2 \xrightarrow[-80℃]{醚} \overset{H}{CH_2}-\overset{Br}{CH}-CH=CH_2\ (80\%) + \overset{H}{CH_2}-CH=CH-\overset{Br}{CH_2}\ (20\%)$$

$$\xrightarrow[40℃]{醚}\quad 20\% \qquad 80\%$$

反应历程决定既有1,2－加成，又有1,4－加成（其加成反应为亲电加成历程）。

第一步：

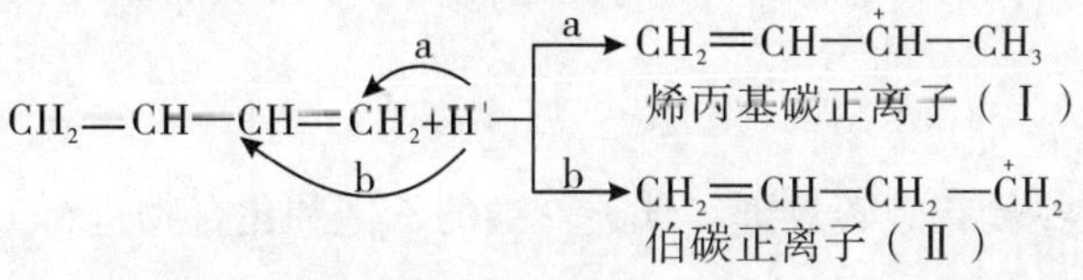

$$CH_2-CH-CH=CH_2+H^+ \xrightarrow{a} CH_2=CH-\overset{+}{C}H-CH_3$$

烯丙基碳正离子（Ⅰ）

$$\xrightarrow{b} CH_2=CH-CH_2-\overset{+}{C}H_2$$

伯碳正离子（Ⅱ）

烯丙基碳正离子（Ⅰ）的结构为：

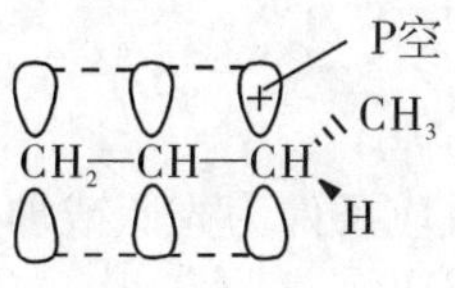

$CH_2-CH-CH(CH_3)(H)$，P空

π电子可离域到空p轨道上，使正电荷得到分散，故较稳定

伯碳正离子（Ⅱ）的结构为：

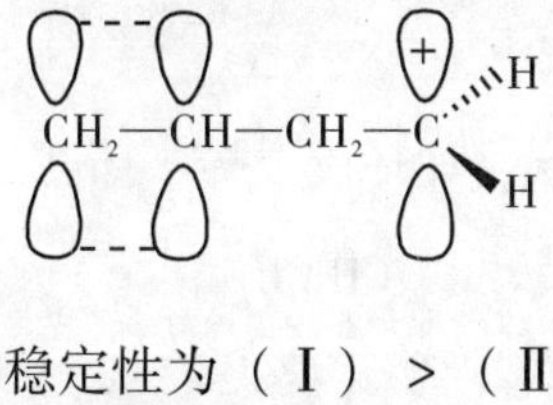

$CH_2-CH-CH_2-C(H)(H)$

π电子不能离域，碳正离子上的正电荷得不到分散，故不稳定

因碳正离子的稳定性为（Ⅰ）>（Ⅱ），故第一步主要生成烯丙基碳正离子（Ⅰ）。

第二步：在烯丙基碳正离子（Ⅰ）中，正电荷不是集中在一个碳上，而是如下分布的：

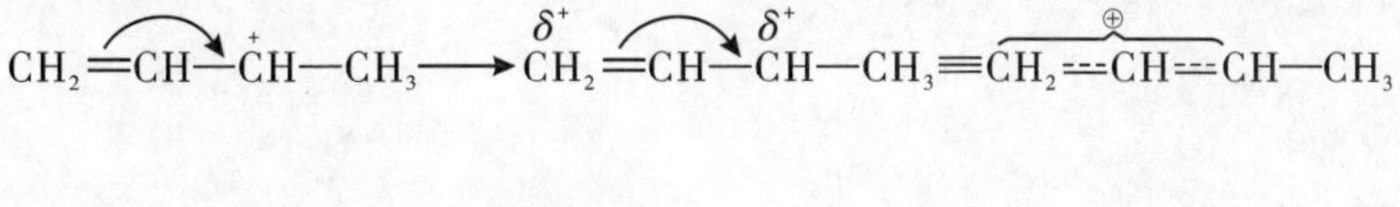

$$CH_2=CH-\overset{+}{C}H-CH_3 \longrightarrow \overset{\delta^+}{C}H_2=CH-\overset{\delta^+}{C}H-CH_3 \equiv \overbrace{CH_2 \text{┄} CH \text{┄} CH}^{\oplus}-CH_3$$

所以 Br^- 离子加到 C_2 得 1,2 – 加成产物，加到 C_4 上得 1,4 – 加成产物。

①速度控制 1,2 – 加成反应的活化能低，为速度控制（动力学控制）产物，故低温主要为 1,2 – 加成。②平衡控制 1,4 – 加成反应的活化能较高，但逆反应的活化能更高，一旦生成，不易逆转，故在高温时为平衡控制（热力学控制）的产物，主要生成 1,4 – 加成产物（见图 4 – 7）。

在有机反应中，一种反应物可以向多种产物方向转变，在反应未达到平衡前，利用反应快速的特点来控制产物组成比例的即为速度控制。速度控制往往是通过缩短反应时间或降低反应温度来实现速度控制的。利用平衡到达来控制产物组成比例的反应即平衡控制，平衡控制一般通过延长反应时间或提高反应温度使反应达到平衡点。

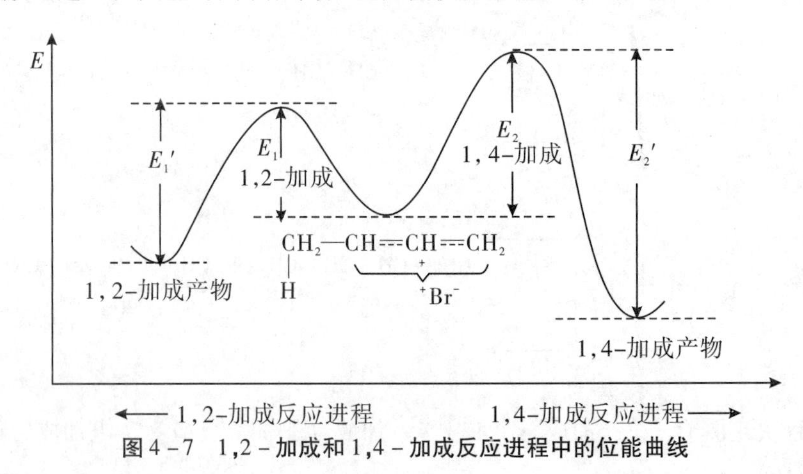

图 4 – 7　1,2 – 加成和 1,4 – 加成反应进程中的位能曲线

产物结构的稳定性：1,4 – 加成产物的稳定性大于 1,2 – 加成产物（可从 $\sigma - \pi$ 共轭效应来理解）。

2. 第尔斯—阿尔德反应

共轭二烯烃和某些具有碳碳双键、碳碳三键的不饱和化合物进行 1,4 – 加成，生成环状化合物的反应称为双烯合成反应。

$$+\ COOCH_3 \xrightarrow{150℃} COOCH_3$$

双烯体　亲双烯体

注意：①双烯体是以顺式构象进行反应的，反应条件为光照或加热。

$$H_3C,\ H_3C\ +\ CHO \xrightarrow{\triangle} H_3C,\ H_3C,\ CHO$$

②双烯体（共轭二烯）可为链状，也可为环状，如环戊二烯、环已二烯等。

$$+\ CH_2Cl \xrightarrow{\triangle} CH_2Cl$$

③亲双烯体的双键碳原子上连有吸电子基团时，反应易进行。常见的亲双烯体有：

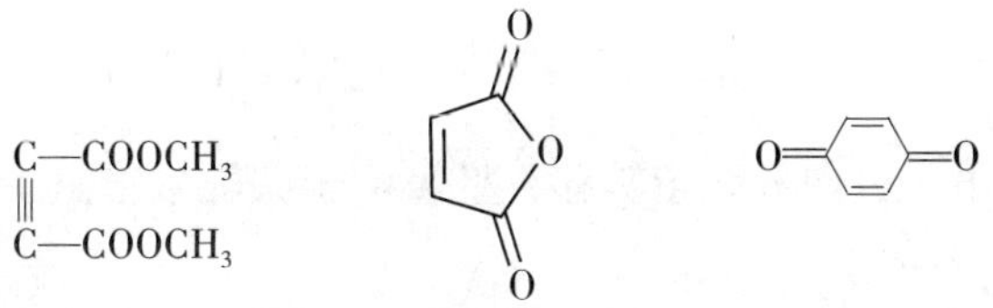

$$\begin{matrix} C—COOCH_3 \\ \| \\ C—COOCH_3 \end{matrix}$$

O O O O=⟨ ⟩=O

4.2.4 共轭效应

4.2.4.1 共轭体系

1. 含义

在分子结构中，含有三个或三个以上相邻且共平面的原子时，这些原子中相互平行的轨道之间相互交连在一起，从而形成离域键（大π键）体系，即共轭体系。

2. 类型

①π－π共轭体系：$CH_2=CH—CH=CH_2$，$CH_2=CH—CH=CH—CH=CH_2$。

②p－π共轭体系：$CH_2=CH—Cl$，$CH_2=CH—\overset{+}{C}H_2$，$CH_2=CH—\dot{C}H_2$。

③σ－π共轭体系：$CH_3—CH=CH_2$。

④σ－p共轭体系：$CH_3\overset{+}{C}H_2$，$CH_3\dot{C}H_2$，超共轭体系。

3. 特点

①组成共轭体系的原子具有共平面性。

②键长趋于平均化（因电子云离域而致）。

	键长		键长
正常C—C	0.154nm	丁二烯中C—C	0.147nm
C=C	0.133nm	苯分子中C=C	0.1337nm
		C—C	0.1397nm

③内能较低，分子趋于稳定（可从氢化热得知）。

4.2.4.2 共轭效应

1. 含义

在共轭体系中，轨道之间的相互交连，使其中电子云分布产生离域作用，键长趋于平均化，分子的内能降低，分子更稳定，这种现象称为共轭效应。

2. 传递

共轭效应的传递是沿着共轭链交替传递，不因链长而减弱（交替、远程传递）。例如：

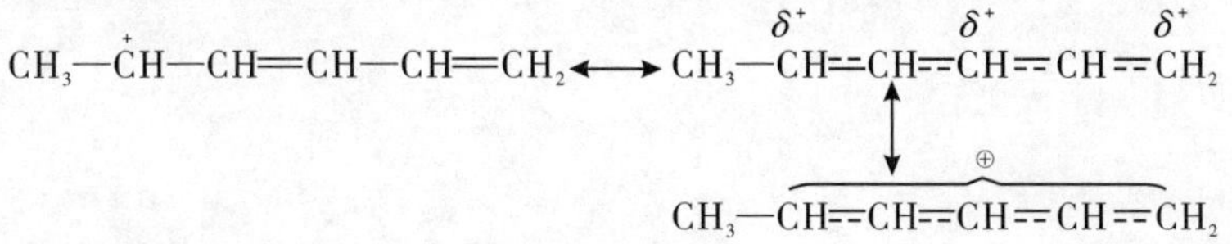

$$CH_3—\overset{+}{C}H—CH=CH—CH=CH_2 \longleftrightarrow CH_3—\overset{\delta^+}{C}H\cdots CH\cdots \overset{\delta^+}{C}H\cdots CH\cdots \overset{\delta^+}{C}H_2$$

$$\updownarrow$$

$$CH_3—\overbrace{CH\cdots CH\cdots CH\cdots CH\cdots CH_2}^{\oplus}$$

3. 静态共轭效应的相对强度

（1）对p－π共轭效应有两种情况：①富电子时，p电子朝着双键方向转移，呈供电子共轭效应（＋C）。

$$\ddot{X}—CH{=}CH— \qquad \overset{\ominus}{C}H_2—CH{=}CH—$$

②缺电子时，π 电子云向 p 轨道转移，呈吸电子共轭效应（-C）。其相对强度视体系结构而定。

（2）π-π 共轭的相对强度：双键与电负性大的不饱和基团共轭时，共轭体系的电子云向电负性大的元素偏移，呈现出吸电子的共轭效应（-C）。

$$—\overset{|}{C}{=}\overset{|}{C}—\overset{|}{C}{=}O$$

其相对强度为：=O >=NR >=CR_2，=O >=S。

4. *超共轭效应*

因为 σ-π 共轭效应、σ-p 共轭效应比 π-π 共轭效应和 p-π 共轭效应要弱得多，所以将其称为超共轭效应。氢化热数据可以说明超共轭效应是存在的。

$$CH_3CH_2CH{=}CH_2 + H_2 \longrightarrow CH_3CH_2CH_2CH_3 \quad 氢化热\ 126.8kJ/mol$$

$$Z—CH_3CH{=}CHCH_3 + H_2 \longrightarrow CH_3CH_2CH_2CH_3 \quad 氢化热\ 119.7kJ/mol$$

$$CH_3\underset{\displaystyle CH_3}{\underset{|}{C}}{=}CHCH_3 + H_2 \longrightarrow CH_3\underset{\displaystyle CH_3}{\underset{|}{C}}HCH_2CH_3 \quad 氢化热\ 112.5kJ/mol$$

可见，与双键碳相连的 C—H 键越多，其超共轭效应越明显。

应当指出，共轭效应常与诱导效应同时存在，共同影响着分子的电子云分布和化学性质。

5　立体化学

5.1　异构体的分类

在有机化合物分子中普遍存在着同分异构现象。有机化合物的同分异构现象可分为两大类：一类是分子式相同，分子中原子或基团相互连接的方式和顺序不同所引起的异构现象称为构造异构；另一类是分子组成相同、构造式相同，分子中原子或基团在空间的相对排列位置不同所引起的异构现象称为立体异构。具体可归纳如下：

- 同分异构
  - 构造异构
    - 碳链异构
    - 位置异构
    - 官能团异构
    - 互变异构
  - 立体异构
    - 构型异构
      - 顺反异构
      - 对映异构
    - 构象异构

对映异构是指分子式、构造式相同，构型不同，互呈镜像对映关系的立体异构现象。对映异构体之间的物理性质和化学性质基本相同，只是对平面偏振光的旋转方向（旋光性能）不同。例如，丁二烯水合得到的两种2－丁醇。

$$CH_3CH{=}CHCH_3 + HOH \longrightarrow CH_3CH_2{-}\underset{OH}{\overset{H}{C}}{-}CH_3 + CH_3CH_2{-}\underset{H}{\overset{OH}{C}}{-}CH_3$$

沸点（℃）	99.5	99.5
密度（g/cm^3）	0.8063	0.8063
旋光性	右旋	左旋

在空间的排列上，可以看出它们是不相同的。

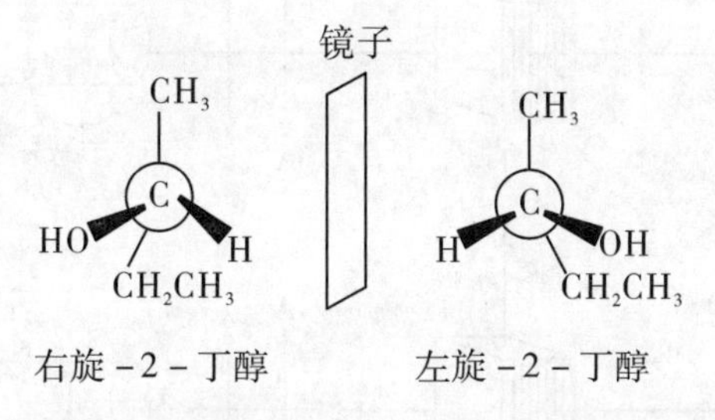

右旋－2－丁醇　　　　左旋－2－丁醇

可见，这两个异构体是互相对映的，互为物体与镜像关系，故称为对映异构体，简称为对映体。对映体中，一个使偏振光向右旋转，另一个使偏振光向左旋转，所以对映异构体又称为旋光异构体。

5.2 物质的旋光性

5.2.1 平面偏振光和物质的旋光性

1. 平面偏振光

光波是一种电磁波，它的振动方向与前进方向垂直，见图5－1：

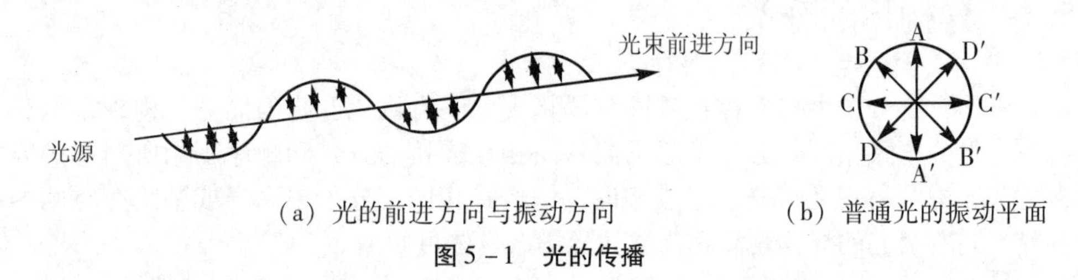

（a）光的前进方向与振动方向 （b）普通光的振动平面

图5－1 光的传播

在光前进的方向上放一个棱镜或人造偏振片，只允许与棱镜晶轴互相平行的平面上振动的光线透过棱镜，而在其他平面上振动的光线则被挡住。这种只在一个平面上振动的光称为平面偏振光，简称偏振光或偏光。

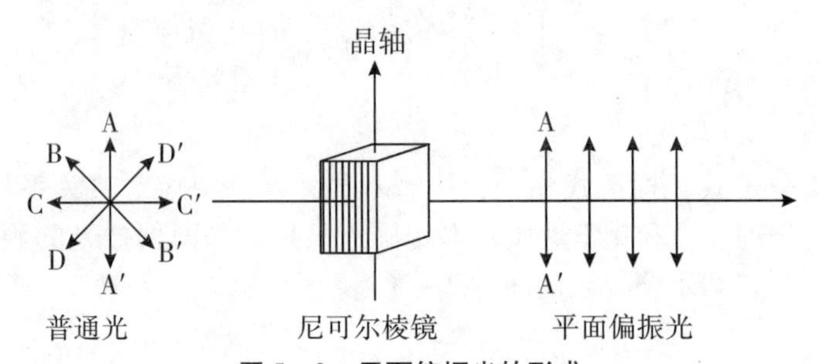

图5－2 平面偏振光的形成

2. 物质的旋光性

能使偏振光振动平面旋转的性质为物质的旋光性，具有旋光性的物质称为旋光性物质（也称为光活性物质）。

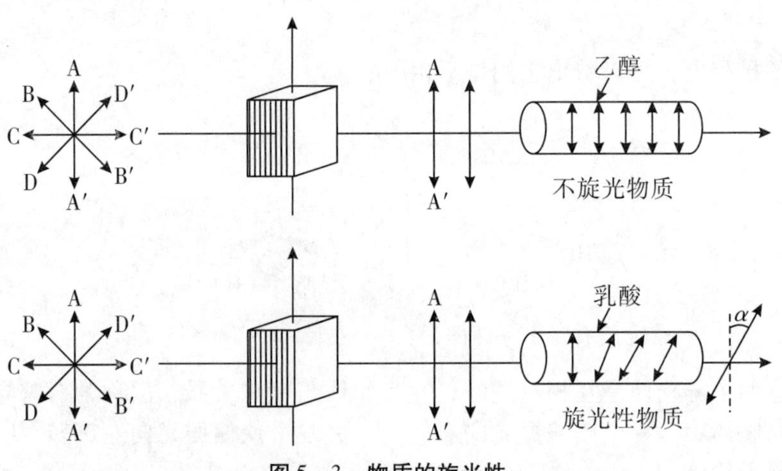

图5－3 物质的旋光性

能使偏振光振动平面向右旋转的物质称为右旋体，能使偏振光振动平面向左旋转的物质称为左旋体，使偏振光振动平面旋转的角度称为旋光度，用 α 表示。

5.2.2　旋光仪与比旋光度

1. 旋光仪

用旋光仪测定化合物的旋光度，旋光仪主要部分是有两个尼可尔棱镜（起偏镜和检偏镜），一个盛液管和一个刻度盘组装而成。若盛液管中为旋光性物质，当偏振光透过该物质时会使偏振光向左或右旋转一定的角度。如要使旋转一定角度后的偏振光能透过检偏镜光栅，则必须要将检偏镜旋转一定的角度，目镜处视野才会明亮，测其旋转的角度即该物质的旋光度 α，见图 5-4：

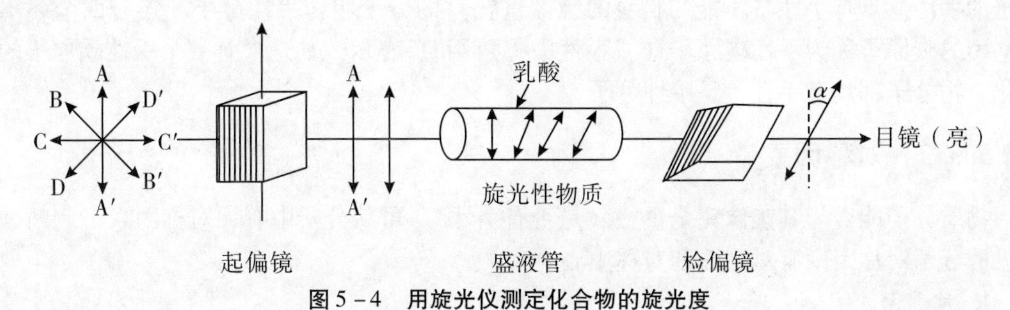

图 5-4　用旋光仪测定化合物的旋光度

2. 比旋光度

旋光性物质的旋光度取决于该物质的分子结构，并与测定时溶液的浓度、盛液管的长度、测定温度、所用光源波长等因素有关。旋光性物质的旋光度的大小，一般用比旋光度来表示。比旋光度与从旋光仪中读到的旋光度关系如下：

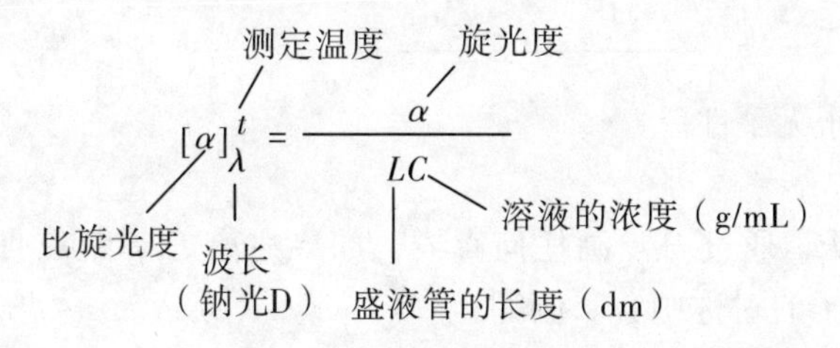

当物质溶液的浓度为 1g/mL，盛液管的长度为 1dm 时，所测物质的旋光度即比旋光度。若所测物质为纯液体，计算比旋光度时，只要把公式中的 C 换成液体的密度 d 即可。

最常用的光源是钠光（D），$\lambda = 589.3\text{nm}$，所测得的旋光度记为 $[\alpha]_{D}^{t}$。所用溶剂不同也会影响物质的比旋光度，因此在不用水为溶剂时需注明溶剂的名称，例如，右旋的酒石酸在 5% 的乙醇中其比旋光度为：$[\alpha]_{D}^{20} = +3.79$（乙醇，5%）。

上面公式即可用来计算物质的比旋光度，也可用来测定物质的浓度或鉴定物质的纯度。

5.3　分子的手性和对称因素

5.3.1　手性

以乳酸 $CH_3C^*HOHCOOH$ 为例来讨论，乳酸有两种不同构型（空间排列）：

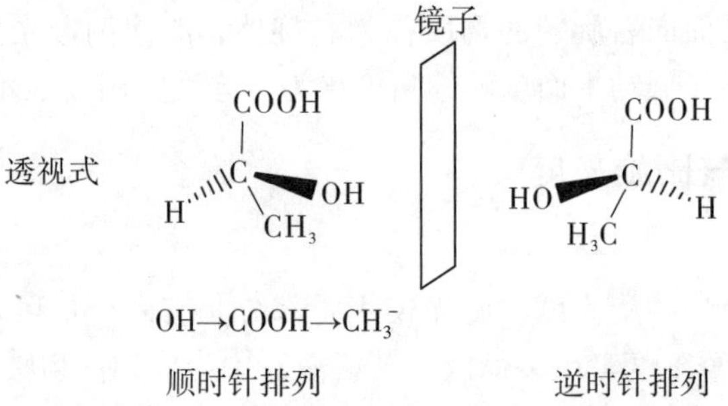
镜子
透视式
COOH
H
C
OH
CH₃
COOH
HO
C
H
H₃C
OH→COOH→CH₃
顺时针排列
逆时针排列

特征是：①不能完全重叠；②呈物体与镜像关系（左右手关系）。

物质分子互为实物和镜像关系（像左手和右手一样），彼此不能完全重叠的性质，称为分子的手性。具有手性（不能与自身的镜像重叠）的分子叫作手性分子。连有四个各不相同基团的碳原子称为手性碳原子（或手性中心）用 C^* 表示。凡是含有一个手性碳原子的有机化合物分子都具有手性，是手性分子。

5.3.2 对称因素

物质分子能否与其镜像完全重叠（是否有手性），可从分子中有无对称因素来判断，最常见的分子对称因素有对称面和对称中心。

1. 对称面

假设分子中有一平面能把分子切成互为镜像的两半，该平面就是分子的对称面。例如：

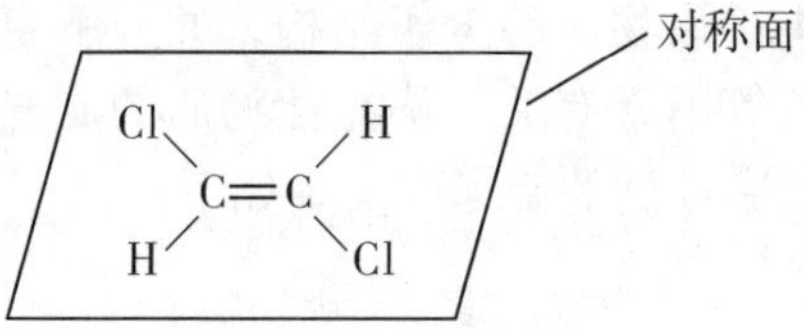
对称面
Cl
H
C═C
H
Cl

具有对称面的分子无手性。

2. 对称中心

若分子中有一点 P，通过 P 点画任何直线，如果在离 P 等距离直线两端有相同的原子或基团，则点 P 为分子的对称中心。例如：

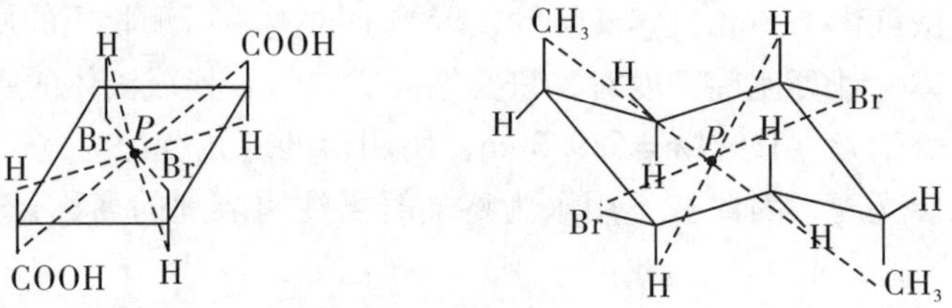
H
COOH
Br
P
H
H
Br
COOH
H
CH₃
H
H
Br
H
P
H
H
Br
H
H
H
CH₃

有对称中心的分子没有手性。物质分子在结构上具有对称面或对称中心的，就无手性，因而没有旋光性。物质分子在结构上即无对称面，也无对称中心的，就具有手性，因而有旋光性。

5.4 含一个手性碳原子的化合物

5.4.1 对映体

含有一个手性碳原子的化合物含有两种不同的构型，这两种不同的构型是互为物体与镜像关系的立体异构体，即对映异构体。对映体都有旋光性，其中一个是左旋的，一个是右旋的。

对映体之间的异同点：①物理性质和化学性质基本相同，比旋光度的数值相等，仅旋光方向相反；②在手性环境条件下，对映体会表现出某些不同的性质，如反应速度有差异，生理作用的不同等。

5.4.2 外消旋体

等量的左旋体和右旋体的混合物称为外消旋体，一般用（±）来表示。

外消旋体与对映体的比较（以乳酸为例）

	旋光性	物理性质	化学性质	生理作用
外消旋体	不旋光	熔点为18℃	基本相同	各自发挥其左右旋体的生理功能
对映体	旋光	熔点为53℃		

5.4.3 对映体构型的表示方法

对映体的构型可用立体结构式（楔形式和透视式）和费歇尔（E. Fischer）投影式表示。

1. 立体结构式

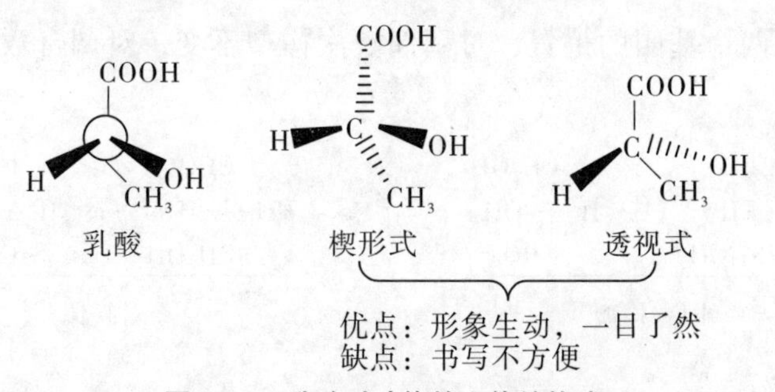

图5-5 乳酸对映体的立体结构式

2. 费歇尔投影式

为了便于书写和比较，对映体的构型常用费歇尔投影式表示。

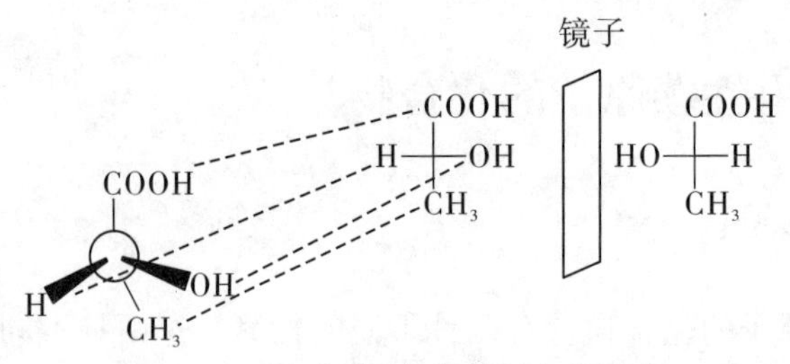

图 5-6 乳酸对映体的费歇尔投影式

投影原则有：①横、竖两条直线的交叉点代表手性碳原子，位于纸平面。②横线表示与 C^* 相连的两个键指向纸平面的前面，竖线表示指向纸平面的后面。③将含有碳原子的基团写在竖线上，编号最小的碳原子写在竖线上端。

使用费歇尔投影式应注意的问题有：①基团的位置关系是横前竖后。②不能离开纸平面翻转 180°，也不能在纸平面上旋转 90°或 270°与原构型相比。③将费歇尔投影式在纸平面上旋转 180°后，应仍为原构型。

5.4.4 判断不同投影式是否同一构型的方法

（1）将投影式在纸平面上旋转 180°后，仍为原构型。

$$\begin{array}{c} COOH \\ H-\!\!\!+\!\!\!-OH \\ CH_3 \end{array} \xrightarrow{\text{在纸平面}\ 180^\circ} \begin{array}{c} CH_3 \\ HO-\!\!\!+\!\!\!-H \\ COOH \end{array}$$

（2）任意固定一个基团不动，依次顺时针或逆时针调换另三个基团的位置，不会改变原构型。

$$\begin{array}{c} CH_3 \\ H-\!\!\!+\!\!\!-OH \\ C_2H_5 \end{array} = \begin{array}{c} H \\ C_2H_5-\!\!\!+\!\!\!-OH \\ CH_3 \end{array} = \begin{array}{c} C_2H_5 \\ HO-\!\!\!+\!\!\!-H \\ CH_3 \end{array} = \begin{array}{c} C_2H_5 \\ H_3C-\!\!\!+\!\!\!-OH \\ H \end{array}$$

（3）对调任意两个基团的位置，对调偶数次构型不变，对调奇数次则为原构型的对映体。

$$\underbrace{\begin{array}{c} CHO \\ HO-\!\!\!+\!\!\!-H \\ CH_2OH \end{array} \longrightarrow \begin{array}{c} CH_2OH \\ H-\!\!\!+\!\!\!-OH \\ CHO \end{array}}_{\text{同一构型}} \qquad \underbrace{\begin{array}{c} CHO \\ HO-\!\!\!+\!\!\!-H \\ CH_2OH \end{array} \longrightarrow \begin{array}{c} CHO \\ H-\!\!\!+\!\!\!-OH \\ CH_2OH \end{array}}_{\text{对映体}}$$

5.5 构型的标记——R-S 命名规则

1970 年根据 IUPAC 的建议，构型的命名采用 R-S 命名规则，这种命名法根据化合物的实际构型或投影式就可命名。

R-S 命名规则：①按顺序规则将手性碳原子上的四个基团排序。②把排序最小的基团放在离观察者眼睛最远的位置，将其余三个基团按大→中→小的顺序进行排列，若是顺时针方向，则其构型为 R（R 是拉丁文 Rectus 的首字母，意为右），若是逆时针方向，则构型为 S（S 是拉丁文 Sinister 的首字母，意为左）。

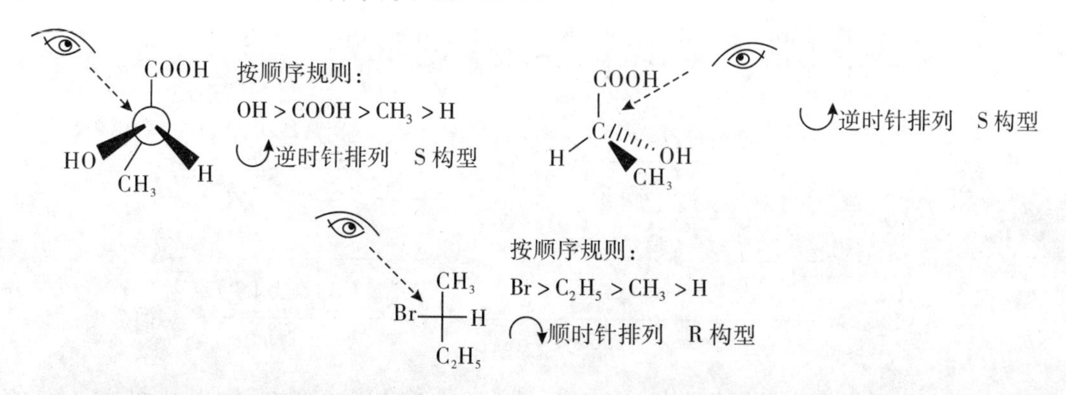

快速判断费歇尔投影式构型的方法：①当最小基团位于横线时，若其余三个基团按大→中→小的顺序排列时，为顺时针方向，则此投影式的构型为 S 构型，反之为 R 构型；②当最小基团位于竖线时，若其余三个基团按大→中→小的顺序排列时，为顺时针方向，则此投影式的构型为 R 构型，反之为 S 构型。

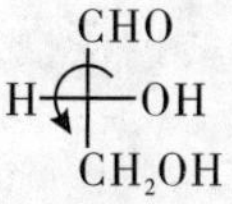

CHO，H—+—OH，CH_2OH 最小基团（H）位于横线
基团次序为 $OH > CHO > CH_2OH > H$，
故为 R 构型

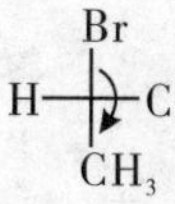

Br，H—+—Cl，CH_3 最小基团（H）位于横线，
基团次序为 $Br > Cl > CH_3 > H$，
故为 S 构型

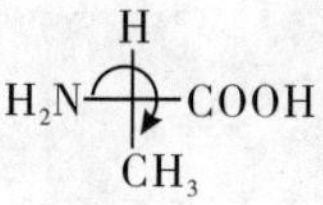

H，H_2N—+—COOH，CH_3 最小基团（H）位于竖线，
基团次序为 $NH_2 > COOH > CH_3 > H$，
故为 R 构型

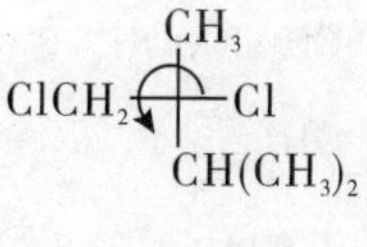

CH_3，$ClCH_2$—+—Cl，$CH(CH_3)_2$ 最小基团（CH_3）位于竖线，
基团次序为 $Cl > CH_2(Cl) > C(CH_3)—CH_3 > CH_3$，
故为 S 构型

含两个以上 C^* 化合物的构型或投影式，也可以用同样方法对每一个 C^* 进行 R、S 标记，然后注明各标记的是哪一个手性碳原子。

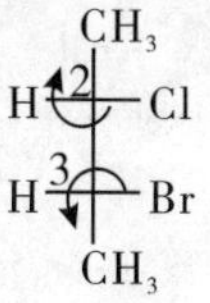

CH_3，H—2—Cl，H—3—Br，CH_3

基团次序 C_2^* $Cl > CH(Br)CH_3 > CH_3 > H$

C_3^* $Br > CH(Cl)CH_3 > CH_3 > H$

（2S,3R）2－氯－3－溴丁烷

5.6 含多个手性碳原子化合物的对映异构

5.6.1 含两个不同手性碳原子的化合物

这类化合物中两个手性碳原子所连的四个基团不完全相同。

下面以 2－羟基－3－氯丁二酸为例来讨论这类化合物。

1. 对映异构体的数目

其费歇尔投影式如下：

(1)		(2)	(3)		(4)
COOH H—|—OH H—|—Cl COOH	对映体	COOH HO—|—H Cl—|—H COOH	COOH H—|—OH Cl—|—H COOH	对映体	COOH HO—|—H H—|—Cl COOH

	(1)	(2)	(3)	(4)
熔点	173℃	173℃	167℃	167℃
$[\alpha]_D^{20}$	-7.1°	+7.1°	-9.3°	+9.3°
(±)	外消旋体熔点为145℃		外消旋体熔点为157℃	

非对映体

含 n 个不同手性碳原子的化合物，对映体的数目有 2^n 个，外消旋体的数目有 2^{n-1} 个。

2. 非对映体

不呈物体与镜像关系的立体异构体叫作非对映体。分子中有两个以上手性中心时，就有非对映异构现象。非对映异构体的特征有：①物理性质（熔点、沸点、溶解度等）不同；②比旋光度不同；③旋光方向可能相同也可能不同；④化学性质相似，但反应速度有差异。

5.6.2 含两个相同手性碳原子的化合物

酒石酸、2,3-二氯丁烷等分子中含有两个相同的手性碳原子。

$$HOOC—\overset{*}{C}H(OH)—\overset{*}{C}H(OH)—COOH \qquad CH_3—\overset{*}{C}H(Cl)—\overset{*}{C}H(Cl)—CH_3$$

同上讨论，酒石酸也可以写出四种对映异构体：

(1)		(2)	(3)		(4)
COOH H—|—OH HO—|—H COOH	对映体	COOH HO—|—H H—|—OH COOH	COOH H—|—OH H—|—OH COOH	同一物质	COOH HO—|—H HO—|—H COOH
$[\alpha]_D^{20}$ +12°		-12°	0°		0°
(±)酒石酸 外消旋体			(m)酒石酸 内消旋体（分子中有对称面）		

(3)、(4) 为同一物质，将 (3) 在纸平面旋转180°即为 (4)。因此，含两个相同手性碳原子的化合物只有三个立体异构体，少于 2^n 个，外消旋体数目也少于 2^{n-1} 个。

内消旋体与外消旋体的异同：①都不旋光；②内消旋体是一种纯物质，外消旋体是两个对映体的等量混合物，可拆分开来。

从内消旋体酒石酸可以看出，含手性碳原子的化合物，分子不一定是手性的，故不能说含手性碳原子的分子一定有手性。

5.7 亲电加成反应的立体化学

烯烃亲电加成反应的历程可通过加成反应的立体化学实验事实来证明，下面以2-丁烯与溴的加成为例进行讨论。

实验：

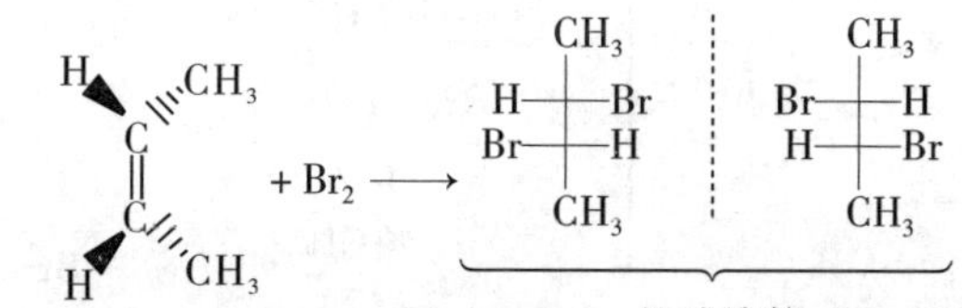

外消旋体

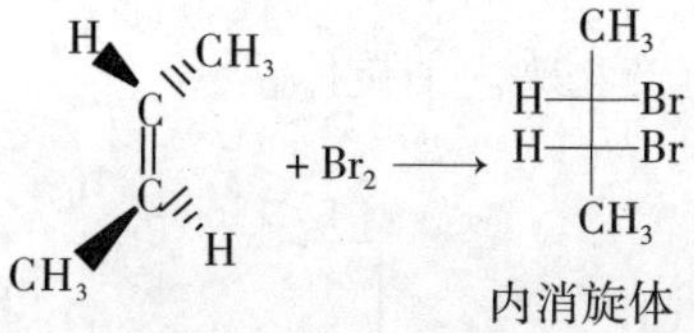

内消旋体

2－丁烯与溴的加成的立体化学事实说明，加溴的第一步不是形成碳正离子。

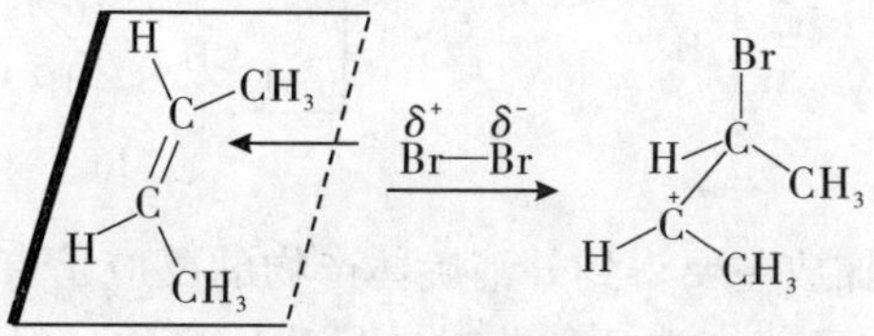

若是形成碳正离子的话，因碳正离子为平面构型，溴负离子可从平面的两面进攻碳正离子，其产物就不可能完全是外消旋体，也可能得到内消旋体，这与实验事实不符。

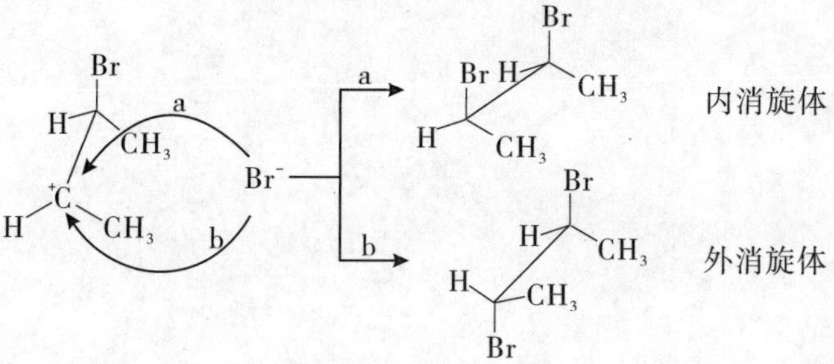

用生成溴鎓离子中间体历程可很好地解释上述立体化学事实。

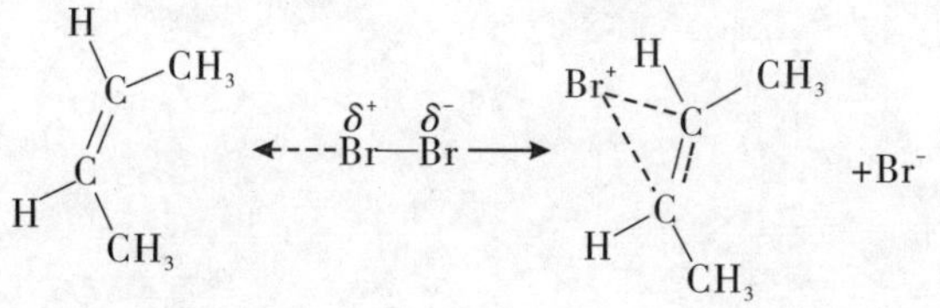

形成的环状结构中间体（溴鎓离子），即阻碍环绕碳碳单键的旋转，同时也限制 Br^- 只能从三元环的反面进攻，又因 Br^- 进攻两个碳原子的机会均等，因此得到的是外消旋体。

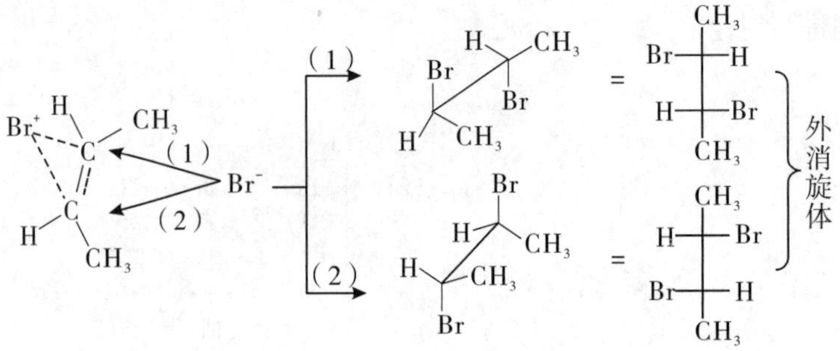

外消旋体

反－2－丁烯与溴加成同上讨论，产物为内消旋体。

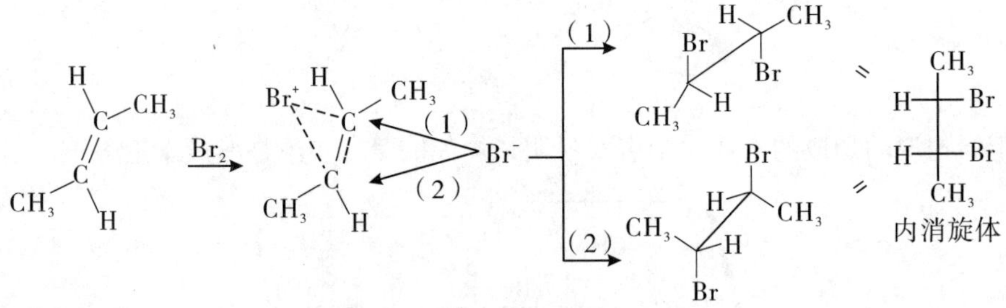

内消旋体

上述顺－2－丁烯与溴加成主要得到外消旋体产物的反应是有立体选择性的反应。有立体选择性的反应就是一个有可能产生几种非对映异构体产物，但仅主要产生一种非对映异构体产物的反应。

其他烯烃与溴的加成都为反式加成，但其立体选择性与反应条件有一定的关联。

6　脂环烃

6.1　脂环烃的分类和命名

链状烷烃碳链的首尾两个碳原子以单键相连，所形成的具有环状结构的烷烃称为脂环烃。

6.1.1　分类

根据脂环烃分子中所含的碳环数目，脂环烃可分为单环脂环烃、双环脂环烃和多环脂环烃。分子中只有一个碳环结构的烷烃，称为单环脂环烃，其分子通式为 C_nH_{2n}，与链状单烯烃互为异构体。

根据成环的碳原子数目分类，脂环烃可分为小环（三元环、四元环）脂环烃、常见环（五元环、六元环）脂环烃、中环（七元环至十二元环）脂环烃及大环（十二元环以上）脂环烃。

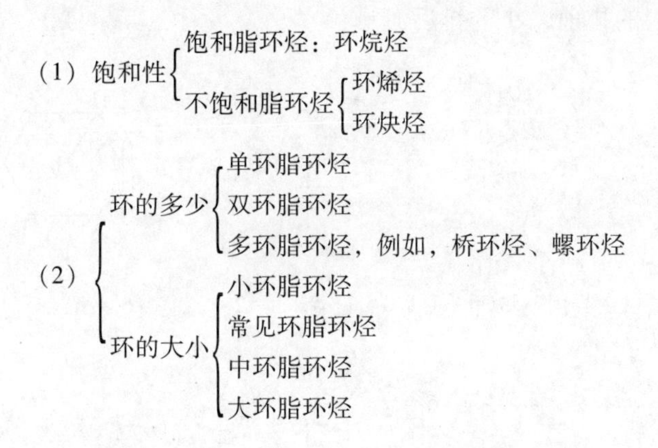

脂环烃的异构有构造异构和顺反异构。如 C_5H_{10} 的环烃的异构有：

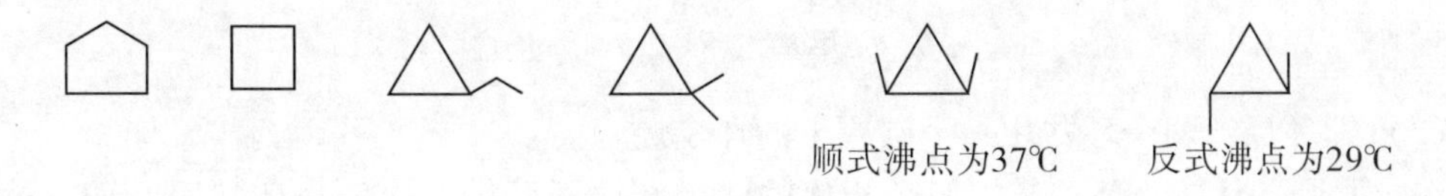

6.1.2　命名

1. 环烷烃的命名

根据分子中成环碳原子数目，称为环某烷。把取代基的名称写在环烷烃的前面，取代基位次按“最低系列”原则列出，基团顺序按顺序规则小的优先列出。

甲基环戊烷　　异丙基环己烷　　1,4－二甲基－1－乙基环己烷　　1－甲基－3－异丙基环己烷

2. 环烯烃的命名

环烯烃称为环某烯，以双键的位次和取代基的位置最小为原则。

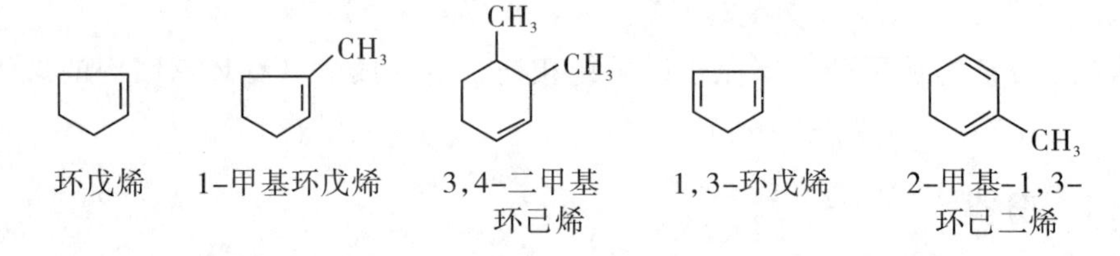

环戊烯　　1-甲基环戊烯　　3,4-二甲基环己烯　　1,3-环戊烯　　2-甲基-1,3-环己二烯

3. 多环脂环烃的命名

（1）桥环烃：分子中含有两个或以上碳环的化合物中，其中两个环共用两个或以上碳原子的一类多环脂环烃。

编号原则：从桥的一端开始，沿最长桥编至桥的另一端，再沿次长桥至始桥头，最短的桥最后编号。

命名：根据成环碳原子总数称为环某烷，在环字后面的方括号中标出除桥头碳原子外的桥碳原子数（大的排前，小的排后）。

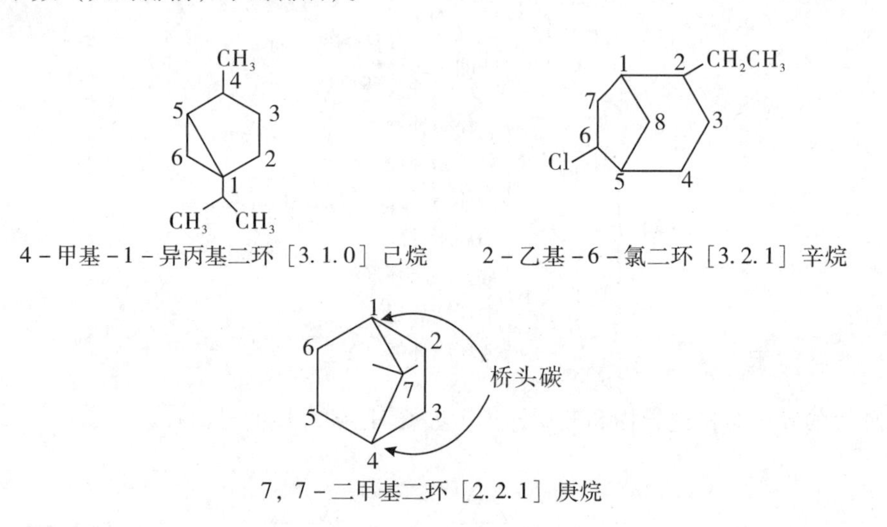

4－甲基－1－异丙基二环［3.1.0］己烷　　2－乙基－6－氯二环［3.2.1］辛烷

7，7－二甲基二环［2.2.1］庚烷

（2）螺环烃：两个环共用一个碳原子的环烷烃。

编号原则：从较小环中与螺原子相邻的一个碳原子开始，途经小环到螺原子，再沿大环至所有环碳原子。

命名：根据成环碳原子的总数称为环某烷，在方括号中标出各碳环中除螺碳原子以外的碳原子数（小的排前，大的排后），其他同烷烃的命名。

螺碳原子

5－甲基－1－溴螺［3.4］辛烷

6.2 脂环烃的构象

从环烷烃的化学性质可以看出，环丙烷最不稳定，环丁烷次之，环戊烷比较稳定，环己烷以上的大环脂环烃都稳定，这反映了环的稳定性与环的结构有着密切的联系。

6.2.1 环丙烷的结构与张力学说

1. 结构

理论上：饱和烃，C 为 sp^3 杂化，键角为 109.5°；三碳环，成环碳原子应共平面，内角为 60°——自相矛盾

现代物理方法测定，环丙烷分子中，C—C—C 键角为 105.5°；H—C—H 键角为 114°。所以环丙烷分子中碳原子之间的 sp^3 杂化轨道是以弯曲键（香蕉键）相互交盖的。

由图 6－1 可见，环丙烷分子中存在着较大的张力（角张力和扭转张力），有张力环，所以易开环，发生加成反应。

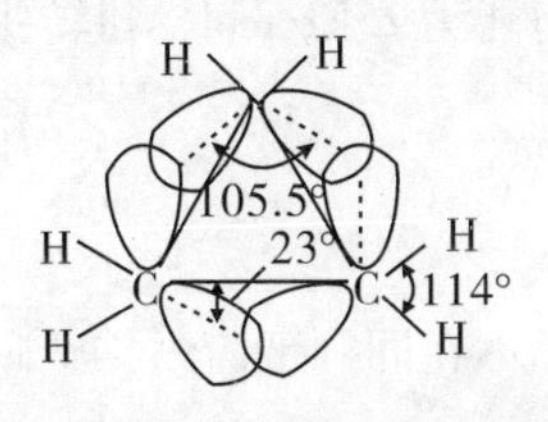

图 6－1 环丙烷的结构图

2. 张力学说

在环丙烷分子中，电子云的重叠不能沿着 sp^3 轨道轴对称重叠，只能偏离键轴一定的角度以弯曲键侧面重叠，形成弯曲键（香蕉键），其键角为 105.5°，因键角要从 109.5°压缩到 105.5°，故环有一定的张力（角张力）。

另外环丙烷分子中还存在着另一种张力——扭转张力（由于环中三个碳位于同一平面，相邻的 C—H 键互相处于重叠式构象，有旋转成交叉式的趋向，这样的张力称为扭转张力）。环丙烷的总张力能为 114kJ/mol。

6.2.2 环丁烷和环戊烷的构象

1. 环丁烷的构象

与环丙烷相似，环丁烷分子中存在着张力，但比环丙烷的小，因在环丁烷分子中四个碳原子不在同一平面上，见图 6－2：

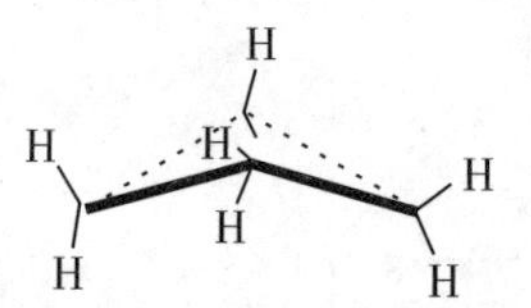

图 6-2 环丁烷的构象

结晶学和光谱学的测定，环丁烷是以折叠状构象存在的，这种非平面型结构可以减少 C—H 的重叠，使扭转张力减小。环丁烷分子中碳碳键角为 111.5°，角张力也比环丙烷的小，所以环丁烷比环丙烷要稳定些，总张力能为 108kJ/mol。

2. 环戊烷的构象

环戊烷分子中，碳碳键夹角为 108°，接近 sp^3 杂化轨道间夹角 109.28°，环张力很小，是比较稳定的环。但若环为平面结构，则其 C—H 键都相互重叠，会有较大的扭转张力，所以，环戊烷是以折叠式构象存在的，为非平面结构（见图 6-3），其中有四个碳原子在同一平面，另外一个碳原子在这个平面之外，成信封式构象。

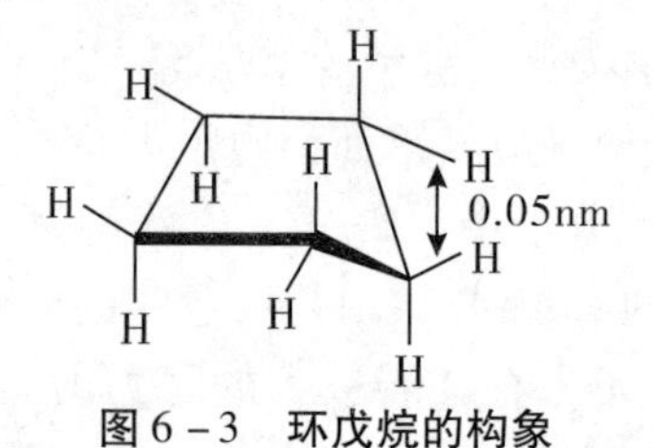

图 6-3 环戊烷的构象

这种构象的张力很小，总张力能为 25kJ/mol，扭转张力在 2.5kJ/mol 以下，因此，环戊烷的化学性质稳定。

6.2.3 环己烷的构象

在环己烷分子中，六个碳原子不在同一平面内，碳碳键之间的夹角可以保持为 109.5°，因此环很稳定。

1. 两种极限构象——椅式和船式

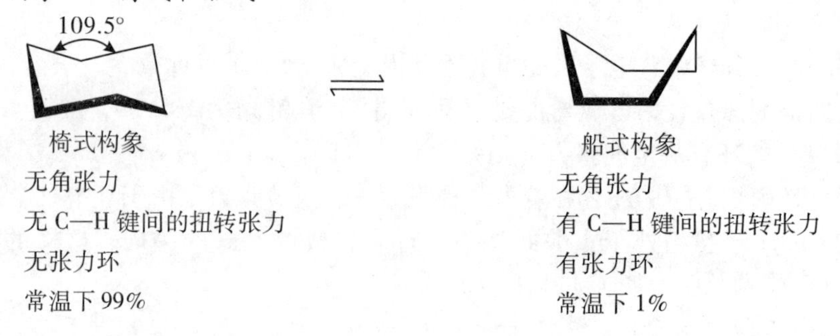

（1）椅式构象稳定的原因：

0.250 nm

相邻碳上的C—H键全部为交叉式

（2）船式构象不稳定的原因：

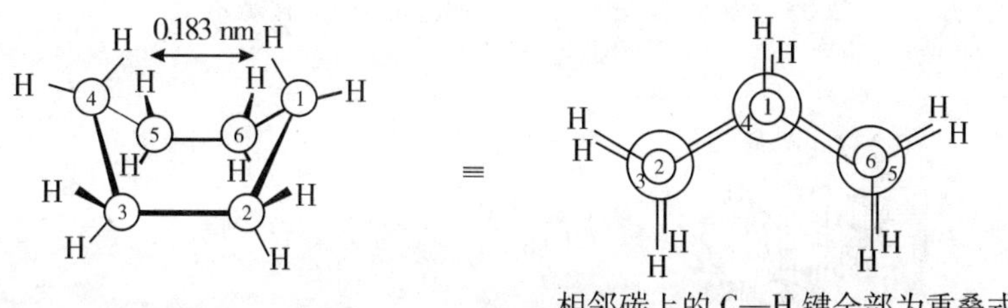

相邻碳上的 C—H 键全部为重叠式

2. 直立键（a 键）与平伏键（e 键）

在椅式构象中 C—H 键分为两类。第一类六个 C—H 键与分子的对称轴平行，叫作直立键或 a 键（其中三个向环平面上方伸展，另外三个向环平面下方伸展）；第二类六个 C—H 键与直立键形成接近 109. 5°的夹角，平伏着向环外伸展，叫作平伏键或 e 键。见图 6 - 4：

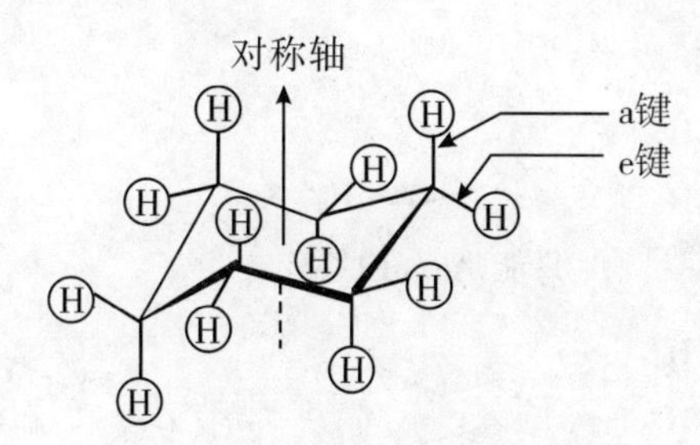

图 6 - 4　环己烷的直立键和平伏键

在室温时，环己烷的椅式构象可通过 C—C 键的转动（而不经过 C—C 键的断裂），由一种椅式构象变为另一种椅式构象，在互相转变中，原来的 a 键变成了 e 键，而原来的 e 键变成了 a 键。

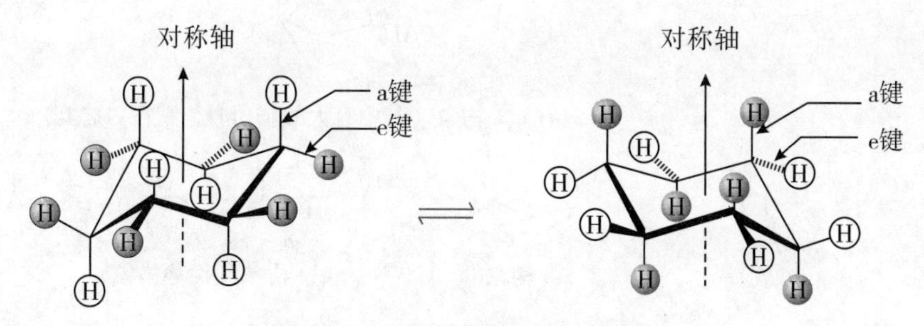

图 6 - 5　两个椅式构象的互相转变

当六个碳原子上连的都是氢时，两种构象是同一构象；连有不同基团时，则构象不同。

3. 取代环己烷的构象

（1）一元取代环己烷的构象。

一元取代环己烷中，取代基可占据 a 键，也可占据 e 键，但占据 e 键的构象更稳定。例如：

CH_3　室温 ⇌　CH_3

7%　　93%

原因：a 键取代基结构中的非键原子间斥力比 e 键取代基的大（因非键原子间的距离小于正常原子键的距离所致）。从下图原子在空间的距离可清楚看出：取代基越大，e 键构象为主的趋势越明显。

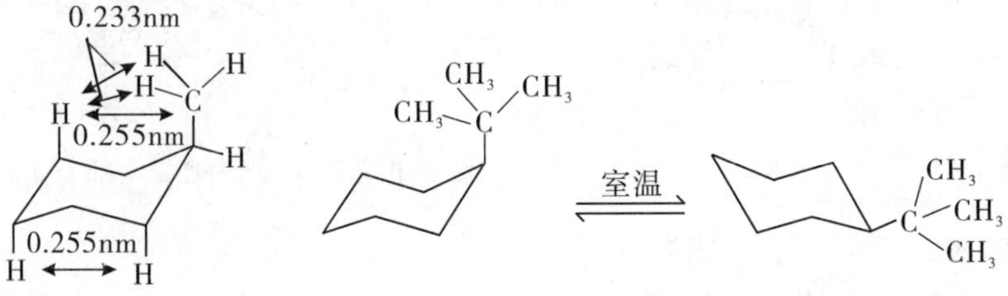

0.233nm　0.255nm　0.255nm　室温

甲基环己烷原子间的距离　< 0.1%　>99.9%

（2）二元取代环己烷的构象。

①1，2 – 二取代：

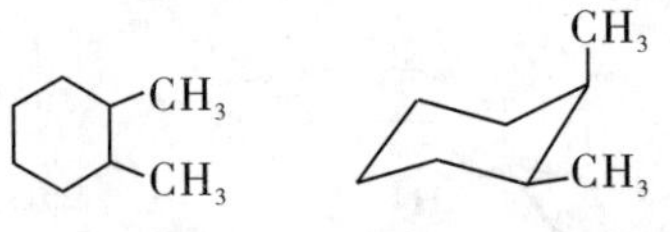

（顺式）　只能是e，a构象

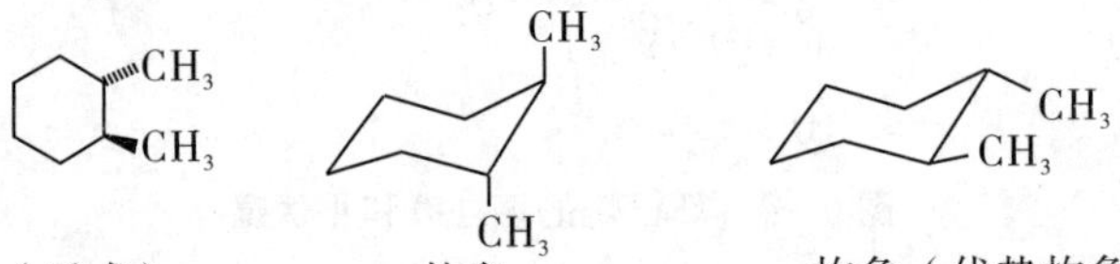

（反式）　a，a构象　e，e构象（优势构象）

②1，3 – 二取代：

（反式）　只有 e，a 构象（其中有大的基团时，则在 e 键上）

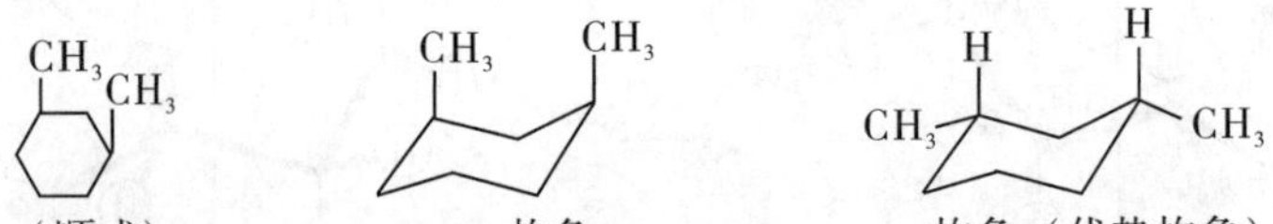

（顺式）　a，a 构象　e，e 构象（优势构象）

小结：①环己烷有两种极限构象（椅式和船式），椅式为优势构象；②一元取代基主要以 e 键和环相连；③多元取代环己烷最稳定的构象是 e 键上取代基最多的构象；④环上有不同取代基时，大的取代基在 e 键上的构象最稳定。

6.3　脂环烃的物理性质

脂环烃的物理性质与烷烃相似，在常温下，小环脂环烃是气体，常见环脂环烃是液体，大环脂环烃为固态。脂环烃和烷烃都不溶于水。由于脂环烃分子中单键旋转受到一定的限制，分子运动幅度较小，并具有一定的对称性和刚性，因此，脂环烃的沸点、熔点和密度都比同碳原子数的烷烃高。

6.4 脂环烃的化学性质

6.4.1 常见环脂环烃的化学性质

（1）常见环脂环烃具有开链烃的通性。
（2）环烷烃主要发生自由基取代反应，难以被氧化。

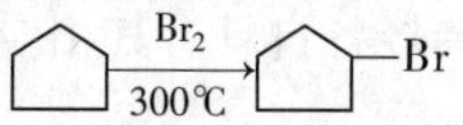

$$\text{环戊烷} \xrightarrow[300℃]{Br_2} \text{溴代环戊烷（}-Br\text{）}$$

（3）环烯烃具有烯烃的通性。

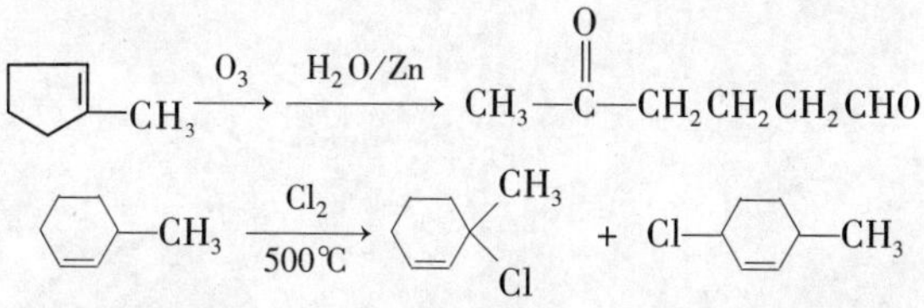

$$\text{1-甲基环戊烯}\ \xrightarrow{O_3} \xrightarrow{H_2O/Zn} CH_3-\overset{O}{\overset{\|}{C}}-CH_2CH_2CH_2CHO$$

$$\text{3-甲基环己烯}\ \xrightarrow[500℃]{Cl_2} \text{（主）} + Cl-\text{环己烯}-CH_3\ \text{（次）}$$

主 次

6.4.2 小环烷烃的特性反应

1. 加成反应

（1）加氢：

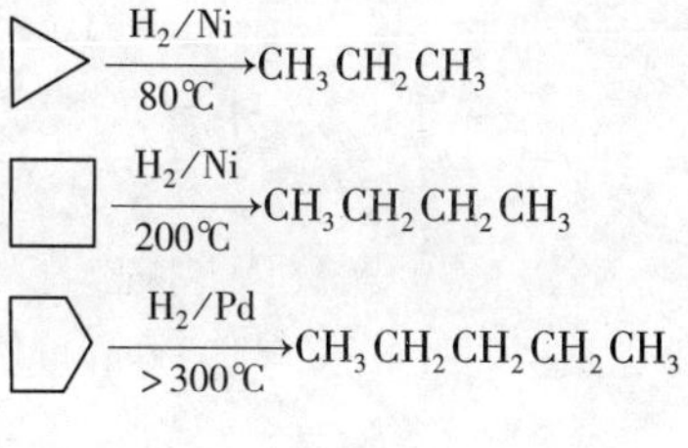

$$\text{环丙烷} \xrightarrow[80℃]{H_2/Ni} CH_3CH_2CH_3$$

$$\text{环丁烷} \xrightarrow[200℃]{H_2/Ni} CH_3CH_2CH_2CH_3$$

$$\text{环戊烷} \xrightarrow[>300℃]{H_2/Pd} CH_3CH_2CH_2CH_2CH_3$$

（2）加卤素：

$$\text{1,1,2-三甲基环丙烷} \xrightarrow{Br_2/CCl_4} (CH_3)_2CBr-CH(CH_3)-CH_2Br$$

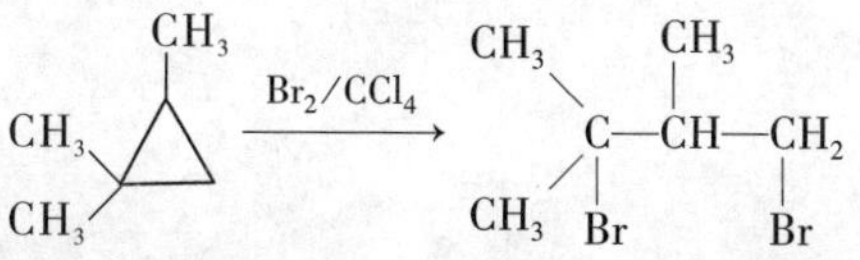

褪色可用于鉴别环丙烷和环丁烷

（3）加 HX 或 H_2SO_4：

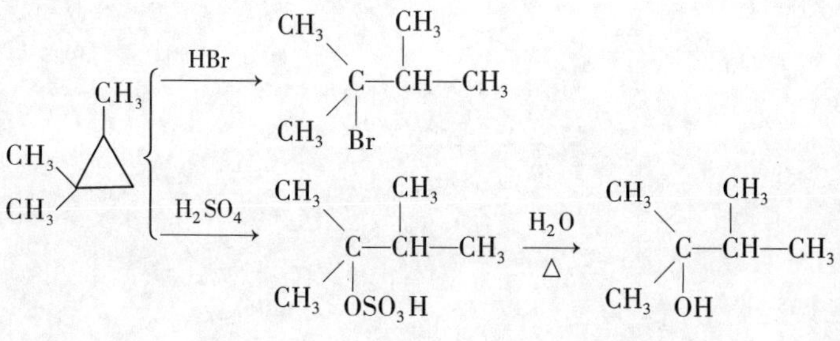

$$\text{1,1,2-三甲基环丙烷} \xrightarrow{HBr} (CH_3)_2CBr-CH(CH_3)-CH_3$$

$$\text{1,1,2-三甲基环丙烷} \xrightarrow{H_2SO_4} (CH_3)_2C(OSO_3H)-CH(CH_3)-CH_3 \xrightarrow[\triangle]{H_2O} (CH_3)_2C(OH)-CH(CH_3)-CH_3$$

2. 氧化反应

环丙烷对氧化剂稳定，不会被高锰酸钾、臭氧等氧化剂氧化。例如：

$$\text{(2-甲基环丙基)}-CH=C(CH_3)_2 \xrightarrow{KMnO_4} \text{(2-甲基环丙基)}-COOH + (CH_3)_2C=O$$

故可用高锰酸钾溶液来区别烯烃与环丙烷衍生物。

小结：①小环烷烃易加成（似烯），难氧化（似烷），似烷似烯；五环及以上难加成，难氧化，似烷。②环烯烃、共轭二烯烃各自具有其相应烯烃的通性。

7 芳 烃

芳烃，也叫芳香烃，最初是指从天然树脂（香精油）中提取而得、具有芳香气的物质。芳烃的现代概念是具有芳香性的一类环状化合物，不一定具有香味，也不一定含有苯环结构。芳烃主要具有芳香性——易取代、难加成、难氧化的化学性质。

芳烃按其结构分类如下：

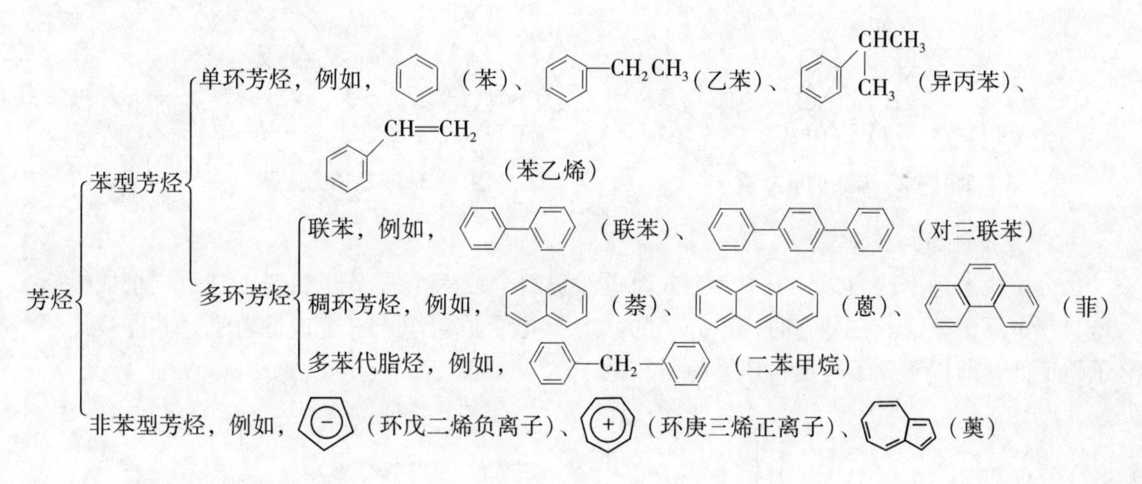

7.1 单环芳烃

7.1.1 苯的结构

7.1.1.1 苯的凯库勒结构式

1865 年凯库勒从苯的分子式 C_6H_6 出发，根据苯的一元取代物只有一种（说明六个氢原子是等同的事实），提出了苯的环状构造式。

H H H H H H 简写为

图 7－1 苯的凯库勒结构式

7.1.1.2 苯分子结构的价键观点

现代物理方法（射线法、光谱法、偶极矩的测定）表明，苯分子是一个平面正六边形构型，键角都是 120°，C—C 键长都是 0.1397nm，C—H 键长都是 0.110nm（如下图所示）。

1. 杂化轨道理论解释

苯分子中的碳原子都是以 sp^2 杂化轨道成键的，故键角均为 120°，所有原子均在同一平面上；参与杂化的 p 轨道都垂直于碳环平面，彼此侧面重叠，形成一个封闭的共轭体系，由于共轭效应使 π 电子高度离域，电子云完全平均化，故无单双键之分。

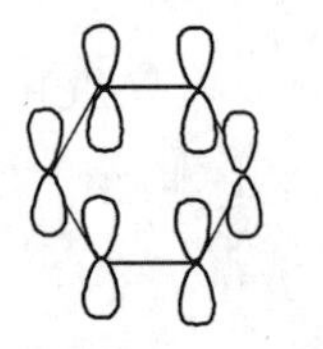

图 7－2　苯中的 p 轨道

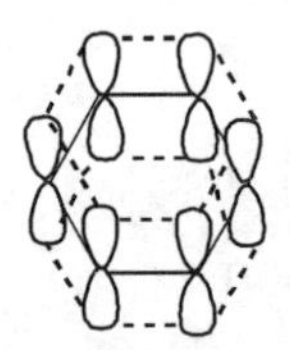

图 7－3　p 轨道的重叠

2. 分子轨道理论解释

分子轨道理论认为，分子中六个 p 轨道线形组合成六个 π 分子轨道，其中三个成键轨道、三个反键轨道。在基态时，苯分子的六个 π 电子成对填入三个成键轨道，其能量比原子轨道低，所以苯分子稳定，体系能量较低。

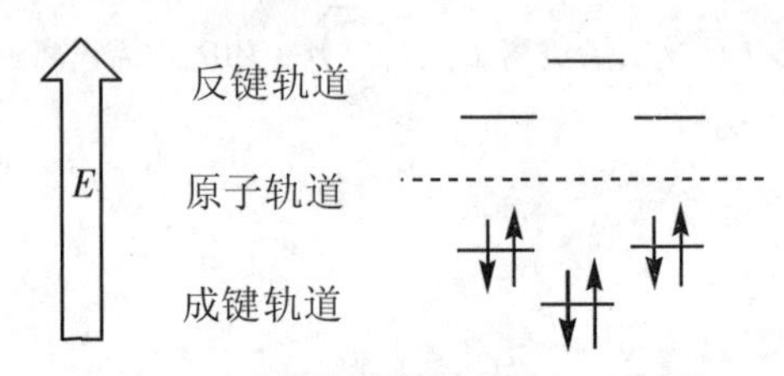

图 7－4　苯的分子轨道能级示意图

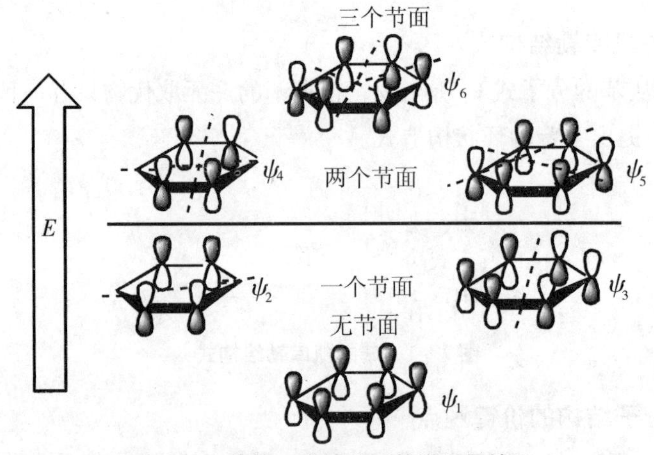

图 7－5　苯的 π 电子分子轨道重叠情况

苯分子的大 π 键是三个成键轨道叠加的结果，由于 π 电子都是离域的，所以 C—C 键键长完全相同。

7.1.1.3 从氢化热看苯的稳定性

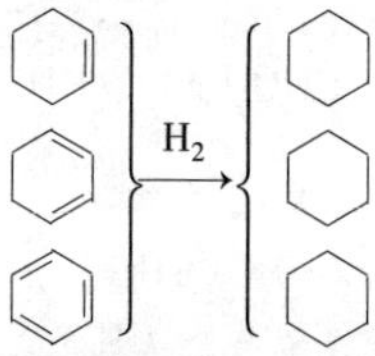

环己烯、环己二烯、苯 $\xrightarrow{H_2}$ 环己烷

$\Delta H = -120\text{kJ/mol}$

$\Delta H = -232\text{kJ/mol}$

$\Delta H = -208\text{kJ/mol}$

$\Delta H_{苯,理} = 3\text{kJ/mol} \times 120\text{kJ/mol} = -360\text{kJ/mol}$　　$\Delta H_{苯,实} = -208\text{kJ/mol}$

苯的稳定化能（离域能或共振能）$= -360\text{kJ/mol} - (-208\text{kJ/mol}) = -152\text{kJ/mol}$。

7.1.2 单环芳烃的异构现象和命名

7.1.2.1 异构现象

1. 单烃基苯中有烃基的异构

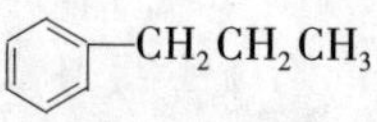

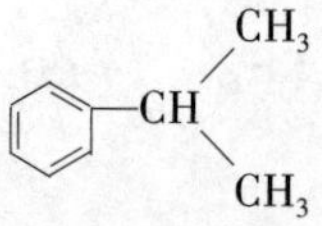

$C_6H_5-CH_2CH_2CH_3$　　$C_6H_5-CH(CH_3)_2$

2. 二烃基苯有三种位置异构

（邻位、间位、对位：R、R′）

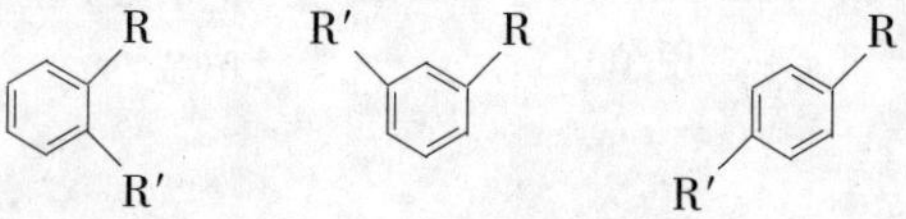

3. 三烃基苯有三种位置异构

（连位、均位、偏位：R、R′、R″）

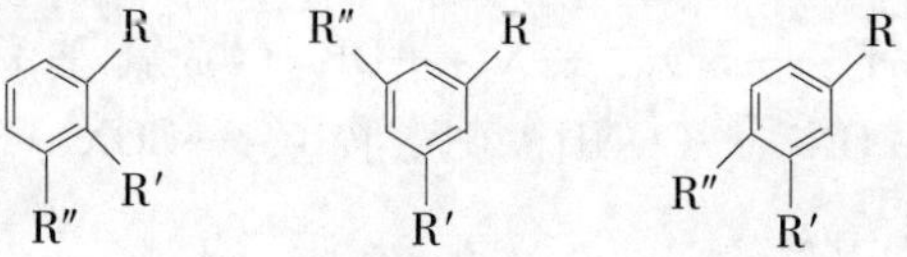

7.1.2.2 命名

1. 芳基的概念

芳烃分子去掉一个氢原子所剩下的基团称为芳基（Aryl），用 Ar 表示。重要的芳基有：

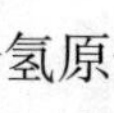

C_6H_5-　　苯基，用 Ph 表示

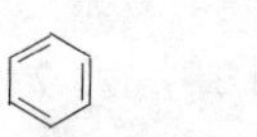

$C_6H_5-CH_2-$（$C_6H_5CH_2-$）　苄基（苯甲基），用 Bz 表示

2. 一元取代苯的命名

（1）当苯环上连的是烷基（R—）、$-NO_2$、—X 等基团时，则以苯环为母体，叫作某基苯。

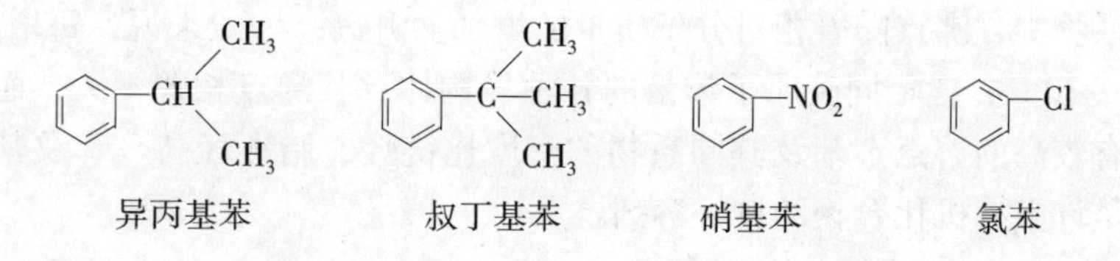

异丙基苯　　叔丁基苯　　硝基苯　　氯苯

（2）当苯环上连有—COOH、—SO_3H、—NH_2、—OH、—CHO、—CH═CH_2或 R 较复杂时，则把苯环作为取代基。

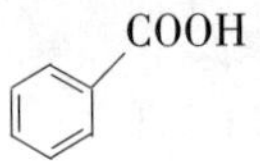

苯甲酸 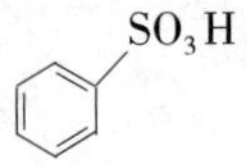　苯磺酸 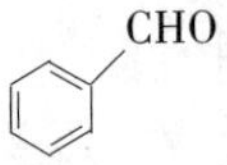　苯甲醛 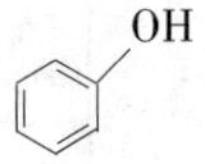　苯酚 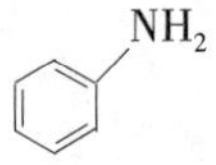　苯胺

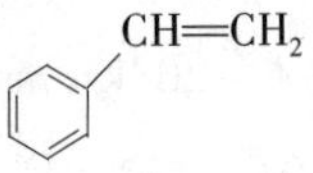

苯乙烯 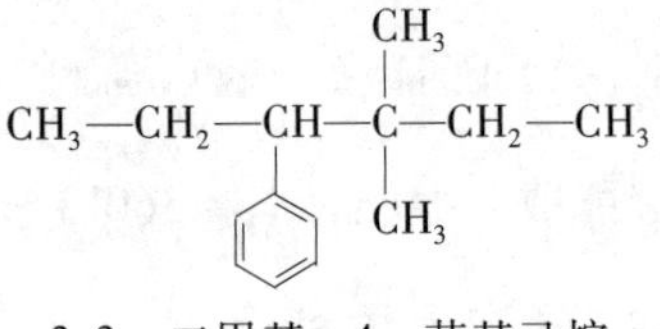　3,3－二甲基－4－苯基己烷

3. 二元取代苯的命名

取代基的位置用邻、间、对或1,2、1,3、1,4 表示。例如：

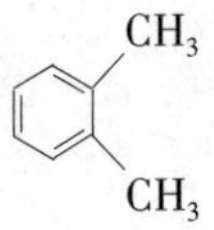

邻二甲苯（1,2－二甲苯）（o－二甲苯）　间二甲苯（1,3－二甲苯）（m－二甲苯）　对二甲苯（1,4－二甲苯）（p－二甲苯）　邻甲基苯酚（o－甲基苯酚）

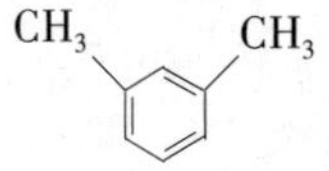

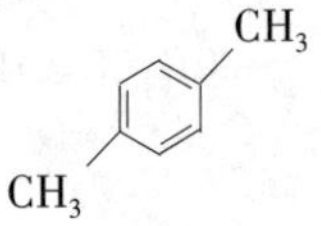

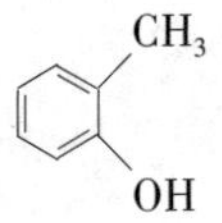

4. 多取代苯的命名

（1）取代基的位置用邻、间、对或2，3，4，…表示。

（2）母体选择原则（按以下排列次序，排在后面的为母体，排在前面的作为取代基）。

选择母体的顺序如下：—NO_2、—X、—OR（烷氧基）、—R（烷基）、—NH_2、—OH、—COR、—CHO、—CN、—$CONH_2$（酰胺）、—COX（酰卤）、—COOR（酯）、—SO_3H、—COOH、—N^+R_3等。

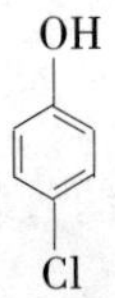

对氯苯酚 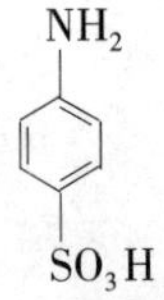　对氨基苯磺酸 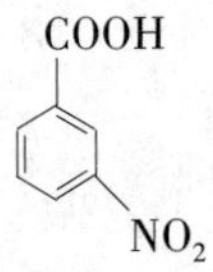　间硝基苯甲酸 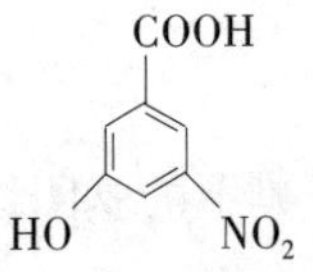　3－硝基－5－羟基苯甲酸 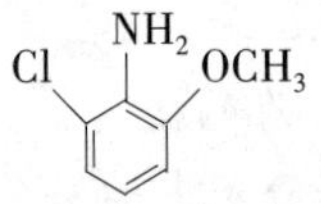　2－甲氧基－6－氯苯胺

7.1.3　单环芳烃的物理性质

苯及其同系物一般为液体，具有特殊的气味。其蒸气有毒，可以通过呼吸道对人体产生伤害，高浓度的苯蒸气主要作用于中枢神经，引起急性中毒，长期接触低浓度的苯蒸气会损害造血器官。

在苯的同系物中，沸点随着相对分子质量的增加而升高，一般来说，每增加一个CH_2，沸点升高20℃～30℃，含相同碳原子数量的各种异构体，其沸点相差不大，而结构对称的异构体，却具有较高的熔点。苯及其同系物的密度比链烃、脂环烃高。苯及其同系物都不溶于水，但都是许多有机化合物的良好溶剂。

7.1.4 单环芳烃的化学性质

芳烃的化学性质主要是芳香性，即易进行取代反应，而难进行加成反应和氧化反应。

7.1.4.1 亲电取代反应

1. 硝化反应

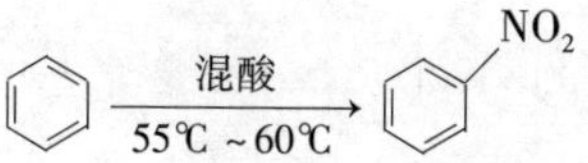

$$C_6H_6 \xrightarrow[55℃\sim60℃]{混酸} C_6H_5NO_2$$

硝基苯

浓 H_2SO_4的作用——促使硝基正离子的生成。

$$HNO_3 \xrightarrow{水} H^+ + NO_3^-$$

$$HNO_3 \xrightarrow{H_2SO_4} HO^- + \overset{+}{N}O_2$$

硝化反应历程：

$$HONO_2 + HOSO_3H \longrightarrow [H_2\overset{+}{O}—NO_2] + {}^-OSO_3H \xrightarrow{-H_2O} \overset{+}{N}O_2$$

$$C_6H_6 + \overset{+}{N}O_2 \longrightarrow [C_6H_6 + NO_2] \longrightarrow [C_6H_6(H)(NO_2)]^+ \xrightarrow{-H^+} C_6H_5NO_2$$

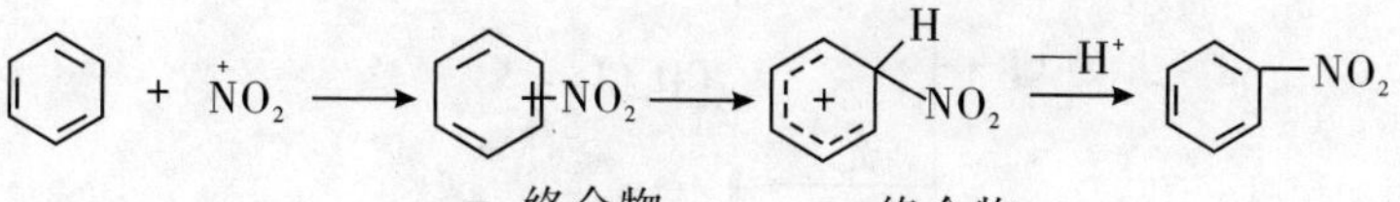

π-络合物 σ-络合物

$$H^+ + {}^-OSO_3H \longrightarrow H_2SO_4$$

硝基苯继续硝化比苯困难：

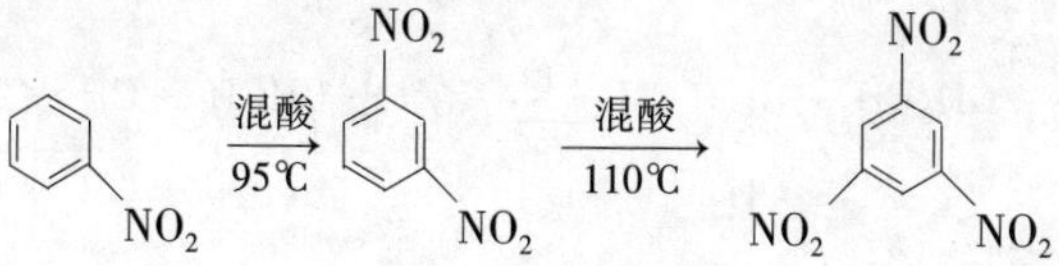

$$C_6H_5NO_2 \xrightarrow[95℃]{混酸} 1,3-C_6H_4(NO_2)_2 \xrightarrow[110℃]{混酸} 1,3,5-C_6H_3(NO_2)_3$$

烷基苯比苯易硝化：

$$C_6H_5CH_3 \xrightarrow[30℃]{混酸} \begin{cases} o-CH_3C_6H_4NO_2 \xrightarrow[60℃]{混酸} \\ p-CH_3C_6H_4NO_2 \xrightarrow[60℃]{混酸} \end{cases} 2,4-(NO_2)_2C_6H_3CH_3 \xrightarrow[110℃]{混酸} 2,4,6-(NO_2)_3C_6H_2CH_3$$

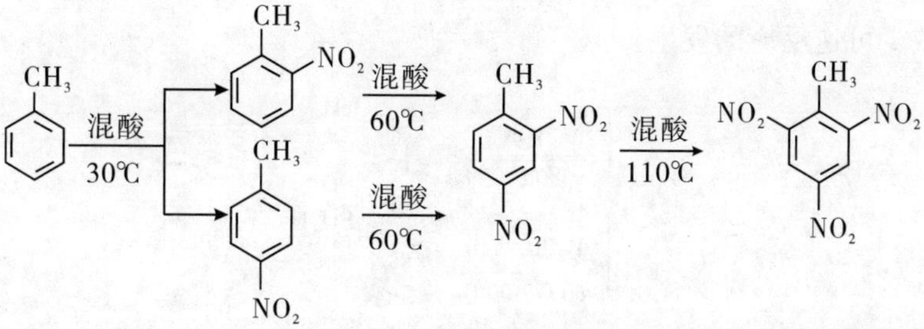

2,4,6-三硝基甲苯
（TNT）

2. 卤代反应

$$\text{C}_6\text{H}_6 \begin{cases} \xrightarrow[55℃\sim60℃]{Cl_2/FeCl_3} C_6H_5Cl \\ \xrightarrow[55℃\sim60℃]{Br_2/FeBr_3} C_6H_5Br \\ \xrightarrow[\triangle]{Cl_2/FeCl_3} o\text{-}C_6H_4Cl_2 + p\text{-}C_6H_4Cl_2 \end{cases}$$

反应历程：

$$C_6H_6 \xrightarrow{Br_2} [C_6H_6\cdots Br—Br] \xrightarrow{FeBr_3} [C_6H_6Br]^+ \xrightarrow{[FeBr_4]^-} C_6H_5Br$$

π-络合物　　σ-络合物

烷基苯的卤代：

$$C_6H_5CH_3 + Cl_2 \begin{cases} \xrightarrow{FeCl_3} o\text{-}CH_3C_6H_4Cl + Cl—C_6H_4—CH_3\ (p) \\ \xrightarrow[或\triangle]{光} C_6H_5CH_2Cl \end{cases}$$

反应条件不同，产物也不同。因两者反应历程不同，光照卤代为自由基历程，而前者为离子型取代反应。

侧链较长的芳烃光照卤代主要发生在α-碳原子上。

$$C_6H_5—CH_2CH_2—\underset{CH_3}{\underset{|}{CH}}—CH_3 \xrightarrow[光]{Br_2} C_6H_5—\underset{Br}{\underset{|}{CH}}CH_2—\underset{CH_3}{\underset{|}{CH}}—CH_3$$

3. 磺化反应

反应可逆，生成的水使 H_2SO_4 变稀，磺化速度变慢，水解速度加快，故常用发烟硫酸进行磺化，以减少可逆反应的发生。

$$C_6H_6 \begin{cases} \underset{80℃}{\overset{浓H_2SO_4}{\rightleftharpoons}} C_6H_5SO_3H \\ \xrightarrow[30℃\sim50℃]{H_2SO_4/SO_3} C_6H_5SO_3H \end{cases}$$

烷基苯比苯易磺化：

$$C_6H_5CH_3 \xrightarrow{H_2SO_4} o\text{-}CH_3C_6H_4SO_3H + p\text{-}CH_3C_6H_4SO_3H$$

	邻甲基苯磺酸	对甲基苯磺酸
0℃	43%	53%
25℃	32%	62%
100℃	13%	79%

磺化反应是可逆的，苯磺酸与稀硫酸共热时可水解脱下磺酸基。

$$C_6H_5SO_3H \xrightarrow[180℃]{H_2O} C_6H_6 + H_2SO_4$$

此反应常用于有机合成中控制环上某一位置不被其他基团取代，或用于化合物的分离和提纯。

磺化反应历程：

$$2H_2SO_4 \rightleftharpoons SO_3 + H_3O^+ + HSO_4^-$$

$$C_6H_6 + \overset{\delta^+}{S}O_3^{\delta^-} \rightleftharpoons [C_6H_6SO_3^-]^+ \overset{-H^+}{\rightleftharpoons} C_6H_5SO_3H$$

4. 弗瑞德—克拉夫茨（C. Friedel - J. M. Crafts）反应

1877 年法国化学家弗瑞德和美国化学家克拉夫茨发现了制备烷基苯和芳酮的反应，简称为弗—克反应。前者叫弗—克烷基化反应，后者叫弗—克酰基化反应。

（1）弗—克烷基化反应。

苯与烷基化剂在路易斯酸的催化下生成烷基苯的反应称为弗—克烷基化反应。

$$C_6H_6 \xrightarrow[0℃\sim25℃]{CH_3CH_2Br/AlCl_3} C_6H_5CH_2CH_3$$

反应历程：

$$CH_3CH_2Br \xrightarrow{AlCl_3} CH_3\overset{\delta^+}{C}H_2\text{—}Br\cdots\cdots\overset{\delta^-}{Al}Cl_3 \longrightarrow CH_3\overset{+}{C}H_2 + [AlCl_3Br]^-$$

$$C_6H_6 \xrightarrow{CH_3\overset{+}{C}H_2} [C_6H_6CH_2CH_3]^+ \xrightarrow{-H^+} C_6H_5CH_2CH_3$$

此反应中应注意以下五点：①常用的催化剂是无水 $AlCl_3$，此外 $FeCl_3$、BF_3、无水 HF、$SnCl_4$、$ZnCl_2$、H_3PO_4、H_2SO_4 等都有催化作用。②当引入的烷基为三个以上的碳时，引入的烷基会发生碳链异构现象。③弗—克烷基化反应不易停留在一元阶段，通常在反应中有多烷基苯生成。④苯环上已有—NO_2、—SO_3H、—COOH、—COR 等取代基时，弗—克烷基化反应不再发生。因这些取代基都是强吸电子基，降低了苯环上电子云的密度，使亲电取代不易发生。例如，硝基苯就不能发生弗—克烷基化反应，且可用硝基苯作溶剂来进行弗—克烷基化反应。⑤烷基化试剂也可是烯烃或醇。

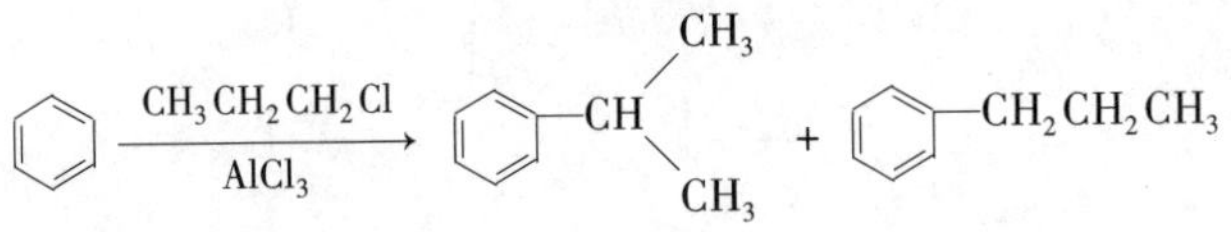

$$C_6H_6 \xrightarrow[AlCl_3]{CH_3CH_2CH_2Cl} C_6H_5CH(CH_3)_2 + C_6H_5CH_2CH_2CH_3$$

原因是反应中的活性中间体碳正离子发生重排，产生更稳定的碳正离子后，再进攻苯环形成产物。

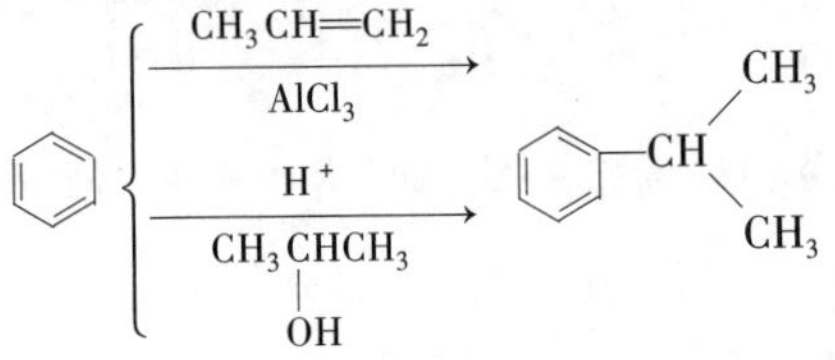

$$C_6H_6 \begin{cases} \xrightarrow[AlCl_3]{CH_3CH{=}CH_2} \\ \xrightarrow[CH_3CH(OH)CH_3]{H^+} \end{cases} C_6H_5CH(CH_3)_2$$

（2）弗—克酰基化反应：

$$C_6H_6 \xrightarrow[AlCl_3]{CH_3COCl} C_6H_5COCH_3$$

$$C_6H_5CH_3 \xrightarrow[AlCl_3]{CH_3COOCOCH_3} CH_3-C_6H_4-COCH_3$$

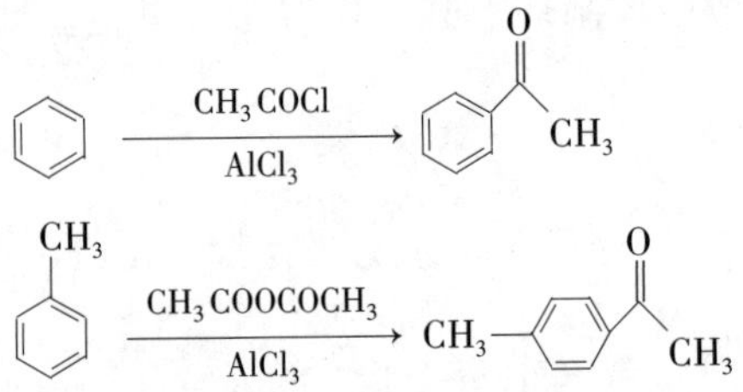

弗—克酰基化反应的特点是产物纯、产量高（因酰基不发生异构化，也不发生多元取代）。

5. 苯环的亲电取代反应历程

苯及同系物的取代反应都是亲电取代历程，其历程可用如下通式表示：

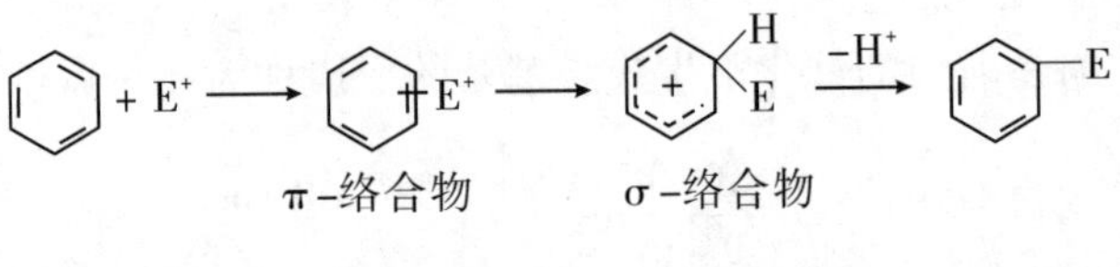

$$C_6H_6 + E^+ \longrightarrow [C_6H_6 \cdot E^+] \longrightarrow [C_6H_6E]^+ \xrightarrow{-H^+} C_6H_5-E$$

π-络合物　σ-络合物

实验证明，硝化、磺化和氯代是只形成σ-络合物的历程，溴化是先形成π-络合物，再转变为σ-络合物的历程。

7.1.4.2　**加成反应**

苯环易发生取代反应而难发生加成反应，但并不是绝对的，在特定条件下，也能发生某些加成反应。例如，加氢反应生成环己烃及加氯反应生成六氯环己烷。

7.1.4.3　**氧化反应**

苯环一般不易氧化，在特定激烈的条件下，苯环可被氧化破环。例如：

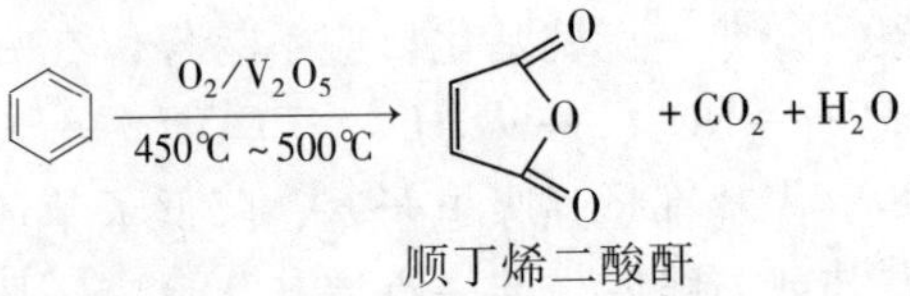

$$C_6H_6 \xrightarrow[450℃\sim500℃]{O_2/V_2O_5} C_4H_2O_3 + CO_2 + H_2O$$

顺丁烯二酸酐

烷基苯（有α-H时）侧链易被氧化成羧酸。

$C_6H_5-C_2H_5$、$C_6H_5-CH(CH_3)_2$、$C_6H_5-CH_2CH_2CH_2CH_3$ $\xrightarrow{KMnO_4/H^+}$ C_6H_5-COOH

当与苯环相连的侧链碳（α-C）上无氢原子（α-H）时，该侧链不能被氧化。

$$(CH_3)_3C-C_6H_4-C_2H_5 \xrightarrow{KMnO_4/H^+} (CH_3)_3C-C_6H_4-COOH$$

7.1.5 芳环上亲电取代反应的定位规律

一取代苯有两个邻位、两个间位和一个对位，在发生一元亲电取代反应时，都可接受亲电试剂进攻，如果取代基对反应没有影响，则生成物中邻、间、对位产物的比例应为2∶2∶1。但从前面的性质讨论可知，原有取代基不同，发生亲电取代反应的难易程度就不同，第二个取代基进入苯环的相对位置也不同。例如：

$$C_6H_6 \xrightarrow[60℃]{混酸} C_6H_5NO_2 \xrightarrow[95℃]{混酸} m\text{-}C_6H_4(NO_2)_2$$

$$C_6H_5CH_3 \xrightarrow[30℃]{混酸} o\text{-}CH_3C_6H_4NO_2 + CH_3-C_6H_4-NO_2\ (p)$$

可见，苯环上原有取代基决定了第二个取代基进入苯环的位置，也影响着亲电取代反应的难易程度。我们把原有取代基决定新引入取代基进入苯环位置的作用称为取代基的定位效应。

7.1.5.1 三类定位基

根据原有取代基对苯环亲电取代反应的影响——新引入取代基进入苯环的位置和反应的难易分为三类。

1. 邻、对位定位基

使新引入的取代基主要进入原基团邻位和对位（邻、对位产物之和大于60%），且活化苯环，使取代反应比苯易进行。

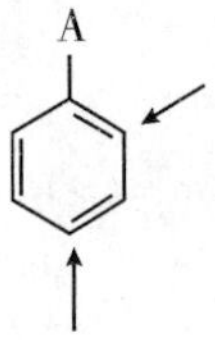

A

A 的定位能力次序大致为（从强到弱）：

$—O^-$、$—NR_2$、—NHR、$—NH_2$、—OR、—OH、—NHCOR、—OCOR、—R、$—CH_3$

2. 间位定位基

使新引入的取代基主要进入原基团间位（间位产物大于50%），且钝化苯环，使取代反应比苯难进行。

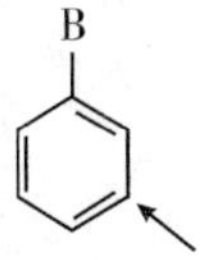

B

B 的定位能力次序大致为（从强到弱）：

$—\overset{+}{N}R_3$、$—NO_2$、$—CF_3$、$-CCl_3$、—CN、$—SO_3H$、—CHO、—COR、—COOH、$—CONH_2$

3. 第三类定位基

使新引入的取代基主要进入原基团邻位和对位，但使苯环略微钝化，取代反应比苯难进行。该类定位基主要是卤素。

7.1.5.2 **取代基的定位效应的解释**

苯环上取代基的定位效应，可用电子效应解释，也可从生成的σ-络合物的稳定性来解释，还有空间效应的影响。

1. 用电子效应解释

电子效应：诱导效应 I(Inductive effect)；共轭效应 C(Conjugative effect)

苯环是一个对称分子，由于苯环上π电子的高度离域，电子云密度是完全平均分布的，但苯环上有一个取代基，受取代基的影响，苯环上的电子云分布就发生了变化，出现电子云密度较大与较小的交替现象，于是，进入的位置就不同，进行亲电取代反应的难易程度也不同。

（1）对间位基的解释（以硝基苯为例）：

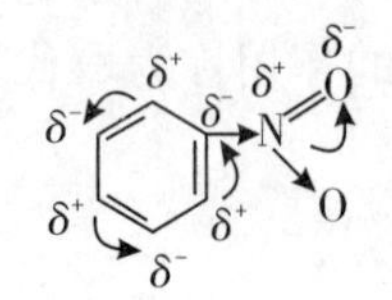

①由于电负性 O > N > C，因此硝基为强吸电子基，具有 -I 效应，使苯环钝化

②硝基的π键与苯环上的大π键形成π-π共轭，因硝基的强吸电子作用，使π电子向硝基转移，形成吸电子的共轭效应 -C

-I、-C 方向都指向苯环外的硝基（电荷密度向硝基分布），使苯环钝化，因间位的电荷密度降低得相对较少，故新导入基进入间位。

硝基苯苯环上的相对电荷密度为：

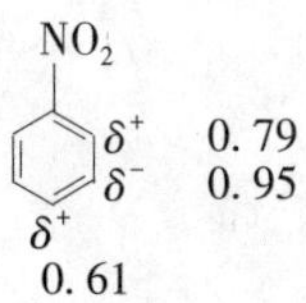

NO_2

δ^+ 0.79

δ^- 0.95

δ^+ 0.61

（2）对邻、对位基的解释：

①甲基和烷基：

C为sp3
CH3
C为sp2

电负性 $sp^2 > sp^3$，
电荷移向苯环，
甲基具有 + I 效应

H
H—C—H
δ-
δ+
δ-

具有 σ－π 共轭，
具有 + C 效应

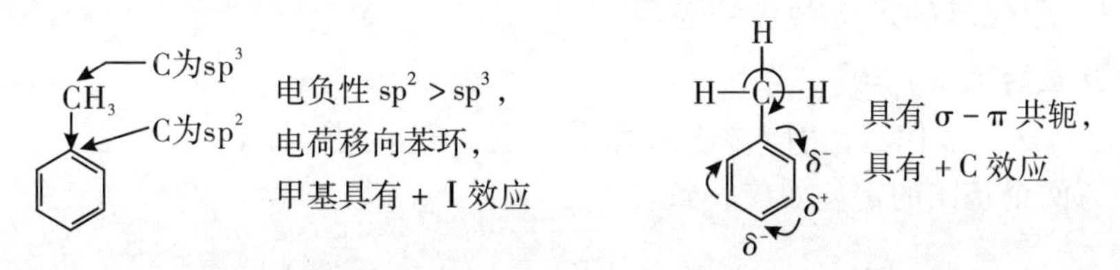

诱导效应 + I 和共轭效应 + C 都使苯环上电子云密度增加，邻位增加得更多，量子化学计算的结果如下：

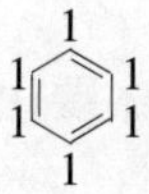

1
1 1
1 1
1

总值为6

CH3 0.96
1.017 1.017
0.999 0.999
1.011

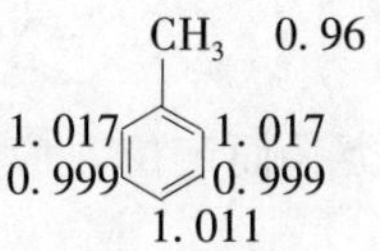

总值大于6

故甲基使苯环活化，亲电取代反应比苯易进行，主要发生在邻、对位上。

②具有孤电子对的取代基（—OH、—NH_2、—OR 等）：

以苯甲醚为例：

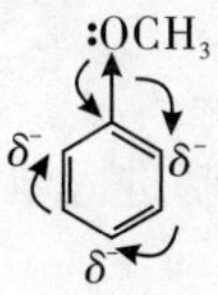

:OCH3
δ-
δ-
δ-

电负性 O > C，具有 - I 效应，
氧上的电子对与苯形成 p－π 共轭，具有 + C 效应

+ C > - I，所以苯环上的电荷密度增大，且邻、对位增加得更多，故为邻、对位定位基。

2. 用生成的 σ－络合物的稳定性解释

（1）从硝基苯硝化时可能生成的三种 σ－络合物来看：

N O O
δ+ H
NO2
δ+ δ+

（1）

N O O
δ+ δ+ H
NO2
δ+

（2）

N O O
δ+
δ+ δ+
H NO2

（3）

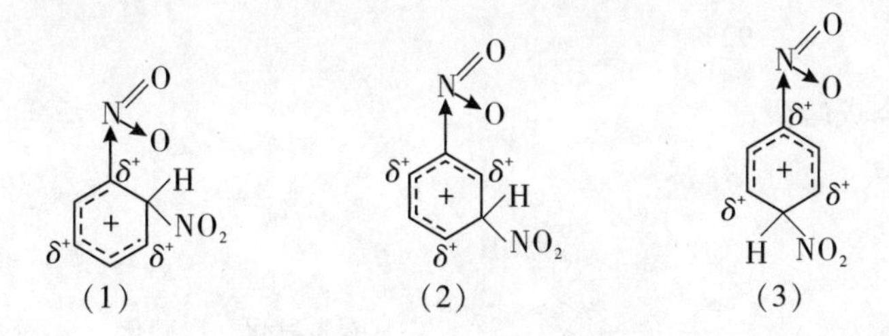

三个 σ－络合物中（2）比（1）和（3）稳定，因硝基和带部分正电荷的碳原子不直接相连，而（1）和（3）中，硝基和带部分正电荷的碳原子直接相连。硝基的吸电子作用，使得（1）和（3）中的正电荷比（2）更集中些，因此，（1）和（3）不如（2）稳定，亲电试剂正离子进攻邻、对位所需要的能垒较间位高，故产物主要是间位的。

（2）从苯甲醚亲电取代时可能生成的三种 σ－络合物看：

OCH3
δ+ H
E
δ+ δ+

（4）

OCH3
δ+ δ+ H
E
δ+

（5）

OCH3
δ+
δ+ δ+
H E

（6）

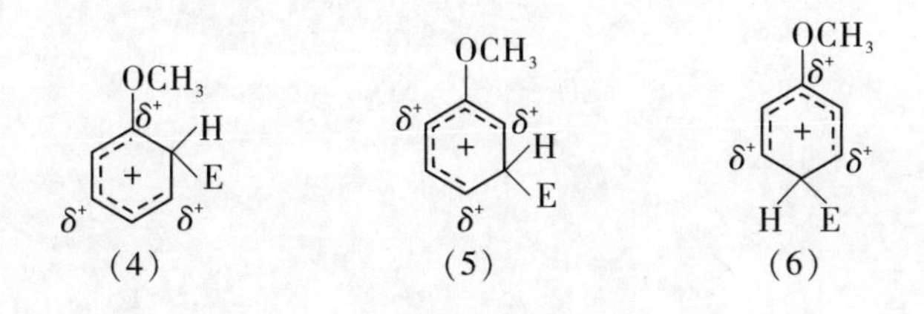

CH_3O—能分散（4）、（6）的正电荷，使σ-络合物更稳定，能量低，易生成，故CH_3O—为邻、对位基。

7.1.5.3 取代基的定位效应的应用

1. 预测反应的主要产物

苯环上已有两个取代基，引入第三个取代基时，有下列三种情况：

（1）原有两个基团的定位效应一致。

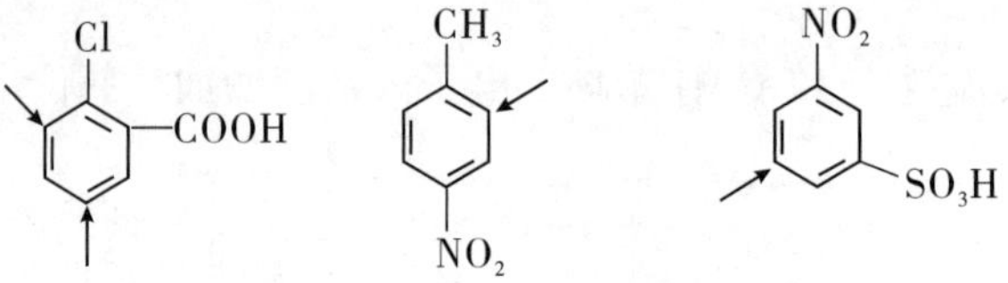

Cl COOH　CH_3 NO_2　NO_2 SO_3H

（2）原有两个取代基同类，而定位效应不一致时，主要由强的定位基指定新导入基进入苯环的位置。

OH Cl　OCH_3 CH_3　NH_2 Cl　COOH NO_2

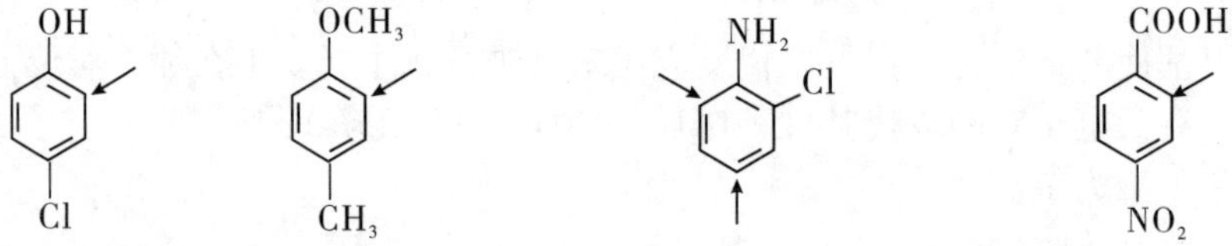

定位基强弱　—OH＞—Cl　—OCH_3＞—CH_3　—NH_2＞—Cl　—NO_2＞—COOH

（3）原有两个取代基不同类且定位效应不一致时，新导入基进入苯环的位置由邻、对位定位基指定。

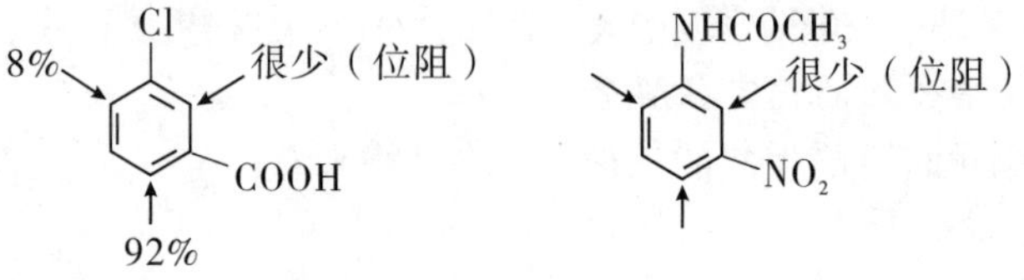

Cl 8% 很少（位阻） COOH 92%　$NHCOCH_3$ 很少（位阻） NO_2

2. 指导选择合成路线

例如：

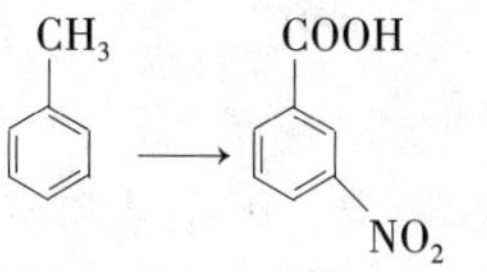

CH_3 ⟶ COOH NO_2　只能先氧化，后硝化

又如：

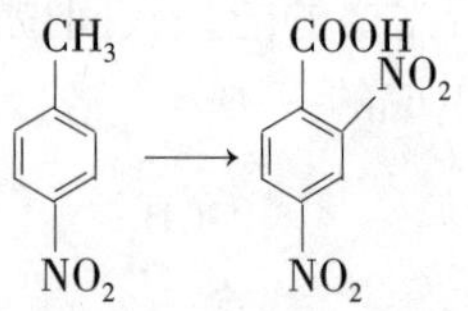

CH_3 NO_2 ⟶ COOH NO_2 NO_2

路线一：先硝化，后氧化。

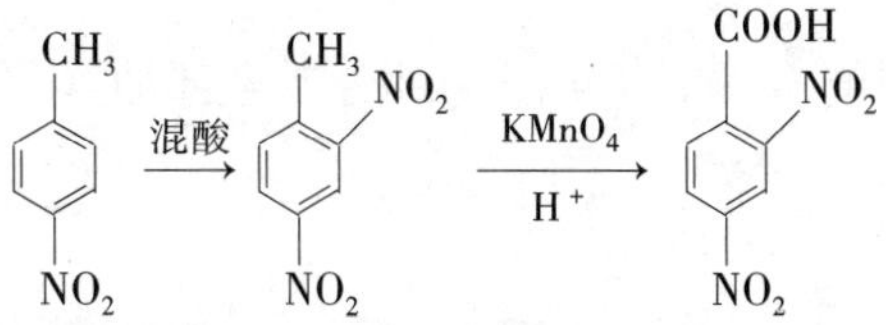

CH_3 NO_2 $\xrightarrow{\text{混酸}}$ CH_3 NO_2 NO_2 $\xrightarrow[H^+]{KMnO_4}$ COOH NO_2 NO_2

路线二：先氧化，后硝化。

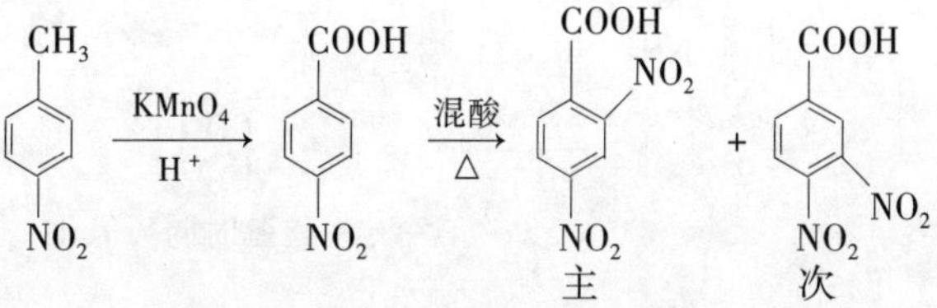

CH_3 NO_2 $\xrightarrow[H^+]{KMnO_4}$ COOH NO_2 $\xrightarrow[\triangle]{\text{混酸}}$ COOH NO_2 NO_2 主 + COOH NO_2 NO_2 次

路线二有两个缺点：①反应条件高；②有副产物，所以路线一为优选路线。

7.2　多环芳烃和非苯芳烃

7.2.1　稠环芳烃——萘

萘存在于煤油中，呈白色闪光状晶体，不溶于水，是重要的化工原料，常用作防蛀剂。

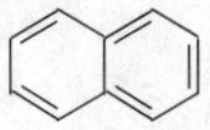

1. 结构

平面结构，所有的碳原子都是 sp^2 杂化的，是大 π 键体系。

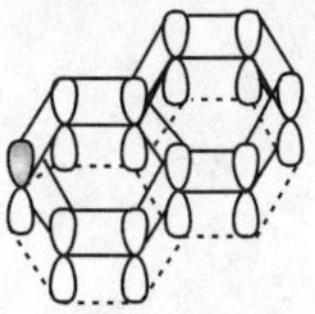

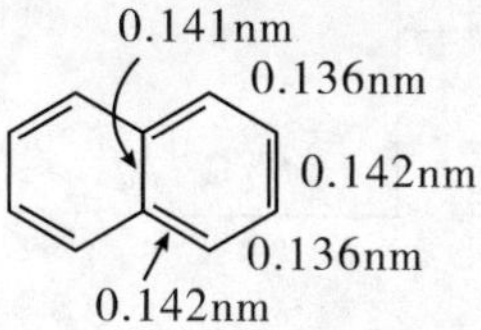

0.141nm　0.136nm　0.142nm　0.136nm　0.142nm

萘环中各碳原子的 p 轨道重叠的程度不完全相同，稳定性不如苯

分子中十个碳原子不是等同的，为了区别，对其编号如下：

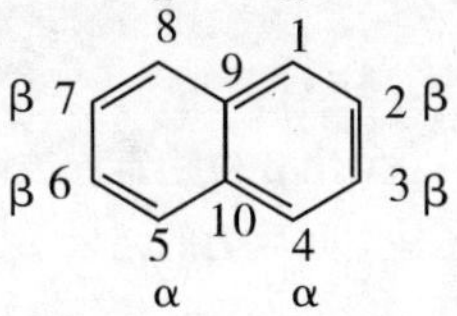

α 8　α 1　9　β 7　2 β　β 6　3 β　5　10　4　α　α

1、4、5、8 位又称为 α 位；

2、3、6、7 位又称为 β 位；

电荷密度 α > β

萘的一元取代物只有两种，二元取代物两取代基相同时有 10 种，不同时有 14 种。

2. 反应

（1）加成反应。

萘比苯易加成，在不同的条件下，可发生部分或全部加氢。

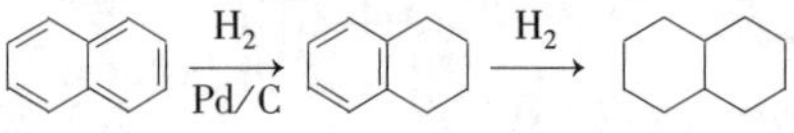

$$\text{萘} \xrightarrow[Pd/C]{H_2} \text{四氢化萘} \xrightarrow{H_2} \text{十氢化萘}$$

（2）氧化反应。

$$\text{1-萘胺}(NH_2) \xrightarrow[H^+]{KMnO_4} \text{邻苯二甲酸}(COOH, COOH)$$

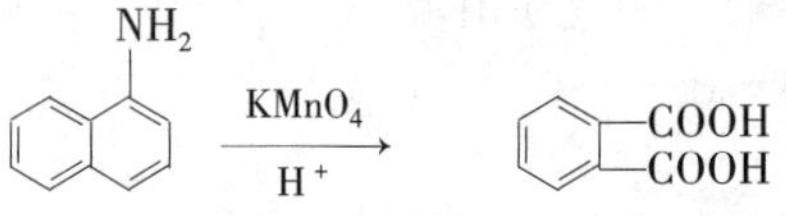

含邻、对位基时同环氧化

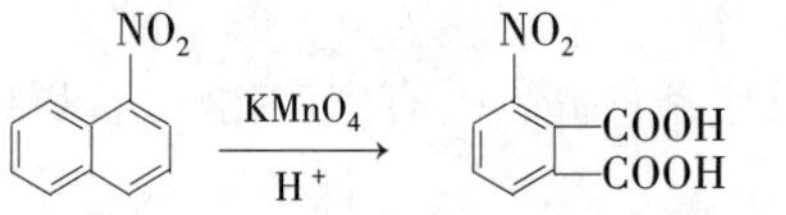

$$\text{1-硝基萘}(NO_2) \xrightarrow[H^+]{KMnO_4} \text{3-硝基邻苯二甲酸}(NO_2, COOH, COOH)$$

含间位基时异环氧化

（3）取代反应。

①硝化反应。萘与混酸在常温下就可以反应，产物几乎全是α－硝基萘。

②磺化反应。磺化反应的产物与反应温度有关，低温时多为α－萘磺酸，较高温度时则主要是β－萘磺酸。α－萘磺酸在硫酸里加热到165℃时，大多数转化为β－异构体。其反应式如下：

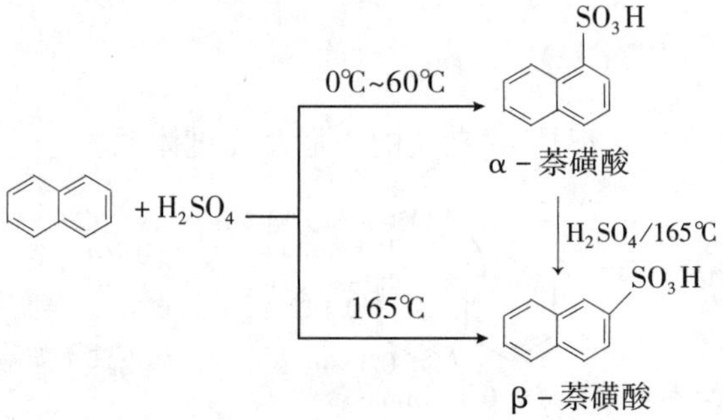

$$\text{萘} + H_2SO_4 \xrightarrow{0℃\sim60℃} \alpha\text{－萘磺酸}(SO_3H) \xrightarrow{H_2SO_4/165℃} \beta\text{－萘磺酸}(SO_3H)$$

$$\text{萘} + H_2SO_4 \xrightarrow{165℃} \beta\text{－萘磺酸}(SO_3H)$$

高温生成β－异构体的原因：

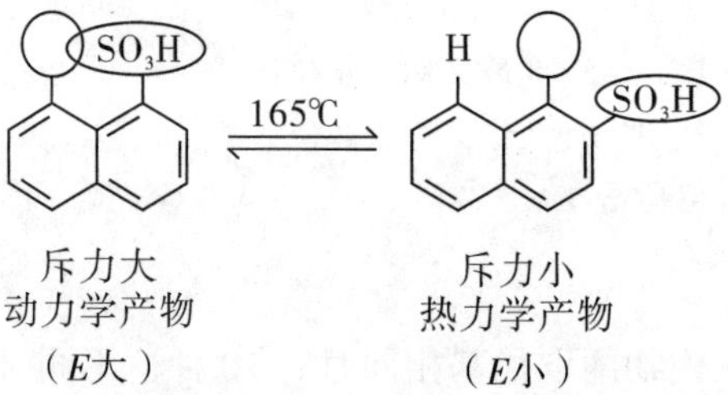

$$\alpha\text{－萘磺酸} \underset{}{\overset{165℃}{\rightleftharpoons}} \beta\text{－萘磺酸}$$

斥力大
动力学产物
（E大）

斥力小
热力学产物
（E小）

α位比β位稳定，被认为是空间斥力的结果

7.2.2 蒽和菲

蒽和菲都存在于煤焦油中，蒽和菲的分子式皆为 $C_{14}H_{10}$，两者互为同分异构体。它们在结构上都形成了闭合的共轭体系，但是各碳原子上的电子云密度是不均匀的，因此各碳原子的反应能力也随之有所不同，其中9、10位碳原子特别活泼，它们的结构式及碳原子位次的编号如下：

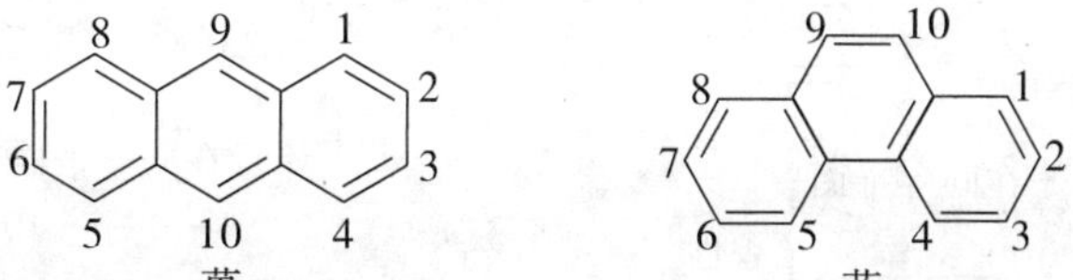

蒽　　　　菲

1、4、5、8位置相同，称为α位；2、3、6、7位置相同，称为β位；9和10位置相同，称为γ位。

7.2.3 非苯型芳烃

1. 休克尔规则

一百多年前，凯库勒就预见到，除苯外，可能存在其他具有芳香性的环状共轭多烯烃。为了解决这个问题，化学家们作了许多努力，但用共价键理论没能很好地解决这个问题。

1931年，休克尔（E. Hückel）用简单的分子轨道计算了单环多烯烃的π电子能级，从而提出了一个判断芳香性体系的规则，即休克尔 $4n+2$ 规则，简称为休克尔规则。

休克尔提出，单环多烯烃要有芳香性，必须满足三个条件：①成环原子共平面或接近于平面，平面扭转不大于0.1nm。②环状闭合共轭体系。③环上π电子数为 $4n+2$（$n=0$，1，2，3，…）。符合上述三个条件的环状化合物，就有芳香性，即休克尔规则。

6个π电子　　10个π电子

$n=1$　　$n=2$

其他不含苯环，π电子数为 $4n+2$，具有芳香性的环状多烯烃，称为非苯型芳烃。

2. 具有芳香性的离子

（1）戊二烯负离子：

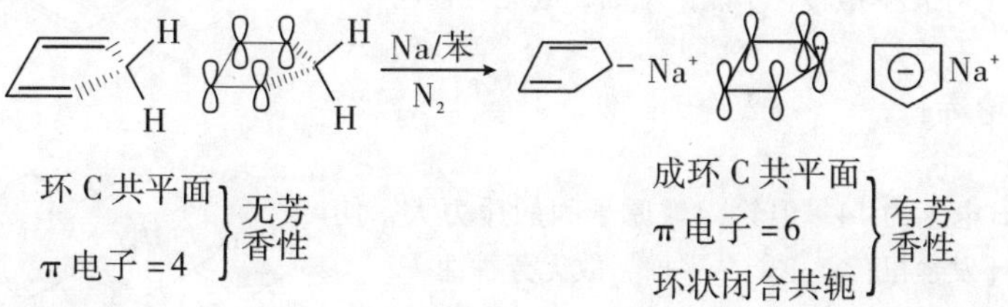

$\xrightarrow[N_2]{Na/苯}$

环C共平面
π电子=4
无芳香性

成环C共平面
π电子=6
环状闭合共轭
有芳香性

（2）环庚三烯正离子：

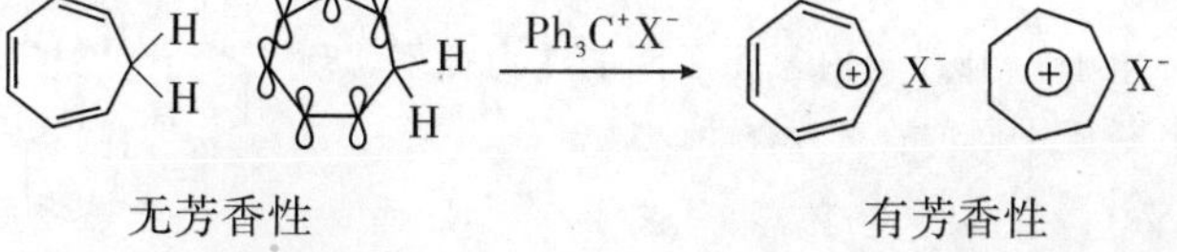

$\xrightarrow{Ph_3C^+X^-}$

无芳香性　　有芳香性

(3) 环辛四烯双负离子：

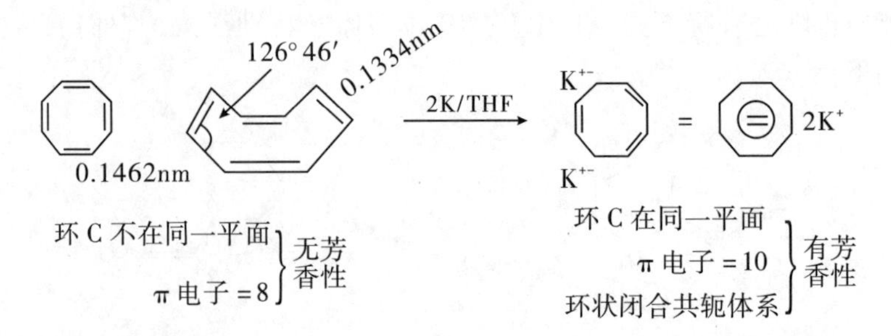

3. 薁

天蓝色片状固体，熔点 90℃；含 10 个 π 电子，成环 C 都在同一平面，是闭环共轭体系。

薁有明显的极性，其中五元环是负性的，七元环是正性的，可表示如下：

4. 轮烯

具有交替的单双键的多烯烃，通称为轮烯。轮烯的分子式为 $(CH)_X$，$X \geqslant 10$，命名是将碳原子数放在方括号中，称为某轮烯。例如，$X = 10$ 的叫 [10] 轮烯。

轮烯有否芳香性，取决于以下条件：①π 电子数符合休克尔规则。②碳环共平面（平面扭转不大于 0.1nm）。③轮内氢原子间没有或很少有空间排斥作用。

(1) [10] 轮烯：

π 电子为 10，但轮内氢原子间的斥力大，使环发生扭转，不能共平面，故无芳香性

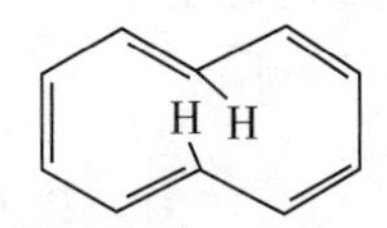

(2) [14] 轮烯：

π 电子为 14，但轮内氢原子间的斥力大，使环发生扭转，不能共平面，故无芳香性

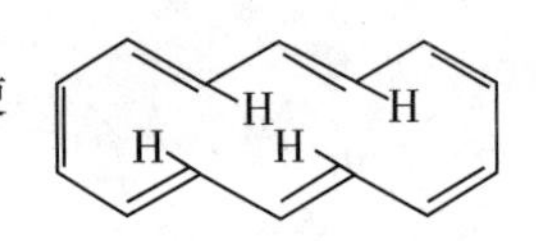

(3) [18] 轮烯：

π 电子为 18，轮内氢原子间的斥力微弱，环接近于平面，故有芳香性

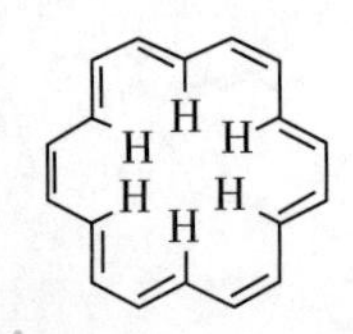

[18] 轮烯受热至 230℃仍然稳定，可发生溴代、硝化等反应，足可见其芳香性。

5. 杂环化合物

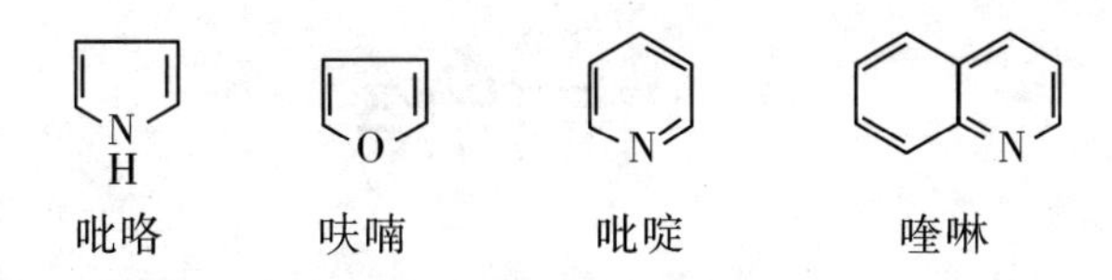

吡咯 呋喃 吡啶 喹啉

上述杂环化合物都符合休克尔规则，故都有芳香性。

8　卤代烃

烃分子中一个或几个氢原子被卤原子取代而得到的化合物，称为卤代烃，可用通式 RX 表示。卤代烃是一类重要的有机化合物，可作为溶剂和合成药物的原料。卤代烃中的卤原子可转变为多种其他官能团，在有机化学中占有重要地位。

8.1　卤代烃的结构

卤代烃的许多性质都是由于卤素原子的存在而引起的，卤原子的电负性比较大，使碳卤键（C—X）的极性比 C—H 和 C—C 键都大，见表 8 - 1。

表 8 - 1　若干共价键的偶极矩

共价键	偶极矩（C · m）
C—C	0
C—H	1.33×10^{-30}
C—F	4.70×10^{-30}
C—Cl	4.78×10^{-30}
C—Br	4.60×10^{-30}
C—I	3.97×10^{-30}

C—X 键极性的增加，成键电子对偏向卤原子，使碳原子带有部分正电荷，卤原子带有部分负电荷。C—X 键不但极性大，极化度也大，因此，在化学反应中易发生共价键异裂。

两键合原子的电负性不同，使成键电子对偏向某一原子而发生极化的现象称为诱导效应。诱导效应是有机化学中电性效应的一种，用 I 表示。为了比较不同原子和基团诱导效应的大小及电子偏移方向，通常以碳氢键作为比较标准：

—C→X　　　—C—H　　　—C←Y

X吸电子　　　H比较标准　　　Y斥电子

X 的电负性大于 H，取代 H 后使 C—X 键的电子云偏向 X，称 X 为吸电子基团；Y 的电负性小于 H，取代 H 后使 C—X 键的电子云偏向 Y，称 Y 为斥电子基团。有机化合物中常见的一些原子及基团的电负性大小次序为：—F > —Cl > —Br > —I > —OCH_3 > —$NHCOCH_3$ > —C_6H_5 > —CH═CH_2 > —CH_3 > —C_2H_5 > —CH（CH_3）$_2$ > —C（CH_3）$_3$。

无论是吸电子基团还是斥电子基团，取代了 C—H 键的 H 以后，都使碳链上的电子云密度分布发生变化。这种效应可沿着 σ 键传递到相邻的碳原子上，从而使碳链上其他共价键的电子云密度分布发生改变。

$$—C_4→C_3→C_2→C_1→Cl$$

因为氯原子的电负性大于碳，C—Cl 键的电子云偏向氯原子，使氯原子带上部分负电荷（δ^-），C_1带上部分正电荷（δ^+），从而使 C_1—C_2共价键的电子云偏向 C_1，继而使 C_2带上比 C_1更少的正电荷，并依此传递下去，使 C_3带上比 C_2更少的正电荷。吸电子基团引起的诱导效应称为吸电子诱导效应（－I 效应），它使碳链的电子云密度下降；斥电子基团引起的诱导效应称为斥电子诱导效应（＋I 效应），它使碳链的电子云密度升高。诱导效应沿分子链由近到远传递下去，渐远渐弱，通常传递到第三个原子后就可忽略不计。

8.2　卤代烃的分类

根据分子的组成和结构特点，卤代烃可有不同的分类方法。

（1）按烃基结构，可将卤代烃分为饱和卤代烃、不饱和卤代烃、卤代芳烃。例如：

$CH_3CH_2CH_2I$　　$CH_3CH{=}CHCH_2I$　　C_6H_5—Br

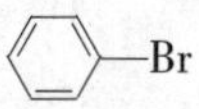

在卤代烯烃中有两种重要类型：烯丙型卤代烃和乙烯型卤代烃。

$CH_2{=}CHCH_2$—X　　$CH_2{=}CH$—X

R $CH_2{=}CHCH_2$—X　　R $CH{=}CH$—X

烯丙型卤代烃　　乙烯型卤代烃

（2）按与卤原子相连的碳原子的类型，可将卤代烃分为伯（1°）卤代烃、仲（2°）卤代烃和叔（3°）卤代烃。例如：

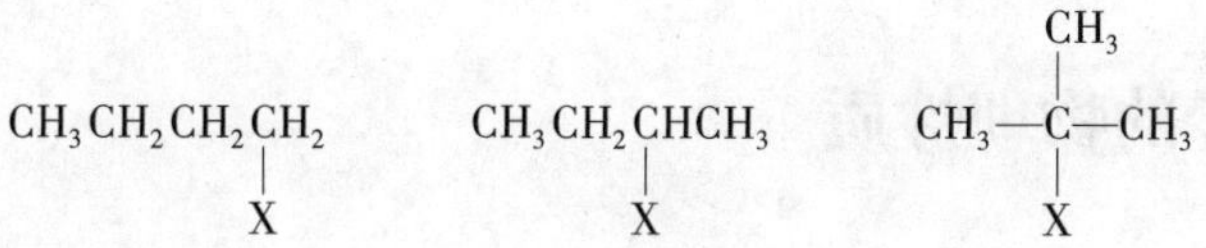

$CH_3CH_2CH_2CH_2X$　　$CH_3CH_2CH(X)CH_3$　　$(CH_3)_3C$—X

（3）按分子中所含卤原子数目多少，可分为一卤代烃、二卤代烃和多卤代烃。例如：

CH_3Cl　　Br—CH_2—CH_2—Br　　$CHCl_2$—$CHCl_2$

8.3　卤代烃的命名

8.3.1　普通命名法

普通命名法是按与卤原子相连的烃基名称来命名的，称为某基卤（化物）。例如：

$CH_3CH_2CH_2Br$　　$CH_2{=}CHCH_2Cl$　　C_6H_5—CH_2Cl

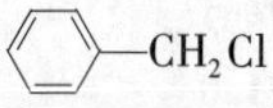

正丙基溴　　烯丙基氯　　苄基氯

也可在母体烃名称前面加上“卤代”，称为卤代某烃，“代”字常省略。例如：

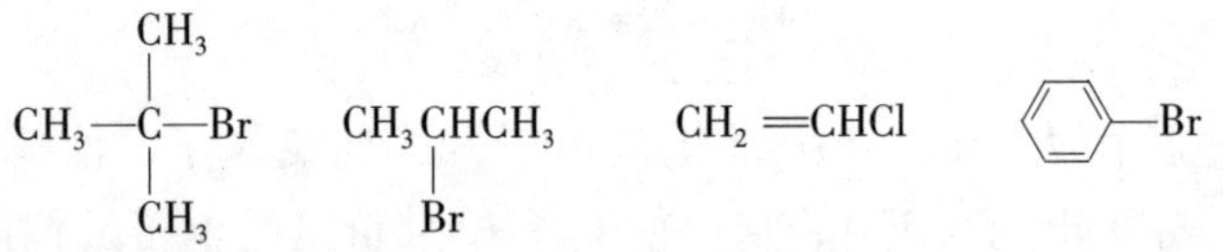

$$\underset{\text{溴代叔丁烷}}{CH_3-\overset{CH_3}{\underset{CH_3}{\overset{|}{\underset{|}{C}}}}-Br} \quad \underset{\text{溴代异丙烷}}{CH_3\underset{Br}{\underset{|}{C}}HCH_3} \quad \underset{\text{氯乙烯}}{CH_2=CHCl} \quad \underset{\text{溴苯}}{C_6H_5-Br}$$

8.3.2 系统命名法

以相应的烃作母体，把卤原子作为取代基。命名原则、方法与烃类相同，当烷基和卤素编号相同时，优先考虑烷基。

$$\underset{\text{4-甲基-2-氯己烷}}{CH_3\underset{Cl}{\underset{|}{C}}HCH_2\underset{CH_3}{\underset{|}{C}}HCH_2CH_3} \quad \underset{\text{2-甲基-4-氯戊烷}}{CH_3\underset{CH_3}{\underset{|}{C}}H-CH_2-\underset{Cl}{\underset{|}{C}}H-CH_3}$$

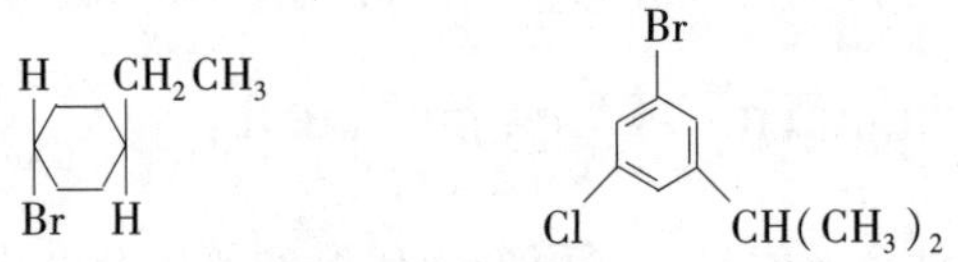

反-1-乙基-4-溴环己烷　　3-氯-5-溴异丙苯

（环己烷环上，一侧碳连 H 与 Br，另一侧碳连 CH_2CH_3 与 H；苯环上连 Br、Cl、$CH(CH_3)_2$）

在命名卤代烯烃时，使双键编号尽可能小。例如：

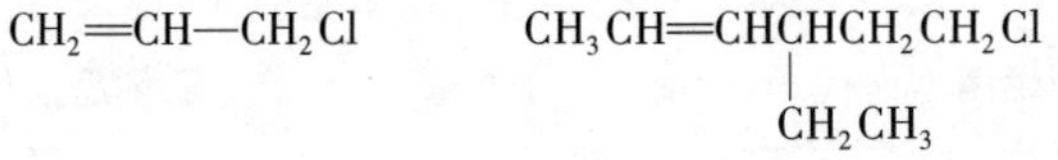

$$\underset{\text{3-氯-1-丙烯}}{CH_2=CH-CH_2Cl} \quad \underset{\text{4-乙基-6-氯-2-己烯}}{CH_3CH=CH\underset{CH_2CH_3}{\underset{|}{C}}HCH_2CH_2Cl}$$

有些卤代烃有常用的俗名，如氯仿（$CHCl_3$）、碘仿（CHI_3）等。

8.4 卤代烃的物理性质

卤原子的引入，C—X 键具有较强的极性，使卤代烃分子间的引力增大，从而使卤代烃的沸点升高，密度增加，卤代烃的沸点比碳数目相同的相应烷烃高。在烃基相同的卤代烃中，碘代烃的沸点最高，氟代烃的沸点最低。在室温下，除氟甲烷、氟乙烷、氟丙烷、氯甲烷、溴甲烷是气体外，其他常见的卤代烃均为液体。一卤代烃的密度大于碳原子数相同的烷烃，随着碳原子数的增加，这种差异逐渐减小。分子中卤原子增多，密度增大。常见卤代烃的沸点和密度见表 8-2。

表 8-2　常见卤代烃的沸点和密度

名称	沸点（℃）	密度（g/cm^3）	名称	沸点（℃）	密度（g/cm^3）
氯甲烷	-24.2		溴乙烷	33.4	1.440
碘甲烷	42.4	2.279	1-氯丙烷	46.8	0.890
1-溴丙烷	71.0	1.335	二氯甲烷	40	1.336

尽管卤代烃分子具有极性，但卤代烃不溶于水，因为它们不能和水分子形成氢键，但

可溶于醇类、醚类、烃类等有机溶剂。某些卤代烃，例如二氯甲烷、氯仿等，是优良的有机溶剂，可把有机物从水层中提取出来。

8.5 卤代烃的化学性质

卤代烃所有化学性质都是由于C—X键的极性引起的，都涉及碳卤键的断裂。

8.5.1 亲核取代反应

1. 亲核取代反应

卤代烃可与许多亲核试剂（nucleophilic reagent）发生取代反应。下述反应的共同特点，都是试剂的负离子或具有未共用电子对的分子进攻卤代烃分子中电子云密度较低的与卤原子直接结合的碳原子而引起的。反应中进攻试剂均提供了一对电子，这种在反应中能提供一对电子的试剂称为亲核试剂。

$$RX + \begin{cases} NaOH \longrightarrow ROH + NaX \\ NaOR' \longrightarrow R—O—R' + NaX \\ NaCN \longrightarrow R—CN + NaX \\ NH_3 \longrightarrow R—NH_2 + HX \\ NaSH \longrightarrow R—SH + NaX \\ NaONO_2 \longrightarrow R—O—NO_2 + NaX \\ NaC{\equiv}CR' \longrightarrow R—C{\equiv}CR' + NaX \\ AgONO_2 \longrightarrow R—O—NO_2 + AgX\downarrow \end{cases}$$

前四个反应可分别作为醇类、醚类、腈类和胺类的制备方法，而卤代烃与硝酸银作用生成卤化银沉淀，是鉴别卤代烃的简便方法。

由亲核试剂进攻而引起的取代反应，称为亲核取代反应，用 S_N 表示，其中S代表取代（substitution），N代表亲核（nucleophilic），反应通式如下：

$$Nu{:}^- + R—\overset{\delta^+}{C}H_2—\overset{\delta^-}{X} \longrightarrow R—CH_2—Nu + {:}X^-$$

$$Nu{:} \quad + R—CH_2—X \longrightarrow R—CH_2—\overset{+}{Nu} + {:}X^-$$

亲核试剂　卤代烃（反应底物）产物　　离去基团

其中，:Nu为亲核试剂；:X^-为反应中被取代而带着一对电子离去的基团，称为离去基团。受亲核试剂进攻的对象卤代烃称为反应底物；卤代烃中与卤原子相连的碳原子为α-碳原子，是反应的中心，又称为中心碳原子。

卤代烃与卤素负离子可发生卤素交换反应：

$$RCl + NaI \longrightarrow RI + NaCl$$

这是一个可逆平衡反应，常用于碘代烃和氟代烃的制备。碘代烃常用碘化钠或碘化钾在丙酮溶液中与氯代烃或溴代烃反应来制备。由于氯化钠或氯化钾在丙酮中的溶解度比碘化钠或碘化钾小得多，易从无水丙酮中沉淀析出，平衡受到破坏，有利于碘代烃的生成。

卤代烃与具有未共用电子对的中性分子（如 NH_3、H_2O 和 ROH）反应得相应的胺、醇和醚。卤代烃与水或醇反应时，水和醇既是亲核试剂又是溶剂，这种亲核取代反应常被称为溶剂解反应。由于醇和水的亲核性很弱，与卤代烃反应最初的产物是质子化的醇和醚，然后进一步将质子转移给大量存在的水或醇。由于溶剂解反应速率较慢，合成上一般很少用。若用其相应的氢氧化物（如 NaOH）或烷氧化物（如 RONa）代替水或醇作试剂，可以加速反应。例如，溴乙烷在乙醇钠中反应生成醚的速度比在乙醇中反应快一万倍。

$$R—X + {}^{-}\ddot{O}H \rightleftharpoons \underset{醇}{ROH} + X^{-}$$

$$R—X + {}^{-}\ddot{O}R' \rightleftharpoons \underset{醚}{ROR'} + X^{-}$$

卤代烃和氨反应称为氨解反应，用于制备有机胺类化合物。卤代烃与氨或胺反应时，先生成相应的铵盐，然后可用氢氧化钠等强碱处理，将反应产物胺游离出来。

$$R—X + \ddot{N}H_3 \rightleftharpoons \underset{铵盐}{R—\overset{+}{N}H_3 \cdot X^{-}}$$

$$R—\overset{+}{N}H_2—H + {}^{-}\ddot{O}H \rightleftharpoons \underset{胺}{RNH_2} + H_2O$$

2. 亲核取代反应机理

（1）卤代烃结构对反应速度的影响。

溴甲烷在水—乙醇溶液中水解时反应速度和溴甲烷及 OH^- 离子浓度乘积成正比，即

$$V_{CH_3Br} = k\,[CH_3Br]\,[OH^-]$$

而 2 - 甲基 - 2 - 溴丙烷的水解速度只和卤代烃的浓度成正比，与 OH^- 浓度无关。

$$V_{(CH_3)_3CBr} = k'[(CH_3)_3CBr]$$

显然这两种卤代烃的水解是以完全不同的反应机理进行的。

（2）单分子亲核取代反应机理。

2 - 甲基 - 2 - 溴丙烷在碱的水—醇溶液中水解就属于这一类反应，反应分两步进行。第一步是离去基团带着一对电子逐渐离开中心碳原子，生成能量较高、反应活性较大的碳正离子中间体。第二步是碳正离子中间体与亲核试剂很快结合生成产物叔丁醇。决定反应速度的步骤中只有反应物一种分子参加，所以按这种机理进行的反应称为单分子亲核取代反应，常用符号 S_N1 表示。上述反应机理可表示为：

第一步：$(CH_3)_3C—Br \rightleftharpoons \left[CH_3—\overset{\delta^+}{C}(CH_3)_2 \cdots \overset{\delta^-}{Br}\right]^{\neq} \rightleftharpoons (CH_3)_3C^{+} + :Br^{-}$

过渡态1　　碳正离子

第二步：$(CH_3)_3C^{+} + OH^{-} \rightleftharpoons \left[CH_3—\overset{\delta^+}{C}(CH_3)_2 \cdots \overset{\delta^-}{O}H\right]^{\neq} \rightleftharpoons (CH_3)_3C—OH$

过渡态2　　叔丁醇

反应过程中的能量变化见图 8 - 1：

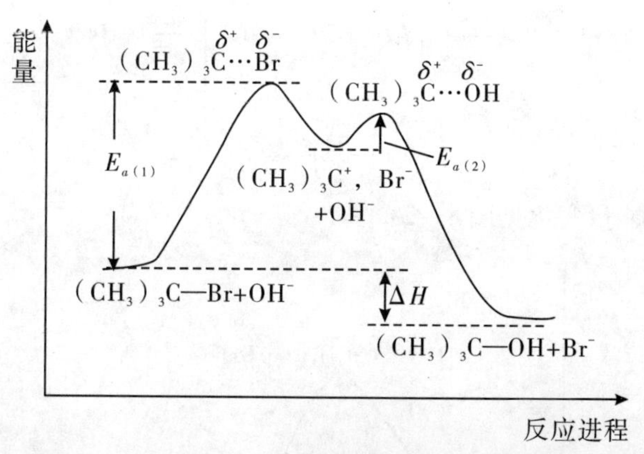

图 8 - 1　2 - 甲基 - 2 - 溴丙烷水解反应的能量曲线

从图 8 - 1 可以看出，$E_{a(1)} > E_{a(2)}$，反应第一步很慢，是决定反应速度的关键步骤。

在 S_N1 中由于生成碳正离子中间体，反应常会得到重排产物。例如，新戊基溴和 CH_3CH_2OH反应，除生成少量烯烃外，几乎全部得到重排产物。

$$CH_3\overset{CH_3}{\underset{CH_3}{C}}CH_2—Br \xrightarrow{C_2H_5OH} CH_3\overset{CH_3}{\underset{OC_2H_5}{C}}CH_2CH_3 + \begin{matrix} H_3C \\ H_3C \end{matrix}\!\!>C=CHCH_3 + CH_2=\overset{CH_3}{C}CH_2CH_3$$

这是因为在反应中生成的伯碳正离子很快重排成更稳定的叔碳正离子，在这个重排中，迁移的是甲基。

$$CH_3\overset{CH_3}{\underset{CH_3}{C}}CH_2—Br \underset{}{\overset{\text{慢}}{\rightleftharpoons}} CH_3\overset{\boxed{CH_3}}{\underset{CH_3}{C}}—\overset{+}{C}H_2 \overset{\text{快}}{\rightleftharpoons} CH_3\overset{+}{\underset{CH_3}{C}}CH_2CH_3$$

$$CH_3\overset{+}{\underset{CH_3}{C}}CH_2CH_3 + H\ddot{\underset{\cdot\cdot}{O}}C_2H_5 \xrightarrow{\text{快}} CH_3\overset{H\overset{+}{O}C_2H_5}{\underset{CH_3}{C}}CH_2CH_3 + \text{烯烃} \xrightarrow{-H^+} CH_3\overset{OC_2H_5}{\underset{CH_3}{C}}CH_2CH_3$$

反应中生成的少量 2 - 甲基 - 2 - 丁烯和 2 - 甲基 - 1 - 丁烯是新戊基溴发生消除反应的产物。

重排是 S_N1 的特征，如果一个亲核取代反应中有重排现象，反应一般按 S_N1 机理进行。

（3）双分子亲核取代反应机理。

溴甲烷水解速度与溴甲烷及碱（OH^-）的浓度乘积成正比，这表明在决定反应速度的步骤中，有两个分子参与反应，因此认为反应是按以下机理进行的：

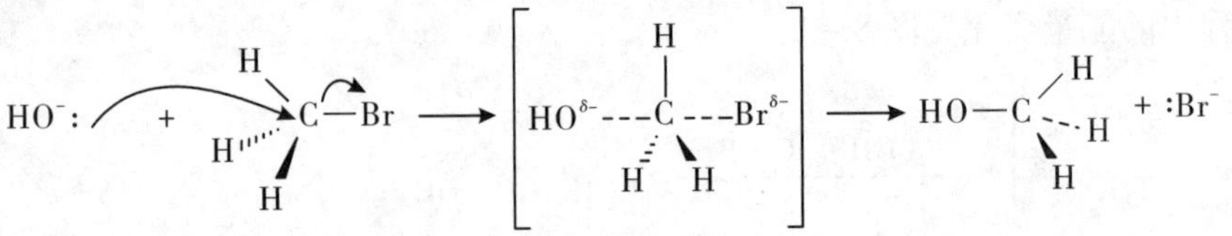

$$HO^-: + H_3C-Br \longrightarrow [HO^{\delta-}\cdots C H_3 \cdots Br^{\delta-}] \longrightarrow HO-CH_3 + :Br^-$$

反应物　　　过渡态　　　产物　离去基团

反应过程体系的能量变化见图 8－2：

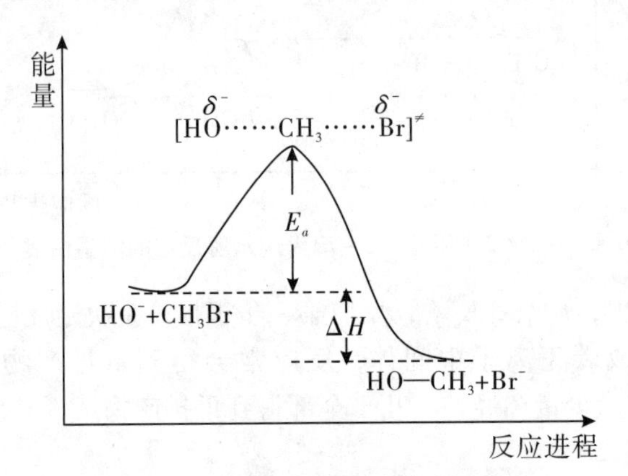

图 8－2　溴甲烷水解反应的能量曲线

从图 8－2 可以看出，由于在过渡态时卤代烃的中心碳原子上同时连有五个基团，此时体系的能量达到最高点，且有两种分子参与了过渡态的生成，所以其反应速度必然与 HO^- 和 CH_3Br 的浓度有关，即 $v=k[HO^-][CH_3Br]$。按这种机理进行的反应称为双分子亲核取代反应，常用符号 S_N2 表示。

S_N2 中旧键断裂和新键的生成是同时进行的，反应一步完成。在过渡状态中，中心碳原子采用 sp^2 杂化，将离去基团 L 和亲核试剂 Nu 键合在同一 p 轨道的两侧，见图 8－3：

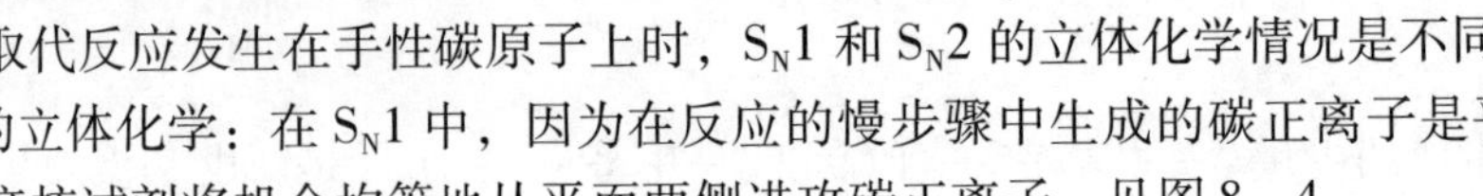

$$Nu:+ \; C-L \longrightarrow Nu \cdots C \cdots L \longrightarrow Nu-C \; + :L$$

图 8－3　S_N2 的过渡态

当离去基团完全离开中心碳原子后，中心碳原子又恢复了 sp^3 杂化。

（4）亲核取代反应的立体化学。

当亲核取代反应发生在手性碳原子上时，S_N1 和 S_N2 的立体化学情况是不同的。

①S_N1 的立体化学：在 S_N1 中，因为在反应的慢步骤中生成的碳正离子是平面构型的，可以预料，亲核试剂将机会均等地从平面两侧进攻碳正离子，见图 8－4：

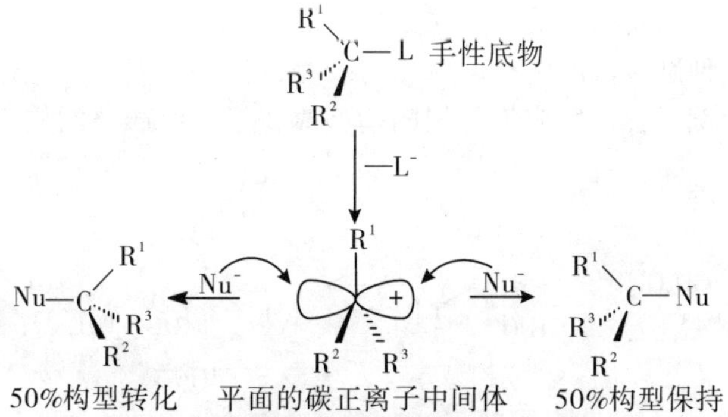

手性底物

$-L^-$

Nu^- Nu^-

50%构型转化 平面的碳正离子中间体 50%构型保持

图 8-4 亲核试剂进攻碳正离子示意图

如果离去基团所在的中心碳原子是一个手性碳原子，亲核试剂的进攻又完全随机的话，将发生外消旋化，即生成的两种对映体应是等量的，产物为外消旋体。实际上，虽然外消旋化可达 80%，甚至更高，但很难完全外消旋化。构型转化产物一般超过构型保持产物。

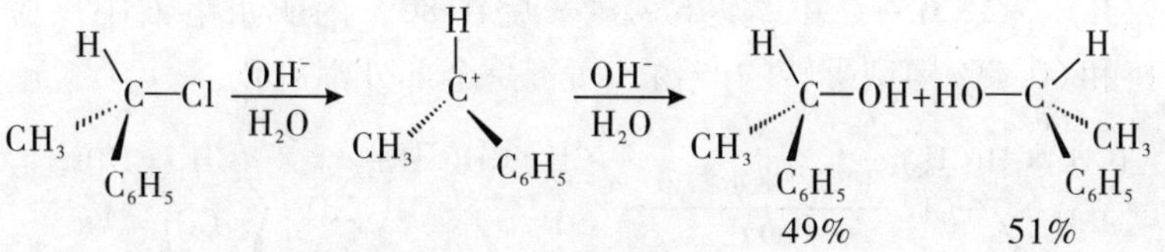

$$CH_3(C_6H_5)CH-Cl \xrightarrow[H_2O]{OH^-} CH_3(C_6H_5)CH^+ \xrightarrow[H_2O]{OH^-} CH_3(C_6H_5)CH-OH + HO-CH(CH_3)(C_6H_5)$$

49% 51%

这种现象的产生与碳正离子的稳定性及溶剂有关，特别是与作为亲核试剂的溶剂的亲核能力有关。碳正离子越稳定，外消旋化的概率就越大。若碳正离子很不稳定，还没有完全转变成碳正离子，亲核试剂就已经进攻中心碳原子了，此时离去基团离开中心碳原子的距离还不够远，对于亲核试剂从正面进攻中心碳原子在一定程度上产生屏蔽效应，因此，亲核试剂从离去基团的背面进攻中心碳原子的概率要大些，在这种情况下，构型翻转的产物必然会更多。至于溶剂的作用是很复杂的，一般说来，溶剂的亲核性越强，构型翻转的概率越大。因为离去基团尚未完全离开之前，亲核性强的溶剂作为亲核试剂很可能从离去基团的背面进攻中心碳原子。

②S_N2 的立体化学：立体化学研究结果表明，亲核取代反应按 S_N2 机理进行时，通常具有高度的立体选择性，中心碳原子的构型发生翻转。这种在 S_N2 中构型完全翻转的现象，称为瓦尔登（Walden）转化。

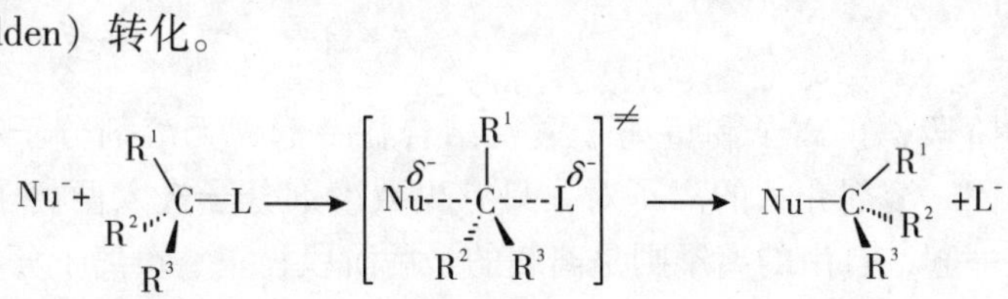

$$Nu^- + R^1R^2R^3C-L \longrightarrow \left[\overset{\delta^-}{Nu}\cdots CR^1R^2R^3\cdots\overset{\delta^-}{L}\right]^{\neq} \longrightarrow Nu-CR^1R^2R^3 + L^-$$

例如：

$$HO^- \longrightarrow CH_3(CH_3CH_2)CH-Br \rightleftharpoons \left[\overset{\delta^-}{HO}\cdots CH(CH_3)(CH_2CH_3)\cdots\overset{\delta^-}{Br}\right]^{\neq} \longrightarrow HO-CH(CH_3)(CH_2CH_3) + Br^-$$

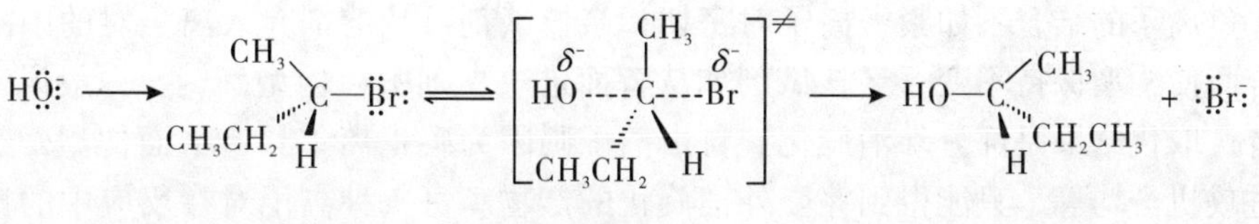

实验结果完全说明，反应是按 S_N2 机理进行的，亲核试剂从背面进攻，得到了构型与

反应底物相反的产物。需要注意的是，这里所谓的构型翻转是指反应中心上四个键构成的骨架构型的翻转，这种翻转可以引起反应物与产物构型的改变，如上述（S）-2-溴丁烷的例子。但在下面的例子中，反应物骨架的构型改变了，但产物的构型与反应物一样，都是R构型。

$CH_3O^- +$ (CH_3, H, Cl, CH_3CH_2O) R构型 $\longrightarrow$ (CH_3, CH_3O, H, OCH_2CH_3) R构型 $+Cl^-$

许多动力学和立体化学的研究结果表明，对于 S_N2 机理，构型翻转是个规律。因此，完全构型翻转可作为 S_N2 的标志。

（5）亲核取代反应的离子对机理。

无论从动力学还是立体化学角度来研究饱和碳原子上的亲核取代反应，都发现有许多反应既不能单纯地用 S_N1 机理来解释也不能单纯地用 S_N2 机理来解释。例如：

叔卤代烃（R）-2，6-二甲基-6-氯辛烷在80%丙酮水溶液中反应时，结果得到39.5%构型保持和60.5%构型翻转的产物，而不是全部外消旋化。

$(CH_3)_2CH(CH_2)_3$, C_2H_5, CH_3—Cl $\xrightarrow[60℃]{80\%丙酮水溶液}$ $(CH_3)_2CH(CH_2)_3$, C_2H_5, CH_3—OH (39.5%) + HO—$(CH_2)_3CH(CH_3)_2$, C_2H_5, CH_3 (60.5%)

产生部分外消旋化的解释，一种是由于亲核取代反应往往并不是纯粹的 S_N1 或 S_N2，很有可能是同时发生 S_N1 和 S_N2。对部分外消旋化的另一种解释是基于离子对机理。

离子对机理认为反应实质上是按 S_N1 机理进行，只是发生在不同阶段，故也叫作 S_N1 机理中的离子对。按照这种观点，S_N1 机理和 S_N2 机理只是两种极限情况而已。离子对机理认为，反应物的离解不是一步完成的，而是沿着下列顺序逐步离解成离子对，在离解的不同阶段形成不同的离子对，同时溶剂参与了这一过程：

$$R—L \xrightleftharpoons{离子化} \underset{紧密离子对}{R^+L^-} \xrightleftharpoons{溶剂介入} \underset{溶剂介入的离子对}{R^+ \parallel L^-} \xrightleftharpoons{离解} \underset{自由离子}{R^+ + L^-}$$

在紧密离子对阶段，正离子和负离子紧密结合在一起，无溶剂分子把它们隔开，正、负离子结合得很牢固。溶剂介入的离子对，只有少数溶剂分子进入两离子间，正、负离子仍然明显地结合在一起，自由的离子则是离解的最后阶段，正、负离子分别被溶剂化。

在R—L和紧密离子对阶段，亲核试剂只能从背面进攻底物（R—L）分子或紧密离子对，得到的是构型翻转的产物。若亲核试剂进攻溶剂介入离子对，由于溶剂的介入，离子对中正、负离子的结合不如紧密离子对密切，亲核试剂可从溶剂介入离子对的中间与碳正离子结合而使构型保持不变；亲核试剂如从背面进攻，则引起构型翻转。一般说来，后者多于前者，取代结果是部分外消旋化。自由离子则因为碳正离子具有平面构型，亲核试剂从两边进攻机会均等，只能得到完全外消旋化的产物。每一种离子对在反应中的比例取决于卤代烃的结构和溶剂的性质。

3. 影响亲核取代反应机理的因素

亲核取代反应的 S_N1 和 S_N2 两种机理往往在反应中互相竞争。哪一种机理占优势，其影响因素是多样的，有卤代烃中烃基（R）的结构、离去基因（X）的性质、进攻试剂的亲核性、溶剂的极性等。

（1）卤代烃中烃基结构的影响。

对于 S_N1，因控制反应速度的关键步骤是反应物离解为碳正离子，与亲核试剂无关，因此反应物离解的难易程度和生成的碳正离子的稳定性如何，将对反应速度产生重要影响，见表 8－3：

表 8－3　在 S_N1 中烃基结构对反应速度的影响

$$R—Br + H_2O \xrightarrow{S_N1} R—OH + HBr$$

R	$K_{1\,相对}$	R	$K_{1\,相对}$
CH_3—	1.0	$(CH_3)_2CH$—	45
C_2H_5—	1.7	$(CH_3)_3C$—	10^8

碳正离子越稳定越容易生成，越有利于 S_N1。影响碳正离子稳定性的因素有电性效应和空间效应。从电性效应来看，由于甲基的供电子诱导效应和超共轭效应的影响，中心碳原子连接的甲基越多，则碳正离子越稳定。从空间效应来看，由溴代物离解成碳正离子，中心碳原子由 sp^3 转变为 sp^2 杂化，取代基之间的拥挤程度降低。取代基的体积越大，张力解除也越大，碳正离子就越稳定。总之，电性效应和空间效应都使得 S_N1 的速度由甲基溴到叔丁基溴增快。影响碳正离子的稳定作用虽有两个因素，但主要取决于电性效应，因此电性效应是影响 S_N1 速度的主要因素。即卤代烃按 S_N1 机理进行反应的相对速度为：叔卤代烃＞仲卤代烃＞伯卤代烃＞卤代甲烷。

若离去基团处在桥环化合物的桥头碳原子上，由于其“笼子”结构，阻碍了亲核试剂从离去基团的背面进攻中心碳原子，反应只能按 S_N1 机理进行。由于桥环刚性的牵制，桥头碳正离子很难伸展为平面构型，造成碳正离子难以生成，因此它们离解成碳正离子的速度是很慢的。例如，下列化合物在 25℃、80% 水—乙醇溶液中的溶剂解反应，随着环刚性增强（桥原子减少）而反应速度减慢。

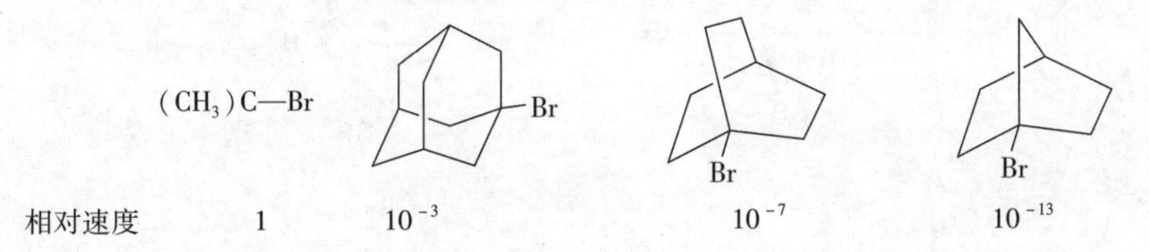

一般说来，离去基团连在桥头碳原子上时，牢固的“笼子”结构阻碍了平面碳正离子的形成，故此类化合物有高度的稳定性。

在 S_N2 中，亲核试剂是从离去基团的背面进攻中心碳原子生成过渡态。过渡态中有五个原子或基团围绕着中心碳原子，与反应物只有四个原子或基团围绕中心碳原子相比，过渡态的拥挤程度增加。当取代基增多、体积增大时，拥挤程度加大。过渡态越拥挤其能量越高，生成过渡态就越困难，S_N2 的反应速度就越慢，见表 8－4：

表 8-4 α-碳上分支不同对 S_N2 反应速度的影响

$$R{-}Br + I^- \xrightarrow{S_N2} R{-}I + Br^-$$

R	$K_{2\,相对}$	R	$K_{2\,相对}$
CH_3—	30	$(CH_3)_2CH$—	0.02
CH_3CH_2—	1	$(CH_3)_3C$—	~0

尽管随着中心碳原子上烃基增多，供电子诱导效应增大，使中心碳原子上的正电荷逐渐减少，亲核试剂的进攻就会越来越困难，但由于 S_N2 的过渡态电荷变化较小，故电性效应将不是影响 S_N2 速度的主要因素。

β-碳原子上有支链的伯烷烃，其 S_N2 反应速度也会明显下降。因此，不同卤代烃进行 S_N2 的相对活性次序是：甲基卤代烃 > 伯卤代烃 > 仲卤代烃 > 叔卤代烃。

表 8-5 列出几种 β-碳分支不同的溴代烃与碘负离子进行 S_N2 的相对速度：

表 8-5 β-碳上分支不同对 S_N2 反应速度的影响

$$R{-}Br + I^- \xrightarrow{S_N2} R{-}I + Br^-$$

R	$K_{2\,相对}$	R	$K_{2\,相对}$
CH_3CH_2—	1.0	$(CH_3)_2CHCH_2$—	0.036
$CH_3CH_2CH_2$—	0.82	$(CH_3)_3CCH_2$—	0.000012

表 8-5 中的异丁基溴与新戊基溴之间反应速度相差极大，其原因在于亲核试剂对前者的进攻和进攻后生成的过渡态虽然拥挤，但分子中的 C—C 键能够转动而采取一种有利的构象，使亲核试剂的进攻和过渡态中与中心碳原子相连的亲核试剂仅受氢原子的干扰，即空间效应尽可能小，故反应速度较后者大。而在新戊基溴中，无论分子采取哪种构象，亲核试剂都将受到甲基的干扰，故反应速度较前者小（如下式所示）。

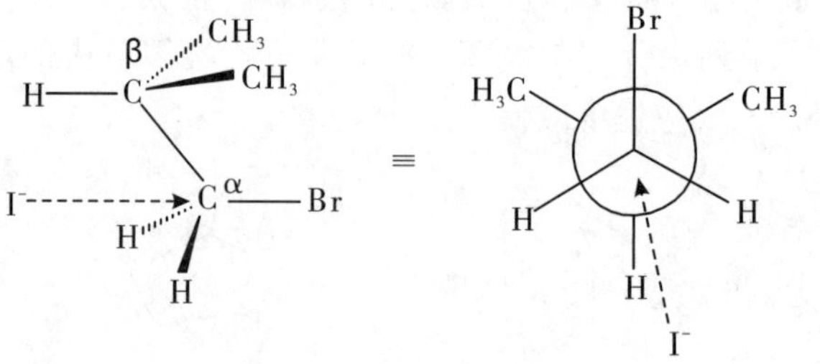

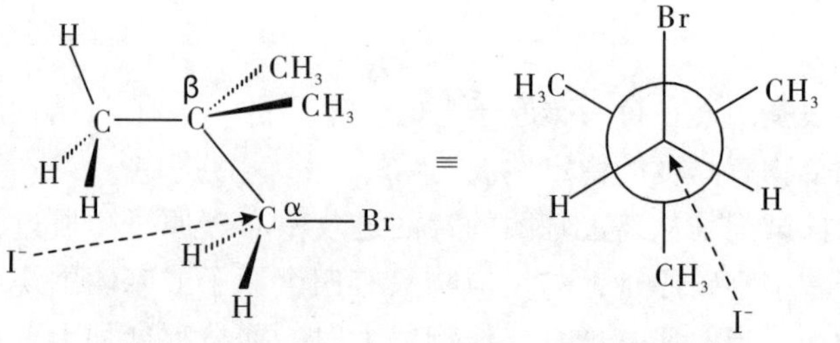

综上所述，不同烃基结构的卤代烃对 S_N1 和 S_N2 两种机理的活性次序可以归纳如下：

$$\xleftarrow{S_N2\text{增加}}$$
$$CH_3X \quad 1° \quad 2° \quad 3°$$
$$\xrightarrow[S_N1\text{增加}]{}$$

叔卤代烃通常按 S_N1 机理进行，伯卤代烃通常按 S_N2 机理进行，仲卤代烃则两者兼而有之。

卤代烃中烃基的双键所在位置对卤原子活性影响极大。按卤原子与烃基双键相对位置不同，卤代烃可分为乙烯型卤代烃、烷型卤代烃和烯丙型卤代烃。各类卤代烃中卤原子的活泼性可通过与硝酸银的醇溶液反应速度来判断。

乙烯型卤代烃卤原子直接连在双键碳原子上，氯苯也属于这类。氯乙烯分子中，氯原子带有孤对电子的 p 轨道与碳碳 π 键形成 p－π 共轭（见图 8－5）。共轭体系中电子云发生离域，向双键方向转移，使得碳氯键极性降低，碳氯键的键长缩短，氯与碳的结合更牢固（氯乙烷中碳氯键键能为 339.1kJ/mol，氯乙烯中碳氯键键能为 368.4kJ/mol）。因此氯乙烯分子中氯原子不活泼，在加热条件下也不与硝酸银的醇溶液发生反应。

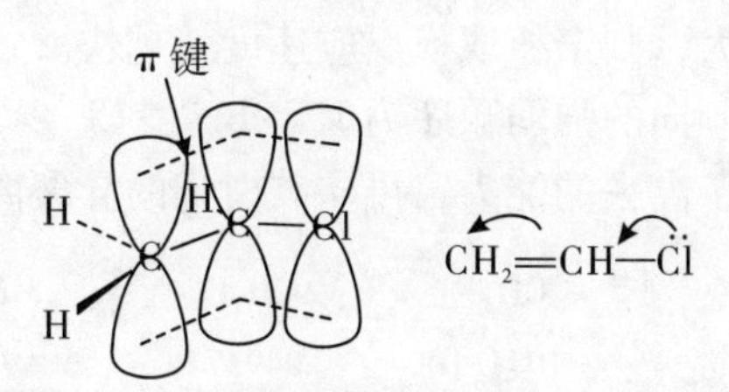

图 8－5 氯乙烯分子中的 p－π 共轭

烯丙型卤代烃的结构特点是：卤原子隔开一个饱和碳原子连在双键上，氯苄也属此类。它们在亲核取代反应中有利于按 S_N1 机理进行，生成烯丙基碳正离子中间体。随着碳正离子的形成，与氯相连的碳原子由 sp^3 杂化转为 sp^2 杂化。烯丙基碳正离子本身形成了共轭体系，使碳正离子的正电荷得到分散，增加了碳正离子的稳定性，所以烯丙型卤代烃中的卤原子比较活泼，在室温下就可与硝酸银的醇溶液发生反应。

$$CH_2{=}CH{-}CH_2Cl \longrightarrow CH_2{=}CH{-}\overset{+}{C}H_2 + \overset{-}{Cl}$$

烯丙型卤代烃的卤原子在 S_N2 中也是活泼的，那是由于在过渡态结构中可通过图 8－6 的共轭结构而起稳定作用。

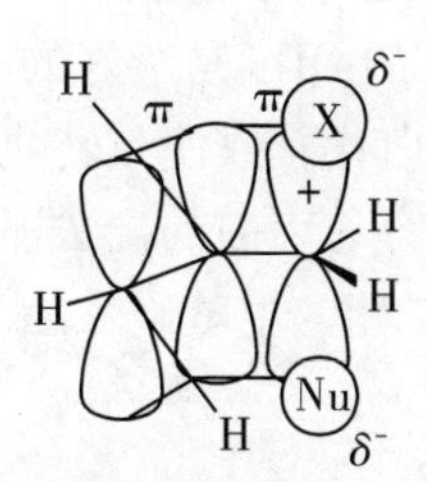

图 8－6 烯丙基卤原子在 S_N2 中的过渡态

氯苄中的卤素原子也非常活泼，能在室温下与硝酸银醇溶液反应生成氯化银沉淀，这是由于它在 S_N1 中易离解生成苄基碳正离子，该正离子也存在着 p－π 共轭，电子云离域，使正电荷分散至苯环而稳定，见图 8－7：

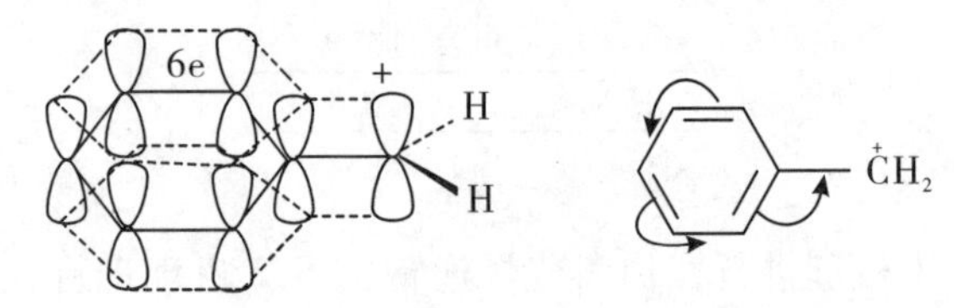

图 8-7 苄基正离子的共轭结构

在 S_N2 中，也能像烯丙型卤代烃那样生成具共轭结构的过渡态而起稳定作用，使卤原子活泼。

卤代烃型中卤原子与双键（或苯环）相隔两个以上饱和碳原子，通式为 $RCH{=}CH(CH_2)_n{-}X$ ($n \geq 2$)。此类卤代烯烃分子中，卤原子与双键（或苯环）间隔较远，相互影响很小。因此，烷型卤代烃的烯烃中卤原子的活泼性与卤代烃相似，在加热条件下，能与硝酸银醇溶液反应而生成卤化银沉淀。

（2）离去基团性质的影响。

无论是 S_N1 还是 S_N2，在决定反应速度一步中都涉及中心碳原子与离去基团间键的断裂，离去基团的离去倾向越大，则亲核取代反应速度就越快。

卤代烃中，卤原子离去倾向的强弱顺序为 $I^- > Br^- > Cl^- > F^-$，与卤原子的电负性大小顺序相反。卤原子作为负离子离去的能力，可从碳卤键的异裂离解能得到说明：

卤代烃	CH_3F	CH_3Cl	CH_3Br	CH_3I
离解能（kJ/mol）	1071.10	949.77	915	887.01

一般来说，有强离去基团的化合物倾向于按 S_N1 历程进行反应。反之，有弱离去基团的化合物倾向于按 S_N2 的历程进行反应。

从共轭酸碱的观点来看，好的离去基团应是强酸的共轭碱，即良好的离去基团是弱碱，通常为 pK_a 值小于 5 的强酸共轭碱。

由于在 S_N2 中，参与过渡态形成的还有亲核试剂，故离去基团离去的难易除与其本身的性质有关外，也与亲核试剂的亲核性强弱有关，故离去基团的性质对 S_N2 所产生的影响相对较小。

I^- 是容易离去的离去基团，又是一个很好的亲核试剂，因此 I^- 可作为 S_N2 的催化剂。例如，在很多溴代烃和氯代烃进行亲核取代反应时，常加入少量碘化钾来催化反应的进行。这是利用 I^- 先与底物中的 Br 和 Cl 发生交换，将底物转化为碘代烃再进一步发生亲核取代反应。生成的 I^- 可反复利用，所以碘化钾的用量并不多。

又如，弱碱性的 H_2O 比起强碱性的 OH^- 是个好的离去基团，为了使醇羟基被卤代，通过在强酸性条件下使羟基质子化，再卤代；或使其转化为酯，如转化成羧酸酯或磺酸酯等，从而变成容易离去的离去基团。因为容易离去的离去基团是强酸的共轭碱（即强酸的负离子），最常用的酯是磺酸酯，如硫酸二酯、甲基磺酸酯、对溴苯磺酸酯、对甲苯磺酸酯、对硝基苯磺酸酯等。

（3）进攻试剂亲核性的影响。

在 S_N1 中，决定反应速度的一步是碳正离子的生成，碳正离子的生成无须亲核试剂的参与，故亲核试剂亲核性的强弱对 S_N1 反应速度的影响不大。在 S_N2 中，亲核试剂需提供一对电子与中心碳原子成键，亲核试剂的亲核性越强，就越容易与中心碳原子形成过渡态，进而把离去基团置换出去，故反应速度反映了试剂的亲核性强弱。例如，将溴乙烷的乙醇溶液回流，反应几天也只有中等量的乙醚生成；若在反应混合物中加入乙醇钠，只需回流几分钟反应就完成，可见乙醇钠的亲核性能比乙醇强得多。

试剂亲核性的强弱与其所带的电荷、碱性、体积及可极化性有关。

负离子（CH_3O^-、CH_3COO^-）的亲核性比相应的中性分子（CH_3OH、CH_3COOH）强，同样 HO^- 和 RNH^- 的亲核性强于相应的 H_2O 和 RNH_2；CH_3S^-、I^- 和 $C_6H_5O^-$ 是亲核性极强的试剂。

值得注意的是，试剂的亲核性和碱性是两个不同的概念，试剂的亲核性表示其给出电子与带正电荷中心碳原子的结合能力，其强度决定于试剂的碱性、可极化性、体积及溶剂化效应。碱性是代表试剂与质子的结合能力。在多数情况下，试剂的亲核性和碱性的顺序是一致的，但也有例外。

亲核性和碱性之间的关系有如下一些主要规律：①反应中心为同一种元素的亲核试剂，亲核性与其碱性的强弱是一致的。如某些氧原子为亲核中心的亲核试剂的亲核性强弱顺序为：$CH_3O^- > HO^- > PhO^- > CH_3COO^- > NO_3^- > CH_3OH$，其共轭酸的 pK_a 值分别为：15.9、15.7、9.89、4.8、-1.3、-1.7。另外，甲醇的酸性最弱，CH_3O^- 的碱性最强，其亲核性也最强。又如，下列含氮亲核试剂的亲核性强弱顺序为：$H_2N^- > C_2H_5NH_2 > NH_3 > C_6H_5NH_2 > p-NO_2C_6H_4NH_2$，与碱性强弱顺序是一致的。

②处于同一周期并具有相同电荷的亲核试剂，它们的亲核性和碱性呈平行关系。例如同属第二周期中的元素所组成的一些试剂，它们的亲核性和碱性从左到右逐渐变弱。亲核性和碱性强弱顺序为：$R_3C^- > R_2N^- > RO^- > F^-$。

因对同一周期的元素来说原子序数越大，其电负性越强，给出电子的能力越弱，亲核性就越弱。

③处于周期表同一族的亲核试剂，它们的亲核性强弱顺序和碱性相反。

这里亲核试剂的可极化性起了主导作用。电子云易变形者可极化性就强，它进攻中心碳原子时，其外层电子云就越容易变形而伸向中心碳原子，从而降低了形成过渡态时所需的活化能，因此试剂的可极化性越强，其亲核性也越强。卤素中碘的原子半径最大，可极化性最强，故亲核性最强，CH_3S^- 和 CH_3O^- 的可极化性和亲核性均是 $CH_3S^- > CH_3O^-$（因 S 的原子半径大于 O 的原子半径），碱性则是 $CH_3O^- > CH_3S^-$（因其共轭酸的酸性是 $CH_3SH > CH_3OH$）。造成亲核性和碱性不一致的还有溶剂的因素（下文再作讨论）。

亲核试剂亲核性的强弱，不仅影响 S_N2 反应速率，而且对亲核取代反应的机理也有影响。亲核性强的试剂（如高度可极化的亲核试剂 RS^- 和 I^-），倾向于主动进攻中心碳原子，因而易按 S_N2 机理进行反应。亲核性弱的试剂（如电中性分子 H_2O 或 CH_3OH 等），缺乏主动进攻中心碳原子的能力，只能等待底物在溶剂的作用下离解成碳正离子后，再与碳正离子结合，这就是 S_N1 的机理。

（4）溶剂极性的影响。

饱和碳原子上的亲核取代反应不管是 S_N1 机理还是 S_N2 机理，一般均在溶剂中进行。其中溶剂的作用既重要又复杂。由于在反应进行过程中将发生电荷的生成、破坏或分散，因而溶剂与反应物、中间体甚至过渡态的偶极相互作用都可以影响反应速度。

溶剂极性的改变对卤代烃的亲核取代反应速度的影响是不同的，有的使反应加速，有的使反应减慢，有的影响大，有的影响小。

按 S_N1 机理进行的反应，增加溶剂的极性或增强溶剂的离子—溶剂化能力，会导致反应速度显著增快。因为在 S_N1 中，碳正离子的生成是反应速度的决定步骤，反应物离解而形成过渡态时所需的大部分能量，可由在溶剂和极性过渡态之间形成偶极—偶极键来供给。溶剂的极性越强就越有利于 R—L 离解成碳正离子，越有利于 S_N1 进行。

$$R{-}L \longrightarrow [R^{\delta+}\cdots L^{\delta-}] \longrightarrow R^+ + L^-$$

过渡态电荷增加

对于 S_N2，因亲核试剂和反应物都参与了反应速度的决定步骤，故亲核试剂和反应物不同时，溶剂的影响不同。总的原则是：若反应过渡态比起始态的电荷更明显或集中，增强溶剂极性则有利于反应；若反应过渡态比起始态电荷更分散，增强溶剂极性则对反应不利。若过渡态与起始态相比电荷状况没有改变或改变极小，则溶剂极性对反应几乎没有影响。

对于下面反应，由于亲核试剂是负离子，从反应物到过渡态，电荷变得分散，故溶剂对亲核试剂的溶剂化程度高于过渡态，溶剂极性增强，将使 Nu^- 溶剂化更好，降低 Nu^- 的能量，对反应过渡态的溶剂化作用却较小，这样就相对提高了反应活化能，不利于反应的进行。

$$Nu^- + R{-}L \longrightarrow [\overset{\delta-}{Nu}\cdots R\cdots \overset{\delta-}{L}] \longrightarrow Nu{-}R + L^-$$

起始态　　　过渡态，电荷分散　　　产物

$$^*I^- + CH_3{-}I \xrightleftharpoons{S_N2} \left[\overset{\delta-}{I^*}\cdots CH_3\cdots \overset{\delta-}{I}\right] \longrightarrow \overset{*}{I}{-}CH_3 + I^-$$

溶剂	CH_3CH_2OH	CH_3OH	H_2O
$K_{相对}$	44	16	1.0

对于如下式所示的由中性的亲核试剂和反应物转变成离子型产物，在过渡态中有电荷产生，故极性溶剂有利于反应的进行，溶剂的极性越强对反应越有利。

$$:Nu + R{-}L \longrightarrow [\overset{\delta+}{Nu}\cdots R\cdots \overset{\delta-}{L}] \longrightarrow \overset{+}{Nu}{-}R + L^-$$

过渡态，电荷分离　　产物

改变溶剂常常对反应速度有明显的影响，甚至可以改变反应机理。例如，氯化苄在水中按 S_N1 机理水解，而在丙酮中水解则按 S_N2 机理进行。

一般来说，R—X 的 α－碳上的取代基具有 +I 效应和 +C 效应，离去基团容易离开，溶剂的极性强，则有利于 S_N1 的进行。若 R—X 的 α－碳（或 β－碳）上没有体积大的取代基，试剂的亲核性强，离去基团离去倾向较弱，溶剂的极性较弱，则对 S_N2 有利。

值得注意的是，在极性溶剂中，质子溶剂和非质子溶剂对反应的影响是不同的。质子溶剂如醇能与正或负离子络合，其中羟基的作用像路易斯碱，能与正离子络合，而羟基中的氢通过氢键能与负离子络合，正或负离子与溶剂紧密结合而被溶剂化。

R—O(H)：……R^+……：O(H)—R（下方 H—O—R 配位）　　RO—H……Nu^-……H—OR（另有 H—OR）

当亲核取代反应在质子溶剂中进行时，亲核试剂通过氢键形成溶剂化物。若使亲核试剂与反应物结合成键，则须除去亲核试剂外部的溶剂，其所需能量是获得反应过渡态所需总能量的一部分。

非质子溶剂可分为极性的和非极性的，如己烷、苯、乙醚等为非极性非质子溶剂。与质子溶剂不同的是，极性非质子溶剂，例如，氯仿、丙酮、二甲基亚砜（DMSO）、N,N－二甲基甲酰胺（DMF）、四氢呋喃（THF）等，无论极性强弱都不能使负离子溶剂化，因为它们不含有可形成氢键的氢原子。极性非质子溶剂虽有极性，但其偶极正端埋在分子内部，妨碍了对负离子的溶剂化，可以使正离子很好地溶剂化。

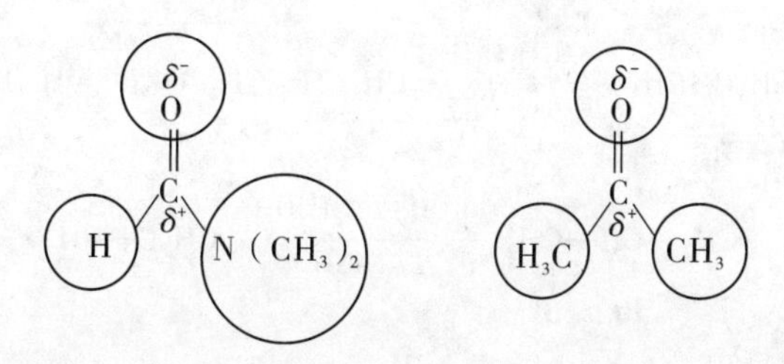

由于两类溶剂在溶剂化性质上的不同，在极性质子溶剂中 Nu^- 是被溶剂化的，而在极性非质子溶剂中是“自由”的，因此，亲核性试剂（Nu^-）在这两种溶剂中反应时，其亲核能力是不同的。如用极性非质子溶剂代替极性质子溶剂，S_N2 速率会大大增加。例如，CH_3I 与 NaN_3 的反应，当溶剂由 CH_3OH（极性质子溶剂）变为 DMF（极性非质子溶剂）时，虽然两者的极性很相似，但反应速度却得到极大增快。

$$CH_3I + NaN_3 \xrightarrow{k_2} CH_3N_3 + NaI$$

溶液	$k_2/[L/(mol \cdot s)]$
DMF	3×10^3
CH_3OH	3×10^2

亲核试剂亲核性的强弱还受溶剂溶剂化的影响。例如，卤素离子（X^-）在极性非质子溶剂 N,N－二甲基甲酰胺中，亲核性强弱顺序与它们的碱性是一致的，即

亲核性强弱顺序：$F^- > Cl^- > Br^- > I^-$

碱性强弱顺序：$F^- > Cl^- > Br^- > I^-$

但在质子溶剂中，卤素负离子的亲核性强弱顺序与其碱性是相反的，即

亲核性强弱顺序：$I^- > Br^- > Cl^- > F^-$

碱性强弱顺序：$F^- > Cl^- > Br^- > I^-$

体积较小的 F^- 其电荷比体积大的 I^- 更集中，它在质子溶剂中比 I^- 更能与质子溶剂形成强的氢键而被溶剂化，使其亲核性减弱。I^- 的体积大、电荷分散、与质子溶剂形成氢键而被溶剂化的程度降低。体积越大，溶剂化程度越低，其所带的负电荷就越暴露，亲核性就越强，故卤素负离子在质子溶剂中，亲核性与碱性顺序刚好相反。

在极性非质子溶剂中，亲核试剂没有被溶剂化而呈裸露状态，显出其本性。另外 F^- 和 Cl^- 的体积小，负电荷更集中，更能有效地对带正电荷的中心碳原子发动攻击，因而在极性非质子溶剂中，亲核性顺序与碱性顺序相同，均为：$F^- > Cl^- > Br^- > I^-$。

极性非质子溶剂对 S_N1 的影响不大。这是因为在 S_N1 中产生的碳正离子其稳定性常可通过本身的结构因素达到，而非质子溶剂不能溶剂化负离子。同样，极性非质子溶剂对极

性过渡态的溶剂化作用也不如质子性溶剂。这些因素都使极性非质子溶剂对 S_N1 影响减弱。

8.5.2 消除反应

1. 消除反应举例

卤代烃另一类重要反应就是消除反应（elimination，简称 E）。最常见的消除反应是 β－消除，就是脱去卤原子和 β－碳原子上的氢原子（简称 β－H），生成烯烃或炔烃。例如：

$$CH_3\underset{\underset{Br}{|}}{CH}CH_3 \xrightarrow[\text{KOH，加热}]{C_2H_5OH} CH_3CH{=}CH_2 + KBr + H_2O$$

$$CH_3-\underset{\underset{Br}{|}}{CH}-\underset{\underset{Br}{|}}{CH_2} \xrightarrow[\text{或 }NaNH_2]{KOH\text{ 或 }C_2H_5OH} CH_3C{\equiv}CH$$

反应通常在强碱（如 NaOH、KOH、NaOR、$NaNH_2$ 等）及极性较弱的溶剂（如乙醇）条件下进行。当卤代烃有多种 β－H 时，其消除方向服从扎依采夫（Saytzeff）规则，即卤原子总是优先与含氢较少的 β－碳原子上的氢一起被消除，主要产物为双键碳上含烃基较多的烯烃。例如：

$$CH_3CH_2\underset{\underset{Br}{|}}{CH}CH_3 \xrightarrow[\text{乙醇}]{KOH} \underset{81\%}{CH_3CH{=}CHCH_3} + \underset{19\%}{CH_3CH_2CH{=}CH_2}$$

$$CH_3CH_2-\overset{\overset{CH_3}{|}}{\underset{\underset{Br}{|}}{C}}-CH_3 \xrightarrow[\triangle]{KOH,\ C_2H_5OH} \underset{71\%}{CH_3CH{=}C(CH_3)_2} + \underset{29\%}{CH_3CH_2-\overset{\overset{CH_3}{|}}{C}{=}CH_2}$$

叔卤代烃极易发生消除反应，在弱碱或上述条件下容易得到消除产物。例如：

$$CH_3-\overset{\overset{CH_3}{|}}{\underset{\underset{CH_3}{|}}{C}}-Br \xrightarrow[C_2H_5OH]{NaCN} \begin{cases} \not\rightarrow CH_3-\overset{\overset{CH_3}{|}}{\underset{\underset{CH_3}{|}}{C}}-CN \\ \rightarrow (CH_3)_2C{=}CH_2 \end{cases}$$

2. 消除反应机理

卤代烃的消除反应和亲核取代反应一样也有两种反应机理：单分子消除反应（unimolecular elimination，E1）和双分子消除反应（bimolecular elimination，E2）。

（1）单分子消除反应机理。

反应分两步进行。第一步像 S_N1 一样，碳卤键发生异裂，生成碳正离子，由于需要较高的活化能，反应速度较慢。与此同时，α－碳原子由 sp^3 杂化转变为 sp^2 杂化状态。反应的第二步是试剂作为碱夺取 β－碳原子上的氢，β－碳此时也转变为 sp^2 杂化状态，α－β 相邻碳的两个 p 轨道重叠形成 π 键（E1）。若试剂作为亲核试剂进攻 α－碳原子，则生成取代产物（S_N1）。

$$\underset{H}{\overset{\beta}{-C}}-\overset{\alpha}{C}-X \xrightleftharpoons{\text{慢}} \left[\underset{H}{-C}-\overset{\delta^+}{C}\cdots\overset{\delta^-}{Br}\right]^{\neq} \rightleftharpoons \underset{H}{-C}-C^+ + \overset{-}{Br}$$

$$\underset{H}{-C}-C^+ \xrightarrow[\text{快}]{Nu^-} \left[\underset{H}{-C}-\overset{\delta^+}{C}\cdots\overset{\delta^-}{Nu}\right]^{\neq} \xrightarrow{\text{快}} \underset{H}{-C}-C-Nu \qquad S_N1$$

$$\underset{H}{-C}-C^+ \xrightarrow[\text{快}]{B^-} \left[-C\overset{\delta^+}{=\!=}C,\ \overset{\delta^-}{B}\cdots H\right]^{\neq} \xrightarrow[-HB]{\text{快}} \;>C=C<\qquad E1$$

如2－甲基－2－溴丁烷在乙醇中反应得2－甲基－2－乙氧基丁烷、2－甲基－2－丁烯以及2－甲基－1－丁烯，取代和消除产物的比例为64∶36。

$$CH_3\underset{Br}{\overset{CH_3}{C}}CH_2CH_3 \xrightarrow[25^\circ C]{C_2H_5OH} CH_3\underset{OC_2H_5}{\overset{CH_3}{C}}CH_2CH_3 + CH_3\overset{CH_3}{C}=CHCH_3 + CH_2=\overset{CH_3}{C}CH_2CH_3$$

显然，反应是经碳正离子中间体进行的。如在下面反应中，C_2H_5OH 作为亲核试剂进攻带正电荷的碳原子，则发生 S_N1。如作为碱夺取 β－碳原子上的氢，则发生 E1，生成消除产物。

$$CH_3\underset{Br}{\overset{CH_3}{C}}CH_2CH_3 \xrightarrow{-Br^-} \underset{\beta}{\overset{H}{CH_2}}-\underset{\beta\ CH_3}{\overset{+}{C}}-\overset{H}{CH}CH_3 \quad (C_2H_5\ddot{O}H)$$

$$\xrightarrow{S_N1} CH_3\underset{CH_3}{\overset{\overset{+}{H}OC_2H_5}{C}}CH_2CH_3 \xrightarrow{-H^+} CH_3\underset{CH_3}{\overset{OC_2H_5}{C}}CH_2CH_3$$

$$\xrightarrow{E1} CH_3\overset{CH_3}{C}=CHCH_3 + CH_2=\overset{CH_3}{C}CH_2CH_3$$

在单分子消除反应中，第二步反应速度很快。消除反应速度由反应中最慢的一步决定，故反应速度只与卤代烃的浓度有关，而与进攻试剂浓度无关，所以称为单分子消除反应。

E1 和 S_N1 机理的第一步均生成碳正离子，不同的是第二步，因此这两类反应往往同时发生。至于哪个占优势，主要看碳正离子在第二步反应中是消除质子还是与试剂结合而定。

此外，E1 或 S_N1 中生成的碳正离子还可以通过重排而转变为更稳定的碳正离子，然后消除氢（E1）或与亲核试剂结合（S_N1）。例如，新戊基溴在水—醇溶液中进行反应，首先离解生成不稳定的伯碳正离子，后者发生重排，邻近的甲基会迁移到带正电荷的碳原子上，碳的骨架发生改变而生成更稳定的叔碳正离子，随后发生消除反应和取代反应。

$$CH_3-\underset{CH_3}{\overset{CH_3}{C}}-CH_2Br \xrightarrow{H_2O-CH_3CH_2OH} CH_3-\underset{CH_3}{\overset{CH_3}{C}}-{}^+CH_2 \xrightarrow[\text{甲基转移}]{\text{重排}} CH_3-\overset{CH_3}{\underset{+}{C}}-CH_2CH_3$$

$$CH_3-\overset{CH_3}{\underset{+}{C}}-CH_2CH_3 \xrightarrow[E1]{-H^+} CH_3-\overset{CH_3}{C}=CH-CH_3 \quad \text{2-甲基-2-丁烯}$$

$$\xrightarrow[S_N1]{H_2O} CH_3-\underset{OH}{\overset{CH_3}{C}}-CH_2CH_3 \quad \text{2-甲基-2-丁醇}$$

$$\xrightarrow[S_N1]{CH_3CH_2OH} CH_3-\underset{OCH_2CH_3}{\overset{CH_3}{C}}-CH_2CH_3 \quad \text{乙叔戊醚}$$

所以常把重排反应作为 E1 和 S_N1 的标志。

（2）双分子消除反应机理。

碱试剂进攻卤代烃分子中的 β－氢原子，使氢原子以质子形式与试剂结合而脱去，同时卤原子则在溶剂作用下带着一对电子离去。

$$:B^- + -\overset{H}{\underset{|}{\overset{|\beta}{C}}}-\underset{X}{\overset{|\alpha}{C}}- \xrightarrow{\text{慢}} \left[\overset{\delta^-}{B}\text{---}H \;\; -C\text{═}C- \;\; \underset{\delta^-}{X} \right]^{\neq} \xrightarrow{\text{快}} \;\; >C=C< \; +HB$$

在这里 C—H 键和 C—X 键的断裂、π 键的生成是协同进行的，反应一步完成。卤代烃和碱试剂都参与过渡态的生成，所以称为双分子消除反应。

E2 与 S_N2 类似，反应速度也与卤代烃和进攻试剂（碱）两者的浓度成正比，反应中不发生重排。两者不同的是，在 S_N2 中，进攻试剂作为亲核试剂进攻中心碳原子，而在 E2 中，试剂作为碱进攻的是 β－碳上的氢原子，氢原子以质子形式与试剂结合而离去。可见，S_N2 和 E2 是彼此相互竞争的两个反应。

3. E2 的立体化学

E2 在立体化学上要求两个被消除的原子或基团（L、H）和与它们相连的两个碳原子（即 L—C—C—H）应反式共平面，以便在形成过渡态时，两个变形的 sp^3 杂化轨道尽可能多地重叠，以降低体系的能量，有利于消除反应的进行。能满足这种共平面要求的有顺式共平面和反式共平面两种构象：

H L ≡ H L —C—C— → C=C 顺式消除

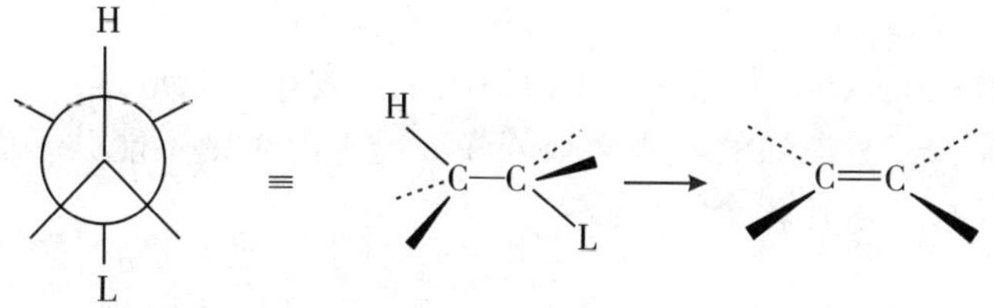

反式消除

反式共平面的构象能量较低，且取此种构象时，既有利于碱对 β－H 的进攻，也有利于 L 基团的离去，故大多数 E2 为反式消除，其过程如下所示：

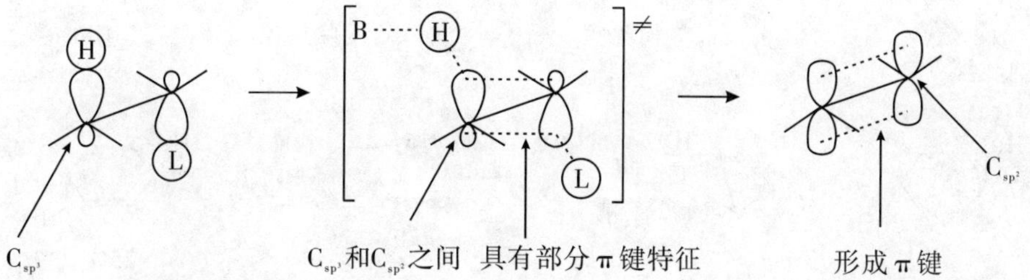

C_{sp^3} 反式共平面

C_{sp^3}和C_{sp^2}之间 具有部分π键特征 过渡态

C_{sp^2} 形成π键 产物烯烃

E2 反应过程中，随着过渡态的生成，α－碳原子和 β－碳原子逐渐从 C_{sp^3} 向 C_{sp^2} 过渡，两碳中各有一个 sp^3 杂化轨道向 p 轨道过渡，以便在过渡态中两个变形的 sp^3 杂化轨道部分重叠形成部分 π 键，也只有 H—C—C—L 共平面时重叠程度最高，形成稳定的过渡态，故 E2 为反式消除时才容易进行。

例如，1,2－二苯基－1－溴丙烷的赤式异构体和苏式异构体在 NaOH 醇溶液中消除脱溴化氢反应完全是立体专一的。实验结果表明，赤式的一对对映体只产生顺式烯烃，而苏式的一对对映体只产生反式烯烃。

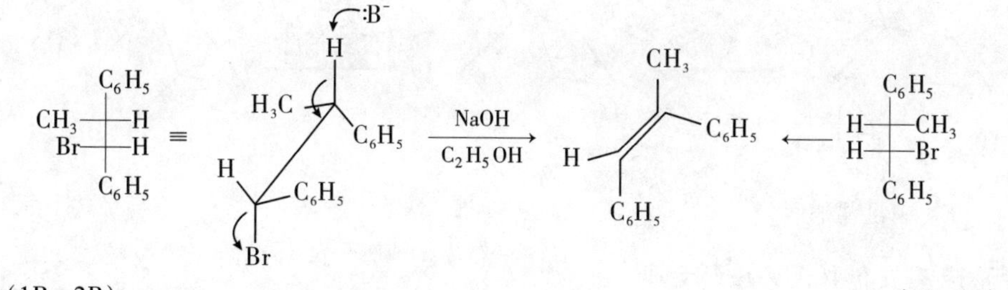

NaOH / C_2H_5OH

(1R，2R) 赤式　　顺－1,2－二苯基－1－丙烯　　(1S，2S) 赤式

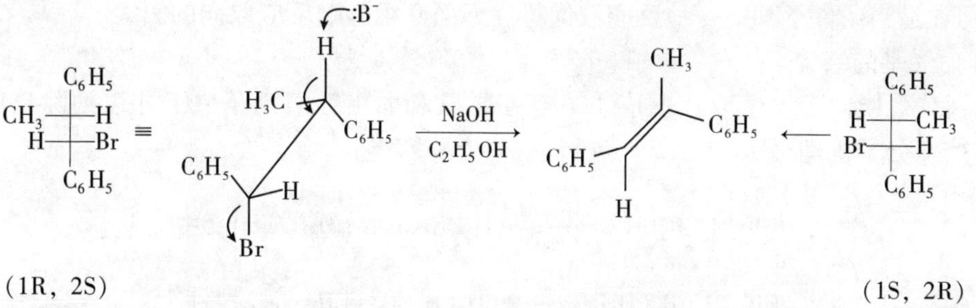

NaOH / C_2H_5OH

(1R，2S) 苏式　　反－1,2－二苯基－1－丙烯　　(1S，2R) 苏式

这表明，反应为反式消除。如果是顺式消除，则立体化学结果相反。用环己烷的卤代

物来研究 E2 的立体化学，反式消除的特征表现得更加明显。卤代环己烷进行 E2 消除，卤原子总是优先消除反式 β－H。在有两种 β－H 的情况下，主要产物应遵从扎依采夫规则。为了满足反式共平面的要求，被消除的基团必须处在 a 键上，否则不能共平面。例如下面的消除反应，化合物 B 反应速度比化合物 A 快：

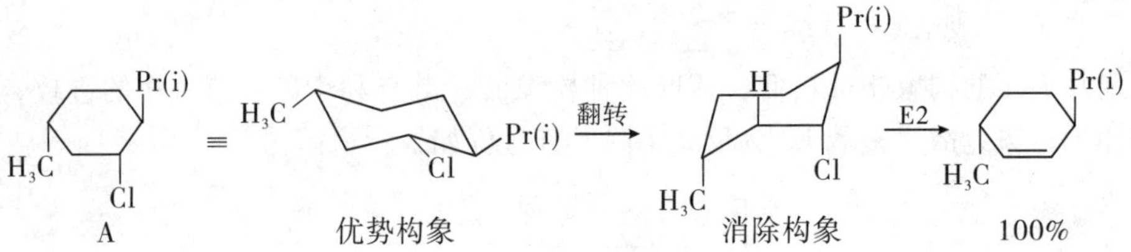

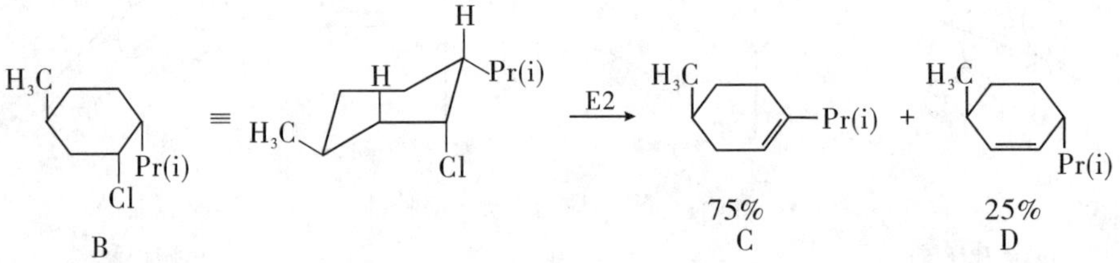

Pr(i) H₃C Cl A ≡ H₃C Pr(i) Cl 优势构象 翻转 H Pr(i) Cl H₃C 消除构象 E2 Pr(i) H₃C 100%

H₃C Pr(i) Cl B ≡ H Pr(i) H H₃C Cl E2 H₃C Pr(i) 75% C + H₃C Pr(i) 25% D

在化合物 A 的优势构象中，Cl 处于 e 键，必须经翻转使 Cl 处在 a 键时，再进行消除。而在化合物 B 的优势构象中，Cl 已经处在 a 键，无须翻转，可直接进行消除。构象的翻转须提供能量，故 B 的消除反应速度比 A 快。B 的消除产物中，C 的产量比 D 高是因为扎依采夫规则在起作用。

在某些环状化合物中，环的刚性，难以使两个被消除的基团处于反式共平面。此时，顺式消除反而更有利。例如，化合物 E 和 F 在 $C_5H_{11}ONa/C_5H_{11}OH$ 中消除，E 的速度比 F 的快 100 倍。

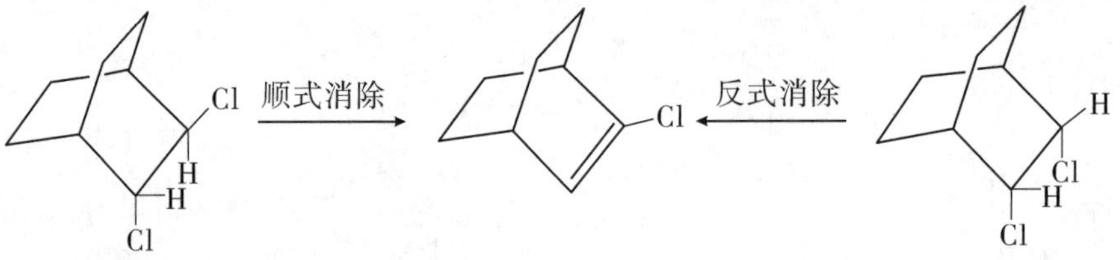

Cl H H Cl 顺式消除 Cl 反式消除 H Cl H Cl

E（满足共平面） F（不满足共平面）

4. 消除反应和取代反应的竞争

取代反应和消除反应是同时存在又相互竞争的反应（S_N1 与 E1 竞争、S_N2 与 E2 竞争），但在适当条件下其中一种反应占优势。下面介绍影响反应取向的因素。

（1）烃基的结构。

伯卤代烃倾向于发生取代反应，只有在强碱和弱极性溶剂条件下才以消除反应为主。反应常按双分子机理（S_N2 或 E2）进行。

$$CH_3CH_2CH_2CH_2Br \xrightarrow[H_2O]{NaOH} CH_3CH_2CH_2CH_2OH \quad \text{取代为主}$$

$$CH_3CH_2CH_2CH_2Br \xrightarrow[\text{乙醇}]{NaOH} CH_3CH_2CH{=}CH_2 \quad \text{消除为主}$$

若 α 位上连有苄基或烯丙基时，有利于 E2 进行。例如，溴乙烷 55℃时，在乙醇溶液中与乙醇钠作用，取代产物占99%，而烯烃只占1%；当α位上的一个氢被苄基取代后的产物苯基溴乙烷，在同样条件下的反应，取代产物只占5.4%，消除产物却占94.6%。

$$CH_3CH_2Br + CH_3CH_2ONa \xrightarrow[55℃]{乙醇} \underset{99\%}{CH_3CH_2OCH_2CH_3} + \underset{1\%}{CH_2{=}CH_2}$$

$$C_6H_5{-}CH_2CH_2Br + CH_3CH_2ONa \xrightarrow[55℃]{乙醇} \underset{5.4\%}{C_6H_5{-}CH_2CH_2OCH_2CH_3} + \underset{94.6\%}{C_6H_5{-}CH{=}CH_2}$$

β-C上连有支链的伯卤代烃消除反应倾向增大。例如：

$$R{-}Br + C_2H_5O^- \xrightarrow{C_2H_5OH} 取代产物 + 消除产物$$

	取代产物	消除产物
C_2H_5Br	99%	1%
$CH_3CH_2CH_2Br$	91%	9%
$CH_3CH(CH_3)CH_2Br$	40%	60%

叔卤代烃因β-碳原子上连的烃基多，空间位阻大，不利于S_N2，故倾向于发生消除反应，即使在弱碱条件下（如Na_2CO_3水溶液），也以消除反应为主。只有在纯水或乙醇中发生溶剂解反应，才以取代反应为主。

$$(CH_3)_3C{-}Cl \xrightarrow[H_2O]{Na_2CO_3} CH_2{=}C(CH_3)_2 \quad 消除为主$$

$$(CH_3)_3C{-}Cl \xrightarrow[\Delta]{H_2O} (CH_3)_3C{-}OH \quad 取代为主$$

仲卤代烃的情况介于叔卤代烃和伯卤代烃之间，通常条件下，以取代反应为主，但消除程度比一级卤代烃高得多。究竟以哪种反应为主，主要取决于卤代烃结构和反应条件。在强碱（NaOH/乙醇）作用下主要发生消除反应。与伯卤代烃一样，α-C上连有支链的仲卤代烃消除倾向增大。

在其他条件相同时，不同卤代烃的反应方向为：

S_N2反应增强 →

3°R—X　　2°R—X　　1°R—X

← 消除反应增强

（2）试剂的碱性与亲核性。

试剂的影响主要表现在双分子反应中。亲核性是指试剂与α-碳原子结合，而碱性是指试剂与β-碳原子上的氢离子（H^+）相结合，因此，若进攻试剂的碱性强，亲核性弱，则有利于消除反应的进行；反之，有利于亲核取代反应。例如下列试剂的亲核性和碱性强弱顺序为：

亲核性：$CH_3O^- > (CH_3)_2CHO^- > (CH_3)_3CO^-$

碱　性：$CH_3O^- < (CH_3)_2CHO^- < (CH_3)_3CO^-$

因此，选择亲核性较强的 CH_3O^-，对取代反应有利，而选择碱性较强的试剂 $(CH_3)_3CO^-$，对消除反应有利。当伯卤代烃、仲卤代烃用 NaOH 水解时，则取代反应和消除反应一起发生，因为 HO^- 既是强亲核试剂，又是强碱。而用 I^-、CH_3COO^- 往往不发生消除反应，而发生亲核取代反应，因为它们的碱性比 HO^- 弱得多。

试剂的体积大，不利于对 α－碳原子的进攻，对 S_N2 不利，但对试剂与 β－H 的靠近影响不明显，故试剂的体积大，有利于 E2 的进行。

（3）溶剂的极性。

溶剂的极性对取代反应和消除反应的影响是不同的，这主要表现在双分子机理中。极性较强的溶剂有利于 S_N2 的发生，极性较弱的溶剂有利于 E2 的发生，这是因为在取代反应过渡态中负电荷分散程度比消除反应过渡态的低。因此，当溶剂的极性增强时，对 S_N2 过渡态的稳定作用比 E2 大。

$$\left[\overset{\delta^-}{HO}\cdots\overset{|}{\underset{/\ \backslash}{C}}\cdots\overset{\delta^-}{X}\right]^{\neq} \qquad \left[\overset{\delta^-}{HO}\cdots H\cdots\overset{|}{\underset{|}{C}}=\overset{|}{\underset{|}{C}}\cdots\overset{\delta^-}{X}\right]^{\neq}$$

S_N2　　　　　　　　　　E2

故用卤代烃制备醇（取代反应）一般在 NaOH 水溶液中（极性较强）进行。而制备烯烃（消除反应）则在 NaOH 醇溶液中（极性较弱）进行。

（4）反应温度。

在消除反应过程中涉及 C—H 键的拉长（在取代反应中不涉及此键），活化能比取代反应高，升高温度对消除反应有利。虽然提高温度亦能使取代反应速度加快，但其影响没有消除反应那样大。所以提高反应温度将增加消除产物的比例。

综上所述，卤代烃可发生亲核取代反应，亦可发生消除反应。它们是同时存在又相互竞争的反应，其相互之间的竞争受多种因素的影响。

5. 消除反应的方向

消除反应遵从扎依采夫规则，可从反应机理中得到满意的解释。

（1）E2。

从上面讨论可知，在过渡态已有部分双键形成，所以能够稳定产物烯烃，也能够稳定相应的过渡态。双键上含有较多烷基的烯烃比较稳定，因此双键碳上连有较多烷基的过渡态也比较稳定，这种过渡态正是由碱性试剂进攻含氢较少的那个 β－碳原子上的氢形成的，因而形成该过渡态所需活化能较低，消除反应速度较快，所得到的主要产物就是双键上连有较多烷基的烯烃。

B⁻进攻含H较少的β-C上的H → $\left[CH_3-\overset{\overset{\delta^-}{B}---H}{CH}\overset{---}{=}\underset{X^{\delta^-}}{CH}-\overset{H}{CH_2} \right]^{\neq}$ → $CH_3CH=CHCH_3$ 主产物

$CH_3-\underset{H}{\overset{H}{C}}-\underset{X}{CH}-\overset{H}{CH_2}$

B⁻进攻含H较多的β-C上的H → $\left[CH_3-\overset{H}{CH}-\underset{X^{\delta^-}}{CH}\overset{---}{=}\overset{H---\overset{\delta^-}{B}}{CH_2} \right]^{\neq}$ → $CH_3CH_2CH=CH_2$ 副产物

（2）E1。

在 E1 中，决定消除反应方向的是第二步。当碱性试剂进攻碳正离子的 β - 碳原子上的氢，若生成的过渡态其部分双键的碳上连有较多的烃基时，则过渡态较稳定，容易生成，消除反应速度较快。例如：

$$CH_3\overset{H}{CH}-\underset{CH_3}{\overset{Br}{C}}-\overset{H}{CH_2} \xrightarrow{KOH}$$

$CH_3\overset{H}{CH}-\underset{CH_3}{\overset{+}{C}}-\overset{H}{CH_2}$

消除含H较少的β-C上的H → $\left[CH_3-\overset{H^{\delta^-}}{CH}\overset{---}{=}\underset{CH_3}{\overset{\delta^+}{C}}-\overset{H}{CH_2} \right]^{\neq}$ $\xrightarrow{-H^+}$ $CH_3CH=C(CH_3)_2$ 主产物

消除含H较多的β-C上的H → $\left[CH_3-\overset{H}{CH}-\underset{CH_3}{\overset{\delta^+}{C}}\overset{---}{=}\overset{H^{\delta^-}}{CH_2} \right]^{\neq}$ $\xrightarrow{-H^+}$ $CH_3CH_2\underset{CH_3}{C}=CH_2$ 副产物

注意，消除反应的最终结果是生成稳定的烯烃，故带有芳香环及不饱和键的卤代烃，其产物在正常情况下应生成比较稳定的共轭烯烃。例如：

$$CH_3CH=CH-\underset{H}{CH}-\underset{Br}{CH}CH(CH_3)_2 \xrightarrow[C_2H_5OH]{NaOH} CH_3OH=CH-CH=CH-CH(CH_3)_2$$

主要产物

$$C_6H_5-\underset{H}{CH}-\underset{X}{CH}-\underset{H}{CH}-CH_3 \xrightarrow[C_2H_5OH]{NaOH} C_6H_5-CH=CHCH_2CH_3$$

主要产物

卤代烃的消除一般遵循扎依采夫规则，但受其他因素的影响，也有例外的情况。

$$CH_3CH_2CH_2\underset{\underset{Cl}{|}}{C}HCH_3 \xrightarrow{RO^-} CH_3CH_2CH_2CH{=}CHCH_3 + CH_3CH_2CH_2CH_2CH{=}CH_2$$

$RO^-{=}CH_3O^-$	67%	33%
$(CH_3)_3CO^-$	9%	91%

因（CH_3）$_3CO^-$体积大，与仲氢接近比较困难，而夺取末端伯氢相对容易一些，所以主要得到双键碳上烷基较少的烯轻。

8.5.3 与金属反应

卤代烃能与一些金属直接化合，产物的结构特征是碳原子与金属原子直接结合，这类化合物称为有机金属化合物。在有机金属化合物分子中，C—M 键的性质随 M（金属）的电负性不同而不相同。例如：

$-\overset{|}{\underset{|}{C}}:\ M^+$	$-\overset{|\delta^-}{\underset{|}{C}}:\ M^{\delta^+}$	$-\overset{|}{\underset{|}{C}}-M$
离子键	极性共价键	共价健
（$M=Na^+$或K^+）	（M=Mg或Li）	（M=Pb、Sn、Hg或Tl)

有机金属化合物的反应活性随 C—M 键离子性的增强而增强。烷基钠和烷基钾是非常活泼的，也是最强的碱。它们与水反应会发生爆炸，暴露在空气中则立刻起火。而有机汞却很不活泼，在空气中是稳定的。有机金属化合物都是有毒的，可溶于非极性溶剂。有机金属化合物中最重要的是有机镁化合物和有机锂化合物，它们既是强碱，也是强亲核试剂，在有机合成上占有极重要的地位。

（1）与金属镁作用。

卤代烃与金属镁反应生成的有机镁化合物（烷基卤化镁）被称为格氏（Grignard）试剂。格氏试剂是有机金属化合物中最重要的一类化合物，在有机合成中有着非常重要的应用。格氏试剂是卤代烃与金属镁在无水乙醚中反应得到的。

$$R{-}X \xrightarrow[\text{醚}]{Mg} R{-}Mg{-}X$$

格氏试剂在乙醚溶液中与乙醚形成含有二分子乙醚的络合物，这有利于 RMgX 的生成和稳定，并增加格氏试剂在乙醚溶液中的溶解度。乙醚对格氏试剂的络合稳定作用如下图所示。

一般情况下，制备格氏试剂时开始需要稍加热，一旦反应开始，因反应放热而使反应保持在乙醚的沸点温度（35℃），以维持反应的进行。

在用卤代烃合成格氏试剂时，卤代烃的反应活性是 RI > RBr > RCl。但由于碘代烃价格贵，故在合成格氏试剂时，除甲基格氏试剂（因 CH_3Br 和 CH_3Cl 都是气体，使用不便）外，常用反应性适中的溴代烃。与卤素相连的烃基不同，反应难易有一定的差异。如烯丙型卤代烃、苄基型卤代烃反应很容易，而乙烯型氯代物必须选择沸点更高的溶剂四氢呋喃，以便反应在较高的温度下进行。例如：

$$\text{Br-C}_6\text{H}_4\text{-Cl (间位)} + Mg \xrightarrow[\triangle]{\text{THF}} \text{BrMg-C}_6\text{H}_4\text{-MgCl (间位)}$$

制备格氏试剂必须用无水乙醚，仪器应绝对干燥，反应最好在氮气保护下进行，以避免与空气接触。这是因为格氏试剂容易被水分解，可与氧气及二氧化碳发生反应。

凡是酸性比 R—H 强的化合物都能与格氏试剂反应，生成烷烃。

可见，在制备格氏试剂时，不能用醇等含有活泼氢的化合物作溶剂。若反应物同时含有带活泼氢的羟基、羧基等基团时，必须将其保护起来，否则格氏试剂将发生分解。

RMgX 与末端炔烃反应可用于制备炔基格氏试剂。格氏试剂中的 C—Mg 键极性很强，其碳原子带部分负电荷，金属镁带部分正电荷，在有机反应中，其烃基部分是亲核的。

$$R\overset{\delta-}{C}-\overset{\delta+}{Mg}X$$

格氏试剂可与活泼的卤代烃、羰基化合物等进行亲核取代或亲核加成反应。例如：

$$CH_2{=}CHCH_2Cl + RMgBr \longrightarrow CH_2{=}CHCH_2{-}R$$

格氏试剂在合成上有重要应用，如制备醇、羧酸和酮等，将在以后有关章节中进行讨论。

(2) 与金属锂作用。

卤代烃与金属锂作用生成有机锂化合物。例如：

$$CH_3CH_2CH_2CH_2Br + 2Li \xrightarrow[-10℃]{\text{乙醚}} CH_3CH_2CH_2CH_2Li + LiBr$$

$$80\% \sim 90\%$$

有机锂化合物的制法和反应性能与格氏试剂极为类似，与格氏试剂一样，其烃基部分是亲核的，但有机锂化合物更为活泼。在溶解性能上比格氏试剂好，可溶于乙醚、苯、石油醚、烷烃等多种非极性溶剂，制备和反应时需要严格的无水、无氧的外部条件。有机锂试剂一般在氮气下保存在烷烃溶液中。

某些具有较大空间位阻的酮很难和格氏试剂反应，但可与有机锂化合物作用：

$$X \xleftarrow{(CH_3)_3CMgX} (CH_3)_3C\overset{O}{\overset{\|}{C}}C(CH_3)_3 \xrightarrow{(CH_3)_3CLi} [(CH_3)_3C]_3COLi \xrightarrow{H_3O^+} [(CH_3)_3C]_3COH$$

有机锂化合物还可以与一些金属卤代物反应得到金属有机化合物，其中与碘化亚铜反应生成的二烷基铜锂最为重要，又称盖尔曼（Gilman）试剂。

$$2RLi + CuI \xrightarrow{Et_2O} R_2CuLi$$

8.5.4 卤代烃的还原反应

卤代烃可经过多种途径还原为烷烃，催化氢化是还原方法之一。由于反应是断裂碳卤键，并在碳原子和卤素原子上各加一个氢原子，因此也称为氢解反应（hydrogenolysis）。

$$RX + H_2 \xrightarrow{Pd} R\text{—}H + H\text{—}X$$

某些金属（如锌）在醋酸等酸性条件下，也能还原卤代烃，反应中金属提供电子，酸提供质子。

$$\underset{\substack{|\\ Br}}{CH_3CH_2CHCH_3} \xrightarrow[CH_3COOH]{Zn} CH_3CH_2CH_2CH_3$$

氢化锂铝（$LiAlH_4$）是提供氢负离子的还原剂，氢负离子对卤代烃进行 S_N2，置换卤素得到烷烃。氢化锂铝是一种灰白色固体，遇水即分解，放出氢气，反应剧烈，因此反应需在无水条件下进行。

氢化三正丁基锡（$n-C_4H_9)_3SnH$（tributylstannic hydride）是另一种还原剂，其还原过程为自由基反应。此还原剂的特点是不与碳氧双键发生反应。

$$C_6H_5\text{—}CH_2CH_2CH_2Br + (n-C_4H_9)_3SnH \xrightarrow[25℃,\ 2.5h]{C_2H_5OH} C_6H_5\text{—}CH_2CH_2CH_3 + (n-C_4H_9)_3SnBr$$

9 醇、酚、醚

9.1 醇

9.1.1 醇的结构、分类和命名

1. 结构

醇可以看成烃分子中的氢原子被羟基（—OH）取代后生成的衍生物（R—OH）。

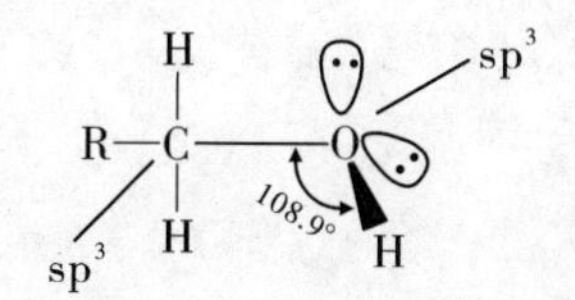

氧原子为 sp^3 杂化，
由于在 sp^3 杂化轨道上有未共用电子对，
两对之间产生斥力，使得 C—O—H 的键角小于 109.5°

2. 分类

（1）根据羟基所连碳原子种类，分为一级醇（伯醇）、二级醇（仲醇）、三级醇（叔醇）。

（2）根据分子中烃基的类别，分为脂肪醇、脂环醇和芳香醇（芳香环侧链有羟基的化合物，羟基直接连在芳香环上的不是醇而是酚）。

（3）根据分子中所含羟基的数目，分为一元醇、二元醇和多元醇。

两个羟基连在同一碳上的化合物不稳定，这种结构会自发失水，故同碳二醇不存在。另外，烯醇是不稳定的，容易互变成为比较稳定的醛和酮，这已经在前面说明了，不再详述。

3. 命名

（1）俗名。如乙醇俗称酒精，丙三醇俗称甘油等。

（2）简单的一元醇用普通命名法命名。

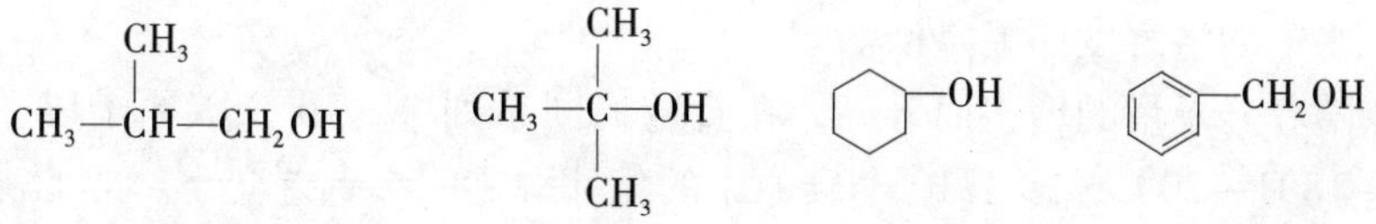

$CH_3—CH(CH_3)—CH_2OH$ 异丁醇

$(CH_3)_3C—OH$ 叔丁醇

$C_6H_{11}—OH$ 环己醇

$C_6H_5—CH_2OH$ 苄醇

（3）系统命名法。结构比较复杂的醇，采用系统命名法。选择含有羟基的最长碳链为主链，羟基的位置最小编号，称为某醇。

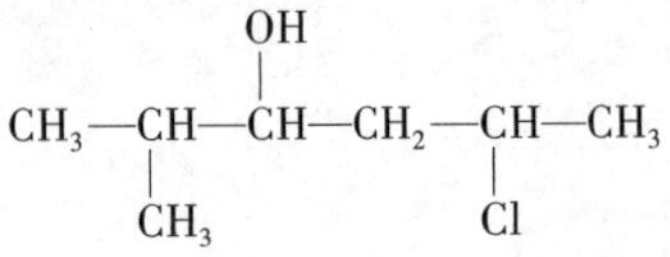

$$CH_3-\underset{CH_3}{\underset{|}{CH}}-\overset{OH}{\overset{|}{CH}}-CH_2-\underset{Cl}{\underset{|}{CH}}-CH_3$$

2－甲基－5－氯－3－己醇

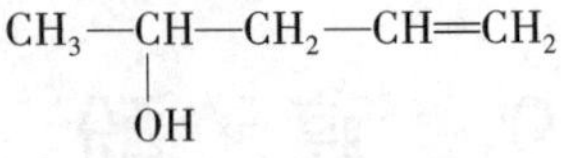

$$CH_3-\underset{OH}{\underset{|}{CH}}-CH_2-CH=CH_2$$

4－戊烯－2－醇

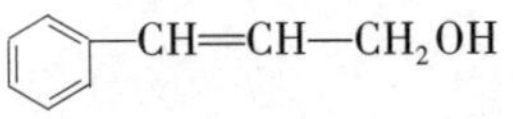

$$C_6H_5-CH=CH-CH_2OH$$

3－苯基－2－丙烯醇

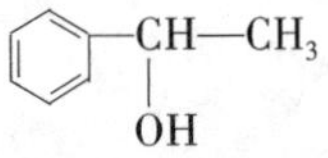

$$C_6H_5-\underset{OH}{\underset{|}{CH}}-CH_3$$

1－苯基乙醇（α－苯乙醇）

$$C_6H_5-CH_2-CH_2OH$$

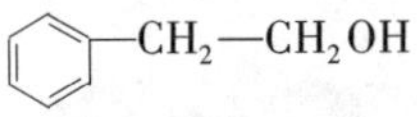

2－苯基乙醇（β－苯乙醇）

多元醇的命名，要选择含—OH尽可能多的碳链为主链，羟基的位次要标明。

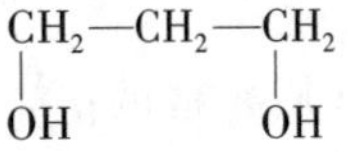

$$\underset{OH}{\underset{|}{CH_2}}-CH_2-\underset{OH}{\underset{|}{CH_2}}$$

1,3－丙二醇

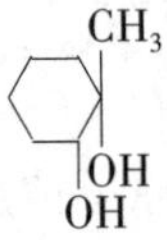

顺－1－甲基－1,2－环己二醇

9.1.2 醇的物理性质

低级一元醇为无色中性液体，具有特殊的气味和辛辣的味道；甲醇、乙醇和丙醇可与水以任意比例混溶；4～11个碳原子的醇为油状黏稠液体，仅部分溶解于水；高级醇为无色、无味的蜡状固体，几乎不溶于水。其中甲醇毒性很强，会损害视神经系统，严重的甲醇中毒可导致失明甚至死亡，工业乙醇及变性乙醇中都混有甲醇，不能作为饮用品。

醇在水中溶解度的大小取决于亲水性羟基和疏水性烃基所占比例的大小。对于三个碳原子以下的低级醇或多元醇，因烃基所占比例较小，羟基与水分子之间可以形成很强的氢键：

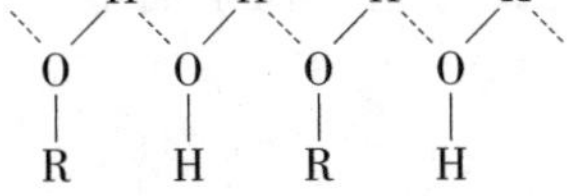

$$\cdots\underset{R}{\underset{|}{O}}-H\cdots\underset{H}{\underset{|}{O}}-H\cdots\underset{R}{\underset{|}{O}}-H\cdots\underset{H}{\underset{|}{O}}-H\cdots$$

醇与水之间的氢键结合力大于烃基与水之间的排斥力，醇可与水混溶。随着醇分子中烃基的增多，烃基与水之间的排斥力也逐渐加大，疏水的烃基与水之间的排斥力逐渐占主导作用，醇在水中的溶解度明显降低。

醇的沸点随着分子量的增多而升高，在直链的同系列中，10个碳原子以下的相邻醇之间的沸点相差18℃～20℃；多于10个碳原子的相邻醇之间沸点差变小。醇的沸点比相对分子质量相近的烃类高得多。例如，甲醇（相对分子质量为32）的沸点为64.7℃，而乙烷（相对分子质量为30）的沸点为－88.5℃。这是因为醇羟基之间可通过氢键缔合：

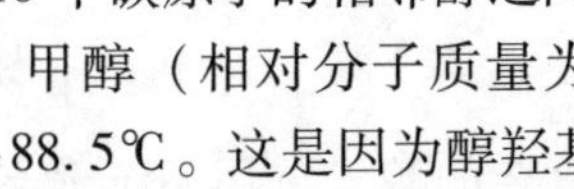

$$\cdots\underset{R}{\underset{|}{O}}-H\cdots\underset{R}{\underset{|}{O}}-H\cdots\underset{R}{\underset{|}{O}}-H\cdots\underset{R}{\underset{|}{O}}-H\cdots$$

随着醇相对分子质量的增加，烃基对整个醇分子的影响越来越大，醇的物理性质越来越接近烷烃。一元醇的密度虽然比相应的烷烃大，但仍小于水的密度。低级醇能和一些无机盐（$MgCl_2$、$CaCl_2$、$CuSO_4$等）作用形成结晶醇，亦称醇化物。例如：

$MgCl_2 \cdot 6CH_3OH$
$CaCl_2 \cdot 4C_2H_5OH$ } 结晶醇：不溶于有机溶剂，溶于水；可用于除去有机物中的少量醇
$CaCl_2 \cdot 4CH_3OH$

9.1.3 醇的化学性质

醇的化学性质主要由羟基官能团所决定，同时也受到烃基的一定影响，从化学键来看，反应的部位有 C—OH、O—H 和 C—H。

$$R-\overset{\overset{H}{|}}{\underset{\underset{H}{|}}{C}}{}^{\delta^+}-O^{\delta^-}-H^{\delta^+}$$

酸性，生成酯

氧化反应　形成C^+，发生取代反应及消除反应

分子中的 C—O 键和 O—H 键都是极性键，因而醇分子中有两个反应中心。又由于受 C—O 键极性的影响，使得 α－H 具有一定的活性，所以醇的反应一般发生在这三个部位上。

1. 与活泼金属的反应

$$CH_3CH_2OH \xrightarrow{Na\text{或}K} CH_3CH_2ONa + H_2\uparrow$$
$$\quad K$$

Na 与醇的反应速度远小于 Na 与水的反应速度，反应所生成的热量不足以使氢气自燃，故常利用醇与 Na 的反应销毁残余的金属钠，不致发生燃烧、爆炸。

$CH_3CH_2O^-$的碱性比 OH^-强，所以醇钠极易水解。

$$\underset{\text{较强键}}{CH_3CH_2ONa} + \underset{\text{较强酸}}{H_2O} \rightleftharpoons \underset{\text{较弱酸}}{CH_3CH_2OH} + \underset{\text{较弱键}}{NaOH}$$

醇的反应活性：	CH_3OH	>	伯醇（乙醇）	>	仲醇	>	叔醇
pK_a 值：	16		17		18		19

醇钠（RONa）是有机合成中常用的碱性试剂。

2. 与氢卤酸反应

$$R—OH + HX \longrightarrow R—X + H_2O$$

（1）反应速度与氢卤酸的活性和醇的结构有关。

HX 的反应活性次序为：HI > HBr > HCl；醇的活性次序为：烯丙醇 > 叔醇 > 仲醇 > 伯醇 > CH_3OH。

醇与卢卡斯（Lucas）试剂（浓盐酸和无水氯化锌）的反应：

$$CH_3-\underset{CH_3}{\overset{CH_3}{C}}-OH \xrightarrow[\text{室温}]{\text{卢卡斯试剂}} CH_3-\underset{CH_3}{\overset{CH_3}{C}}-Cl$$

1min混浊

$$CH_3CH_2\underset{OH}{CH}CH_3 \xrightarrow[\text{室温}]{\text{卢卡斯试剂}} CH_3CH_2\underset{Cl}{CH}CH_3$$

10min混浊

$$CH_3CH_2CH_2CH_2OH \xrightarrow[\text{室温}]{\text{卢卡斯试剂}} CH_3CH_2CH_2CH_2Cl$$

加热才起反应

先混浊，后分层

卢卡斯试剂可用于区别伯醇、仲醇和叔醇，但一般仅适用于3~6个碳原子的醇，其原因是1~2个碳原子的产物（卤代烃）的沸点低，易挥发。大于6个碳原子的醇（苄醇除外）不溶于卢卡斯试剂，易混淆实验现象。

（2）醇与HX的反应为亲核取代反应，伯醇为S_N2历程，叔醇、烯丙醇为S_N1历程，仲醇多为S_N1历程。

（3）β位上有支链的伯醇、仲醇与HX的反应常有重排产物生成。例如：

$$CH_3-\underset{CH_3}{\overset{CH_3}{C}}-CH_2OH \xrightarrow{HBr} CH_3-\underset{CH_3}{\overset{CH_3}{C}}-CH_2Br + CH_3-\underset{Br}{\overset{CH_3}{C}}-C_2H_5$$

主要产物

原因：反应是以S_N1历程进行的。这类重排反应称为瓦格涅尔—麦尔外因（Wagner-Meerwein）重排，是碳正离子的重排。

3. 与卤化磷和亚硫酰氯反应

用氢卤酸和醇的反应制备卤代烃时，因为有时发生重排反应，生成与原来碳架不同的卤代烃。为了避免这种现象发生，制备卤代烃时通常用卤化磷（PX_3、PX_5）或氯化亚砜（$SOCl_2$）作为醇的卤代试剂，尤其是用$SOCl_2$时，产生的副产物是SO_2和HCl两种气体离开反应体系，使反应容易向生成物的方向进行，而且产物容易分离纯化。例如：

$$ROH + PX_3\ (P + X_2) \longrightarrow R-X + P(OH)_3$$

X = Br、I（制备溴代烃或碘代烃）

$$\left.\begin{array}{l} ROH + PCl_5 \longrightarrow R-Cl + POCl_3 + HCl\uparrow \\ ROH + SOCl_2 \longrightarrow R-Cl + SO_2\uparrow + HCl\uparrow \end{array}\right\}\text{制备氯代烃}$$

此反应产物纯净

4. 与酸反应

（1）与无机酸反应。

醇与含氧无机酸硫酸、硝酸、磷酸反应生成无机酸酯。

$$C_2H_5OH \xrightleftharpoons{HOSO_2OH} C_2H_5OSO_2OH$$

硫酸氢乙酯（常用烷化剂，有剧毒）

$$C_2H_5OSO_2OH \xrightarrow{\text{减压蒸馏}} (C_2H_5O)_2SO_2$$

硫酸二乙酯（常用烷化剂，有剧毒）

（2）与有机酸反应。

$$R—OH + CH_3COOH \overset{H^+}{\rightleftharpoons} CH_3COOR + H_2O$$

5. 脱水反应

醇与催化剂共热即发生脱水反应，在不同的反应条件下可发生分子内或分子间的脱水反应。

$$\underset{H\quad\quad OH}{CH_2—CH_2} \xrightarrow[\text{或 } Al_2O_3/360℃]{H_2SO_4/170℃} CH_2═CH_2 + H_2O$$

$$\underset{H\quad\quad OH}{CH_2—CH_2} \xrightarrow[\text{或 } Al_2O_3/240℃\sim260℃]{H_2SO_4/140℃} C_2H_5OC_2H_5 + H_2O$$

醇的脱水反应活性次序：3°R—OH > 2°R—OH > 1°R—OH。

醇脱水反应的特点：

（1）主要生成扎依采夫烯。例如：

$$CH_3CH_2\underset{OH}{CH}CH_3 \xrightarrow{H^+} \underset{80\%}{CH_3CH═CHCH_3} + \underset{20\%}{CH_3CH_2CH═CH_2}$$

$$C_6H_5—CH_2\underset{OH}{CH}CH_3 \xrightarrow{H^+} \underset{\text{主}}{C_6H_5—CH═CHCH_3} + C_6H_5—CH_2CH═CH_2$$

1-甲基环己醇 $\xrightarrow{H^+}$ 1-甲基环己烯（主） + 亚甲基环己烷

（2）用硫酸催化脱水时，有重排产物生成。

$$CH_3CH_2\overset{CH_3}{CH}CH_2OH \xrightarrow{H^+} CH_3CH_2\overset{CH_3}{\underset{H}{C}}—\overset{+}{C}H_2 \xrightarrow{\text{氢重排}} CH_3CH_2—\overset{+}{\underset{CH_3}{C}}—CH_3$$

$$CH_3CH_2\overset{CH_3}{\underset{H}{C}}—\overset{+}{C}H_2 \xrightarrow{-H^+} CH_3CH_2—\underset{CH_3}{C}═CH_2$$

$$CH_3CH_2—\overset{+}{\underset{CH_3}{C}}—CH_3 \xrightarrow{-H^2} CH_3CH═\underset{CH_3}{C}—CH_3$$

主要产物

（3）消除反应与取代反应互为竞争反应。

6. 氧化和脱氢

（1）氧化。伯醇、仲醇分子中的 α-H 原子，因羟基的影响易被氧化，伯醇被氧化为羧酸。

$$RCH_2OH \xrightarrow{K_2Cr_2O_7/H_2SO_4} RCHO \xrightarrow{[O]} RCOOH$$

$$\underset{\text{橙红色}}{CH_3CH_2OH + Cr_2O_7^{2-}} \longrightarrow \underset{\text{绿色}}{CH_3CHO + Cr^{3+}}$$

$$CH_3CHO \xrightarrow{K_2Cr_2O_7} CH_3COOH$$

此反应可用于检查醇的含量，检查司机是否酒后驾车的分析仪就是根据此反应原理来设计的。

仲醇一般被氧化为酮，脂环醇可继续氧化为二元酸。

$$CH_3-CH(CH_3)-OH \xrightarrow{KMnO_4/H^+} CH_3-\overset{O}{\overset{\|}{C}}-CH_3$$

$$\underset{\text{环己醇}}{C_6H_{11}OH} \xrightarrow[50℃\sim60℃]{50\%\ HNO_3/V_2O_5} \underset{\text{环己酮}}{C_6H_{10}O} \xrightarrow{[O]} \underset{\text{己二酸}}{\begin{matrix} CH_2CH_2COOH \\ | \\ CH_2CH_2COOH \end{matrix}}$$

叔醇一般难氧化，在剧烈条件下氧化则碳链断裂生成小分子氧化物。

（2）脱氢。伯、仲醇的蒸气在高温条件下通过催化活性铜时发生脱氢反应，生成醛和酮。

7. 多元醇的反应

（1）螯合物的生成。

$$\begin{matrix} CH_2-OH \\ | \\ CH-OH \\ | \\ CH_2-OH \end{matrix} + \underset{\text{新鲜的}}{Cu(OH)_2} \longrightarrow \underset{\text{甘油酮（蓝色，可溶）}}{\begin{matrix} CH_2-O \\ | \\ CH-O \\ | \\ CH_2-OH \end{matrix} > Cu}$$

此反应可用来区别一元醇和邻位多元醇。

（2）与过碘酸（HIO_4）反应。

邻位二醇与过碘酸在缓和条件下进行氧化反应，具有羟基的两个碳原子的 C—C 键断裂而生成醛、酮、羧酸等产物。

$$R-\overset{R'}{\underset{OH}{C}}-\overset{H}{\underset{OH}{C}}-R'' \xrightarrow{HIO_4} \begin{matrix} R' \\ R \end{matrix}>C=O + \begin{matrix} R'' \\ H \end{matrix}>C=O$$

$$R-\overset{R'}{\underset{OH}{C}}-\overset{H}{\underset{OH}{C}}-H \xrightarrow{HIO_4} \begin{matrix} R' \\ R \end{matrix}>C=O + \begin{matrix} H \\ H \end{matrix}>C=O$$

这个反应是定量进行的，可用来定量测定 1,2－二醇的含量（非邻二醇无此反应）。

（3）片呐醇（四羟基乙二醇）重排。

片呐醇与硫酸作用时，脱水生成片呐酮。

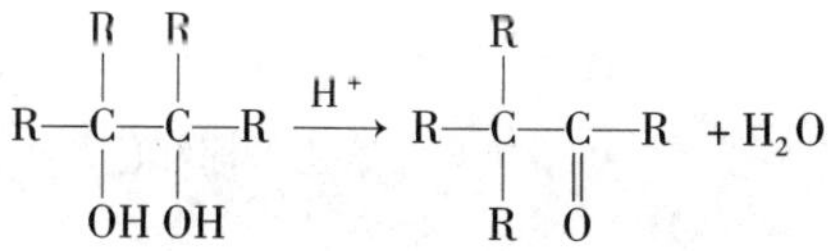

$$\begin{array}{c}\mathrm{R}\quad\mathrm{R}\\ |\quad\ |\\ \mathrm{R-C-C-R}\\ |\quad\ |\\ \mathrm{OH\ OH}\end{array}\xrightarrow{H^+}\begin{array}{c}\mathrm{R}\\ |\\ \mathrm{R-C-C-R}\\ |\quad\ \|\\ \mathrm{R}\quad\ \mathrm{O}\end{array}+H_2O$$

片呐醇重排的历程与瓦格涅尔—麦尔外因重排相似。

9.2 酚

9.2.1 酚的结构及命名

酚是羟基直接与芳环相连的化合物（羟基与芳环侧链的化合物为芳醇）。

酚的命名一般是在酚字的前面加上芳环的名称作为母体，再加上其他取代基的名称和位次。特殊情况下也可以按顺序规则把羟基作为取代基来命名。

9.2.2 酚的物理性质

由于酚类能形成分子间氢键，故酚类化合物的熔点和沸点比芳烃高，室温下大多数酚为结晶性固体，只有少数烷基酚（如甲酚）为高沸点的液体；酚羟基与水分子也能形成氢键，所以酚类化合物在水中有一定溶解度，并且随着分子中羟基数量的增多，溶解度增大。酚通常可溶于乙醇、乙醚、苯等有机溶剂。

9.2.3 酚的化学性质

羟基既是醇的官能团，也是酚的官能团，因此酚与醇具有共性。但由于酚羟基连在苯环上，苯环与羟基的互相影响又赋予酚一些特有性质，所以酚与醇在化学性质上又存在着较大的差别。

1. 酚羟基的反应

(1) 酸性。

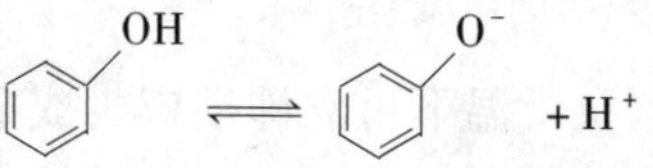

$$C_6H_5OH \rightleftharpoons C_6H_5O^- + H^+$$

$pK_a \approx 10$（不能使石蕊试纸变色）

酚的酸性比醇强，但比碳酸弱。

	CH_3CH_2OH	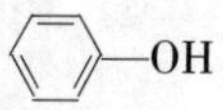 C_6H_5—OH	H_2CO_3
pK_a 值	17	10	6.5

故酚可溶于 NaOH 但不溶于 $NaHCO_3$，不能与 Na_2CO_3、$NaHCO_3$ 作用放出 CO_2，反之，通 CO_2 于酚钠水溶液中，酚即游离出来。

利用醇、酚与 NaOH 和 $NaHCO_3$ 反应性的不同，可鉴别与分离酚和醇。

当苯环上连有吸电子基团时，酚的酸性增强；连有供电子基团时，酚的酸性减弱。

(2) 与 $FeCl_3$ 的显色反应。

酚能与 $FeCl_3$ 溶液发生显色反应，大多数酚能发生此反应，故此反应可用来鉴定酚。

$$ArOH \xrightarrow{FeCl_3} [Fe(OAr)_6]^{3-}$$

蓝紫色—棕红色

不同的酚与$FeCl_3$作用产生的颜色不同，与$FeCl_3$的显色反应并不限于酚，具有烯醇式结构的脂肪族化合物也能发生此类反应。

(3) 酚醚的生成。

酚醚不能利用醚分子间脱水生成，一般是由醚在碱性溶液中与烃基化剂作用生成。在有机合成上常利用生成酚醚的方法来保护酚羟基。

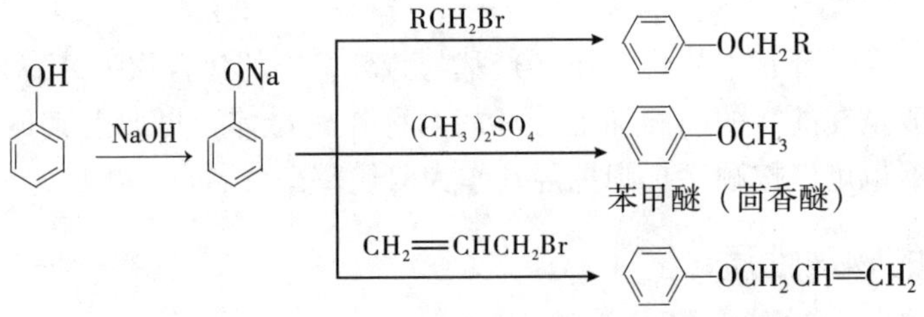

$$C_6H_5OH \xrightarrow{NaOH} C_6H_5ONa \begin{cases} \xrightarrow{RCH_2Br} C_6H_5-OCH_2R \\ \xrightarrow{(CH_3)_2SO_4} C_6H_5-OCH_3 \\ \xrightarrow{CH_2=CHCH_2Br} C_6H_5-OCH_2CH=CH_2 \end{cases}$$

苯甲醚（茴香醚）

苯基烯丙基醚

(4) 酚酯的生成。酚也可以生成酯，但比醇困难。

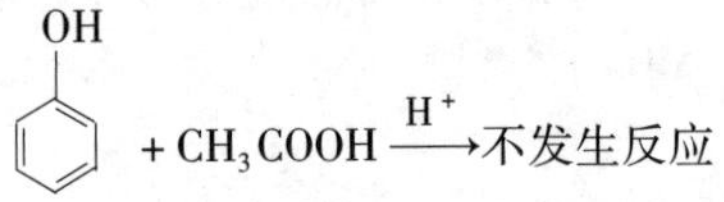

$$C_6H_5OH + CH_3COOH \xrightarrow{H^+} \text{不发生反应}$$

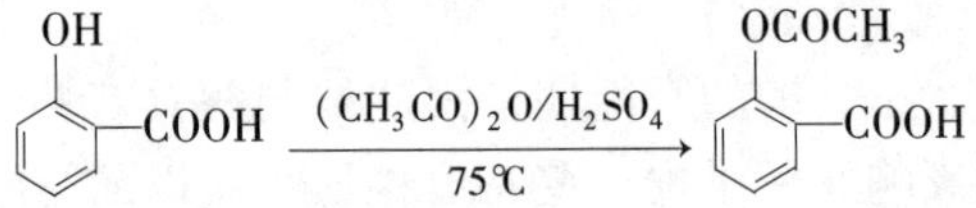

$$o\text{-}HOC_6H_4COOH \xrightarrow[75℃]{(CH_3CO)_2O/H_2SO_4} o\text{-}CH_3COOC_6H_4COOH$$

阿司匹林

2. 芳环上的亲电取代反应

羟基是强的邻、对位定位基，由于羟基与苯环的p-π共轭，使苯环上的电子云密度增大，亲电反应容易进行。

(1) 卤代反应。苯酚与溴水在常温下可立即反应生成2,4,6-三溴苯酚白色沉淀。

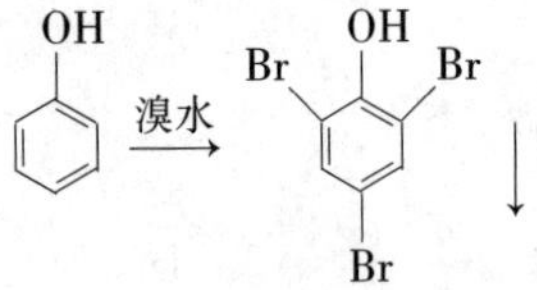

$$C_6H_5OH \xrightarrow{\text{溴水}} 2,4,6\text{-}Br_3C_6H_2OH \downarrow$$

此反应很灵敏，很稀的苯酚溶液（10mg/L）就能与溴水生成沉淀。故此反应可用作苯酚的鉴别和定量测定。

如需要制取一溴代苯酚，则要在非极性溶剂（CS_2、CCl_4）和低温下进行。

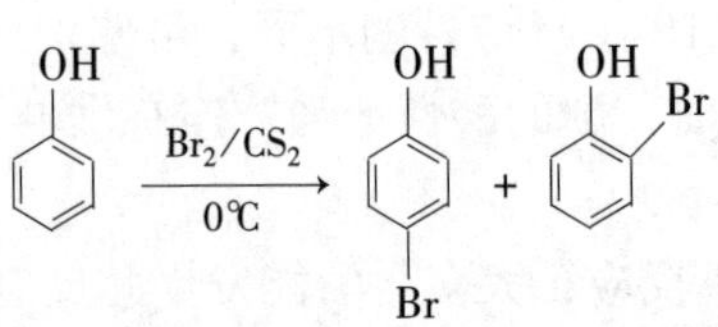

$$C_6H_5OH \xrightarrow[0℃]{Br_2/CS_2} p\text{-}BrC_6H_4OH + o\text{-}BrC_6H_4OH$$

（2）硝化。苯酚比苯易硝化，在室温下即可与稀硝酸反应。

$$\text{C}_6\text{H}_5\text{OH} \xrightarrow[20℃]{\text{稀 HNO}_3} \text{邻-O}_2\text{N-C}_6\text{H}_4\text{OH} + \text{HO-C}_6\text{H}_4\text{-NO}_2$$

可用水蒸气蒸馏分开

邻硝基苯酚易形成分子内氢键而成螯环，这样就削弱了分子内的引力；而对硝基苯酚不能形成分子内氢键，但能形成分子间氢键而缔合。因此邻硝基苯酚的沸点和在水中的溶解度比其异构体小得多，故可随水蒸气蒸馏出来。

（3）亚硝化。苯酚和亚硝酸作用生成对亚硝基苯酚。

$$\text{C}_6\text{H}_5\text{OH} \xrightarrow[8℃]{NaNO_2/H_2SO_4} \text{HO-C}_6\text{H}_4\text{-NO} \xrightarrow{\text{稀 HNO}_3} \text{HO-C}_6\text{H}_4\text{-NO}_2$$

对亚硝基苯酚

上述反应是制备不含邻位异构体的对亚硝基苯酚的方法。

（4）缩合反应。酚羟基邻、对位上的氢可以和羰基化合物发生缩合反应。例如，在稀碱存在下，苯酚与甲醛作用，生成邻或对羟基苯甲醇，进一步生成酚醛树脂。

3. 氧化反应

酚易被氧化为醌等氧化物，氧化物的颜色随着氧化程度的深化而逐渐加深，由无色到粉红色，再到红色，最后为深褐色，并且多元酚更容易被氧化。

$$\text{C}_6\text{H}_5\text{OH} \xrightarrow{H_2SO_4/KMnO_4} \text{O=C}_6\text{H}_4\text{=O}$$

对苯醌（棕黄色）

$$\text{HO-C}_6\text{H}_4\text{-OH} \xrightarrow{AgBr} \text{O=C}_6\text{H}_4\text{=O} + Ag\downarrow$$

对苯二酚是常用的显影剂。酚因为容易被氧化，所以常用来作为抗氧剂和除氧剂。

9.3 醚

9.3.1 醚的结构、分类和命名

1. 结构

$$R-\overset{..}{O}-R'$$

sp^3杂化；109.5°

2. 分类

饱和醚 { 简单醚：$CH_3CH_2OCH_2CH_3$; 混合醚：$CH_3OCH_2CH_3$ }

不饱和醚：$CH_3OCH_2CH=CH_2$、$CH_2=CHOCH=CH_2$

芳香醚：$C_6H_5-OCH_3$、$C_6H_5-O-C_6H_5$

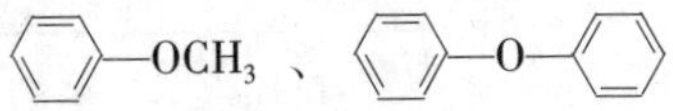

环醚：环氧乙烷、1,4-二氧六环、四氢呋喃

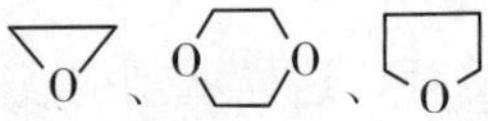

大环多醚（冠醚）

3. 命名

简单醚在“醚”字前面写出两个烃基的名称。如乙醚、二苯醚等。混醚是将小基排前大基排后；芳基在前烃基在后，称为某基某基醚。例如：

$CH_3OCH_2CH=CH_2$ 甲基烯丙基醚

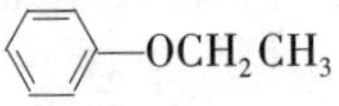

$C_6H_5-OCH_2CH_3$ 苯乙醚

结构复杂的醚用系统命名法命名。例如：

$$CH_3-\underset{\displaystyle CH_3}{\underset{|}{C}}HOCH_2CH_2CH_2CH_2OH$$

4-异丙氧基-1-丁醇

环醚多用俗名。

9.3.2 醚的物理性质

常温下除了甲醚、乙醚和甲乙醚为气体外，大多数醚是无色液体。低级醚挥发性高，易燃，使用时要注意通风及避免使用明火和电器。与醇不同，醚分子间不能形成氢键，沸点低于同分异构的醇，而接近于相对分子质量相近的烷烃，如甲醚沸点为-23℃，而丙烷和乙醇的沸点分别是-42℃和78℃。醚分子中的氧可与水形成氢键，所以低级醚在水中的溶解度与相对分子质量接近的醇接近，如乙醚在水中溶解度为80g/L。醚能溶于有机溶剂，又能溶解其他有机物，是常用的有机溶剂。

9.3.3 醚的化学性质

醚是一类不活泼的化合物，与碱、氧化剂、还原剂都不发生反应。醚在常温下与金属钠不发生反应，可以用金属钠来干燥。醚的稳定性仅次于烷烃，但其稳定性是相对的，由于醚键（C—O—C）的存在，它又可以发生一些特有的反应。

1. 鎓盐的生成

醚的氧原子上有未共用电子对，电子对可接受强酸中的H^+而生成鎓盐。

$$R-\ddot{O}-R \left\{\begin{matrix}\xrightarrow{HCl} \\ \xrightarrow{H_2SO_4}\end{matrix}\right\} R-\underset{\displaystyle H}{\underset{|}{\overset{+}{O}}}-R$$

鎓盐是一种弱碱强酸盐，仅在浓酸中才稳定，遇水很快分解为原来的醚。利用此性质可以将醚从烷烃或卤代烃中分离出来。

醚还可以和路易斯酸（如 BF_3、$AlCl_3$、RMgX）等生成鎓盐。

$$R-\ddot{\underset{..}{O}}-R \xrightarrow{BF_3} \underset{R}{\overset{R}{\diagdown\!\!\diagup}}O \longrightarrow \underset{H}{\overset{H}{|}}B-H$$

鎓盐的生成使醚分子中 C—O 键变弱，因此在酸性试剂作用下，醚链会断裂。

2. 醚链的断裂

在较高的温度下，强酸能使醚链断裂，使醚链断裂最有效的试剂是浓氢碘酸（HI）溶液。

$$CH_3CH_2OCH_2CH_3 + HI \rightleftharpoons CH_3CH_2\overset{+}{\underset{H}{O}}CH_2CH_3 \xrightarrow{I^-} CH_3CH_2I + CH_3CH_2OH$$

$$\xrightarrow{HI（过量）} CH_3CH_2I$$

醚键断裂时往往是较小的烃基生成碘代烃。例如：

$$\underset{\displaystyle CH_3}{CH_3\underset{|}{C}HCH_2OCH_2CH_3} \xrightarrow{HI} \underset{\displaystyle CH_3}{CH_3\underset{|}{C}HCH_2OH} + CH_3CH_2I$$

芳香混醚与浓 HI 作用时，总是断裂烷氧键，生成酚和碘代烃。

$$C_6H_5-O \vdots CH_3 \xrightarrow[120℃\sim130℃]{HI} C_6H_5-OH + CH_3I$$

p－π 共轭

键牢固，不易断

3. 过氧化物的生成

醚长期暴露在空气中，会慢慢生成不易挥发的过氧化物。

$$RCH_2OCH_2R \xrightarrow{[O]} RCH_2O\underset{O-O-H}{\underset{|}{C}HR} \quad 过氧化物$$

过氧化物不稳定，加热时易分解而发生爆炸，因此，醚类应尽量避免暴露在空气中，一般应放在棕色玻璃瓶中避光保存。

蒸馏放置过久的乙醚时，要先检验是否有过氧化物存在，且避免蒸干。

检验方法：硫酸亚铁和硫氰化钾混合液与醚振摇，有过氧化物则显红色。

$$过氧化物 \xrightarrow{Fe^{2+}} Fe^{3+} \xrightarrow{SCN^-} \underset{红色}{Fe(SCN)_6^{3+}}$$

除去过氧化物的方法：①将 5% 的 $FeSO_4$ 作为还原剂加入醚中振摇后蒸馏。②贮藏时在醚中加入少许金属钠。

9.3.4 三元环醚的特性

最简单的三元环醚是环氧乙烷。环氧乙烷是一个很重要的有机合成中间体，沸点为11℃，是无色有毒气体，易液化，能与水混溶，溶于乙醇、乙醚等有机溶剂，一般贮存于钢瓶中。

环氧乙烷化学性质活泼，在酸或碱催化下能与多种试剂反应，形成一系列重要工业原料。在酸催化下，环氧乙烷可与水、醇、卤化氢等含活泼氢的化合物反应，生成双官能团化合物。

$$\text{环氧乙烷} \xrightarrow{H^+} \text{质子化环氧乙烷}\begin{cases} \xrightarrow{H_2O} CH_2(OH)—CH_2(\overset{+}{O}H_2) \xrightarrow{H^+} CH_2(OH)—CH_2(OH) \\ \xrightarrow{ROH} CH_2(OH)—CH_2(\overset{+}{H}OR) \xrightarrow{H^+} CH_2(OH)—CH_2(OR) \\ \xrightarrow{HBr} CH_2(Br)—CH_2(\overset{+}{O}H_2) \xrightarrow{H^+} CH_2(Br)—CH_2(OH) \end{cases}$$

这些产物同时有醇和醚的性质，是很好的溶剂，常称溶纤素，广泛应用于纤维素酯和油漆工业中。

在碱催化下，环氧乙烷可与 RO^-、NH_3、RMgX 等反应生成相应的开环化合物。

$$C_2H_5O^- + \text{环氧乙烷} \xrightarrow{OH^-} C_2H_5OCH_2CH_2OH$$

$$\ddot{N}H_3 + \text{环氧乙烷} \xrightarrow{OH^-} NH_2CH_2CH_2OH$$

$$R—MgX + \text{环氧乙烷} \longrightarrow RCH_2CH_2\overset{-}{O}\overset{+}{Mg}X \xrightarrow{H^+} RCH_2CH_2OH$$

环氧乙烷与 RMgX 反应，是制备增加两个碳原子的伯醇的重要方法。例如：

$$C_6H_5—CH_2MgBr \xrightarrow[\text{无水乙醚}]{\text{环氧乙烷}} C_6H_5—CH_2CH_2CH_2OMgBr \xrightarrow{H^+} C_6H_5—CH_2CH_2CH_2OH$$

不对称的三元环醚的开环反应存在着一个取向问题，一般情况是，酸催化条件下亲核试剂进攻取代较多的碳原子；碱催化条件下亲核试剂进攻取代较少的碳原子。

$$\text{1,2-环氧丙烷} + CH_3OH \begin{cases} \xrightarrow{H^+} CH_3—CH(OCH_3)—CH_2(OH) \\ \xrightarrow{CH_3ONa} CH_3—CH(OH)—CH_2(OCH_3) \end{cases}$$

10 羰基化合物

醛和酮都是分子中含有羰基（碳氧双键）的化合物，因此统称为羰基化合物。羰基与一个烃基相连的化合物称为醛，与两个烃基相连的称为酮。

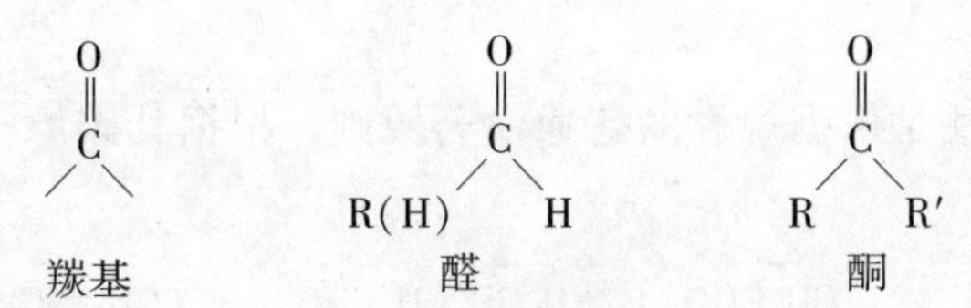

醛可以简写为 RCHO，基团—CHO 为醛的官能团，称为醛基。酮可以简写为 RCOR′，基团—CO—为酮的官能团，称为酮基。

醛和酮是一类非常重要的化合物，不仅因为许多化学产品和药物含有醛、酮结构，更重要的是醛、酮能发生许多化学反应，是进行有机合成的重要原料和中间体。

醌类是一类特殊的环状不饱和二酮类化合物。

10.1 醛和酮

10.1.1 羰基的结构

羰基是醛、酮的官能团，与醛、酮的物理化学性质密切相关。根据醛、酮分子的结构参数（见图 10－1），可以认为羰基碳原子以 sp^2 杂化状态参与成键，即碳原子以三个 sp^2 轨道与其他三个原子的轨道重叠形成三个 σ 键，碳原子上未参加杂化的 p 轨道与氧原子上的 p 轨道在侧面相互重叠形成一个 π 键。

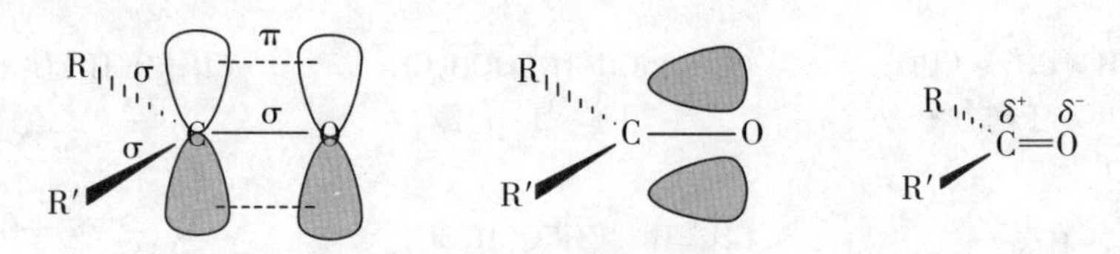

图 10－1 羰基的结构

由于氧原子的电负性比碳原子大，所以成键处的电子云就不均匀地分布在碳氧原子之间，氧原子处电子云密度较高，带有部分负电荷，而碳原子处的电子云密度较低，带有部分正电荷。因此醛、酮具有较高的偶极矩（2.3～2.8D），例如丙醛的偶极矩为 2.5D，并且在物理性质和化学性质上得到反映。

10.1.2 醛、酮的分类和命名

10.1.2.1 分类

根据烃基结构不同，醛、酮可分为脂肪醛、脂肪酮与芳香醛、芳香酮。根据烃基的饱和程度，脂肪醛、脂肪酮可分为饱和醛、饱和酮与不饱和醛、不饱和酮。根据羰基的数目，醛、不饱和酮类又可分为一元醛、一元酮和多元醛、多元酮，上述所列举的化合物均为一元醛、酮类化合物和多元醛、酮类化合物。

10.1.2.2 命名

1. 普通命名法

脂肪醛的普通命名法是依据烷烃的普通命名原则，根据其碳原子数和碳链取代情况命名为“某醛”。例如：

HCHO	CH_3CHO	$CH_3CH_2CH_2CHO$	$(CH_3)_2CHCHO$
甲醛	乙醛	丁醛	异丁醛

芳香醛则把芳基作为取代基来进行命名。例如：

PhCHO	$PhCH_2CHO$	$PhCH(CH_3)CHO$
苯（基）甲醛	苯（基）乙醛	苯（基）丙醛

酮则按照羰基所连的两个烃基来命名，将两个烃基的名称置于“酮”之前。例如：

$CH_3COCH_2CH_3$	PhCOPh
甲（基）乙（基）酮	二苯（基）酮

具有 $CH_3CO—$结构的酮称为甲基酮类化合物。

2. 系统命名法

醛、酮的系统命名法与醇类似，选择包含羰基的最长碳链作为主链，从靠近羰基的一端开始编号，将表示羰基位次的数字置于母体名称之前，醛基总是位于碳链一端，不用标明醛基的位次，酮的羰基位于碳链中间，应标明其位次。主链上存有支链时，其命名原则与醇相同。例如：

$CH_3CH_2CH(CH_3)CHO$ 2-甲基丁醛　　$(CH_3)_2CHCH_2COCH_2CH_3$ 5-甲基-2-己酮　　$CH_3COCH_2COCH_3$ 2,4-戊二酮

$H—C(=O)—C(=O)—H$ 乙二醛　　$CH_3CH=CHCOCH_2CH_3$ 4-己烯-3-酮　　$CH_3—C_6H_{10}=O$ 4-甲基环己酮

Ph—C(H)(CH_3)—CHO (S)-2-苯基丙醛　　$CH_3O—C_6H_3(OH)—CHO$ 2-羟基-4-甲氧基苯甲醛　　$CH_3—C_6H_4—COCH_2CH_3$ 1-(4-甲基苯基)-1-丙酮

对于分子中既含有醛基又含有酮羰基的化合物，系统命名法则视其为醛的衍生物来命名。例如：

$CH_3COCH_2CH_2CHO$ 4-氧代戊醛　　$CH_3CO—C_6H_4—CHO$ 4-乙酰基苯甲醛

此外，也可以用希腊字母 α、β、γ、δ 等表示碳原子的位次。例如：

$CH_3CH=CHCHO$ α-丁烯醛

$PhCH(OH)CHO$ β-羟基苯乙醛

10.1.3 物理性质

甲醛在室温下为气体，市售的福尔马林是40%的甲醛水溶液。其余的醛、酮为液体或固体。醛、酮分子之间不能形成氢键，因此其沸点比相应的醇低得多，但是由于醛、酮的偶极矩较大，偶极间的静电吸引力使其沸点高于分子量相当的烃或醚。

醛、酮分子中羰基上的氧原子可以作为受体与水形成氢键，因此低级醛、酮在水中有一定的溶解度，例如甲醛、乙醛和丙酮能与水混溶，当醛、酮分子中烃基部分增多时，其水中的溶解度会大幅度下降，含有 6 个以上碳原子的醛、酮几乎不溶于水。醛、酮在苯、醚、四氯化碳等有机溶剂中均可溶解。

脂肪醛、脂肪酮的密度小于 $1mg/cm^3$，芳香醛、芳香酮的密度大于 $1mg/cm^3$。

10.1.4 化学性质

醛、酮羰基是一个极性的不饱和基团，碳原子带有部分正电荷，因此醛、酮很容易和一系列亲核试剂发生亲核加成反应，这是醛、酮最重要的一类反应。受醛、酮羰基的影响，羰基的 α-氢原子活性增强，表现出 α-氢原子的酸性，进而发生酮式与烯醇式的互变异构、羟醛缩合、卤化等反应。此外，醛、酮还可以发生氧化反应、还原反应以及其他一些反应。

10.1.4.1 亲核性加成反应

与醛、酮发生亲核加成反应的试剂种类很多，它们是一些含有极性很强的负电性的碳、氧、氮、硫等元素的试剂，现在分述如下。

1. 与含碳亲核试剂的加成反应

（1）与氢氰酸的加成。醛、酮与氢氰酸反应生成 α-羟基腈，又称 α-氰醇。

$$\gt C=O + HCN \longrightarrow -\underset{|}{\overset{OH}{\overset{|}{C}}}-CN$$

大多数醛、脂肪族甲基酮以及含有 8 个碳原子以下的环酮都可以与 HCN 发生加成反应。用无水的氢氰酸制备 α-羟基腈能得到满意的结果，但是由于氢氰酸挥发性大，有剧毒，使用不方便，实验室中常将醛、酮与氰化钾或氰化钠的溶液混合，再加入无机酸来制备。

碱对醛、酮与氢氰酸的加成反应有极大影响，例如，丙酮与氢氰酸作用，在 3~4 小时内只有大约 50% 原料反应，若加入一滴氢氧化钾溶液，则反应在数分钟内完成，加入酸则使反应速度减慢。在大量酸的存在下，几个星期都不发生反应，这是因为氢氰酸是一个弱酸，不易离解生成氰基负离子（CN^-）；加入酸，将使 CN^- 浓度降低，加入碱，则可以增加强亲核试剂 CN^- 的浓度，所以这个反应不是按酸催化的机理进行的，而是 CN^- 首先加到羰基上。为了增加 CN^- 的浓度，常加入少量碱，这样可以大大增加加成反应的速度。因此，进攻的试剂实际上是氰基负离子。其机理可表示如下：

$$HCN + OH^- \xrightleftharpoons{快} CN^- + H_2O$$

$$>C{=}O + CN^- \xrightleftharpoons{慢} >C(O^-)(CN)$$

$$>C(O^-)(CN) + H{-}OH \xrightleftharpoons{快} >C(OH)(CN) + OH^-$$

第一步和第三步是质子转移反应，速度很快，第二步氰基负离子与羰基加成是决定反应速度的步骤。所以，反应中加入微量的碱，提高了氰基负离子的浓度，有利于亲核加成反应。

醛、酮与氢氰酸反应是一个可逆反应，加入碱，能迅速建立平衡，加速反应的进行，但是不能改变反应的平衡常数。芳基酮的平衡常数较小，因此 α－羟基腈的产率很低，对于二苯甲酮，其平衡常数远小于1，不能进行反应。

α－羟基腈在有机合成上是一个重要的中间体，例如，氰基水解可以转变成 α－羟基酸，氰基还原可转变成胺，羟基脱水可以转变为 α,β－不饱和腈，进一步可以得到 α,β－不饱和酸。

醛、酮与其他含碳亲核试剂以及亚硫酸氢钠的加成反应也按两步机理进行，可用通式表示如下：

$$R'(R)C{=}O + :Nu^- \rightleftharpoons R'(R)(Nu)C{-}O^- \xrightleftharpoons{A^+} R'(R)(Nu)C{-}OA$$

第一步，亲核试剂加到羰基上，将碳氧双键打开，形成四面体结构的氧负离子；第二步，氧负离子与亲电试剂结合得到加成产物。

在这两步反应中，第一步决定反应速度。第一步反应的过渡状态是处在由平面三角形的羰基结构转变成正四面体结构的中间状态，由于增加了一个亲核试剂，空间位阻变大，所以羰基化合物的 R′与 R 愈大，过渡态的空间位阻愈大，位能愈高，反应愈慢。另外过渡态与中间体氧负离子的结构相近，所以氧负离子愈稳定，活化能愈低，羰基的活性愈大。羰基化合物上 R 与 R′吸电子能力强，将有利于氧负离子稳定，这种羰基的活性也就较大。因此不同的醛、酮与同一种亲核试剂反应时的活性有差异。

醛比酮的加成速度快：

$$\underset{醛}{R{-}\overset{\overset{C}{\|}}{C}{-}H} > \underset{酮}{R{-}\overset{\overset{O}{\|}}{C}{-}R'}$$

因为酮中的羰基碳原子与两个烷基相连，空间位阻较大，而且烷基具有一定的给电子能力，使氧负离子中间体不稳定。

在脂肪醛、脂肪酮系列中反应活性次序是：

$$\underset{\text{甲醛}}{H-\overset{\overset{O}{\|}}{C}-H} > \underset{\text{醛}}{R-\overset{\overset{O}{\|}}{C}-H} > \underset{\text{甲基酮}}{R-\overset{\overset{O}{\|}}{C}-CH_3} > \underset{\text{酮}}{R-\overset{\overset{O}{\|}}{C}-R'}$$

对于芳香醛、芳香酮，由于芳环与羰基形成共轭体系而使结构稳定，但是反应中形成过渡态时将破坏共轭体系，使位能增高，因此活化能较高，反应比较慢。

所以，在芳香醛、芳香酮系列中，主要考虑芳环上取代基的电性效应。芳环上的吸电子基，使羰基碳原子的正电性增加，活性增加；给电子基使羰基碳原子正电性降低，活性也就降低。例如：

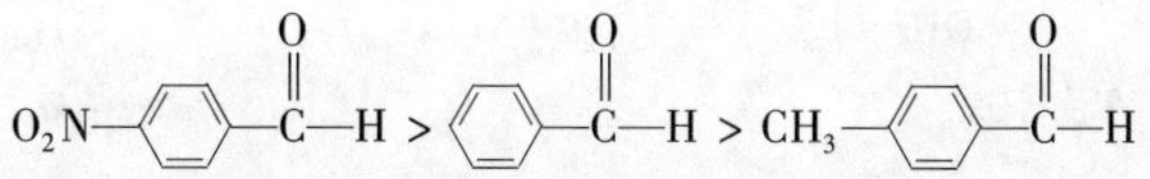

$$O_2N-C_6H_4-\overset{\overset{O}{\|}}{C}-H > C_6H_5-\overset{\overset{O}{\|}}{C}-H > CH_3-C_6H_4-\overset{\overset{O}{\|}}{C}-H$$

（2）与金属有机化合物的加成。一些活泼金属形成的金属有机化合物中碳—金属键（C—M）极性很强，与金属相连的碳原子带负电荷或带部分负电荷，极容易与醛、酮发生亲核加成反应。

格氏试剂与甲醛反应可得伯醇，与醛反应得仲醇，与酮反应得叔醇，是制备醇类的重要方法。

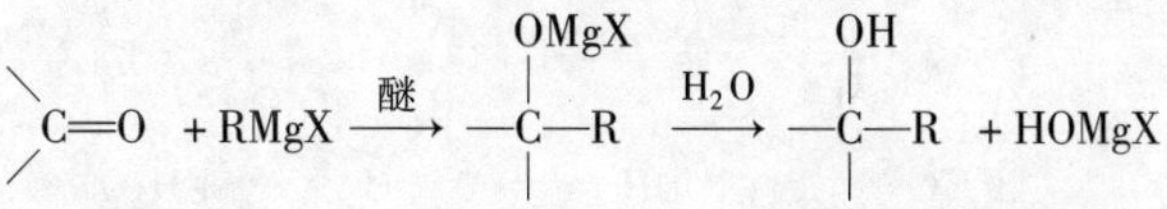

$$>C=O + RMgX \xrightarrow{\text{醚}} -\overset{\overset{OMgX}{|}}{\underset{|}{C}}-R \xrightarrow{H_2O} -\overset{\overset{OH}{|}}{\underset{|}{C}}-R + HOMgX$$

例如：

$$C_6H_{11}-MgCl + HCHO \xrightarrow[(2)\ NH_4Cl,\ H_2O]{(1)\ \text{乙醚}} C_6H_{11}-CH_2OH$$

$$C_6H_5-MgCl + CH_3CHO \xrightarrow[(2)\ NH_4Cl,\ H_2O]{(1)\ THF} C_6H_5-\underset{\underset{OH}{|}}{C}HCH_3$$

$$CH_2=CHMgBr + \text{(α-四氢萘酮)} \xrightarrow[(2)\ H_2O]{(1)\ \text{乙醚}} \text{(1-羟基-1-乙烯基四氢萘: HO, CH=CH}_2\text{)}$$

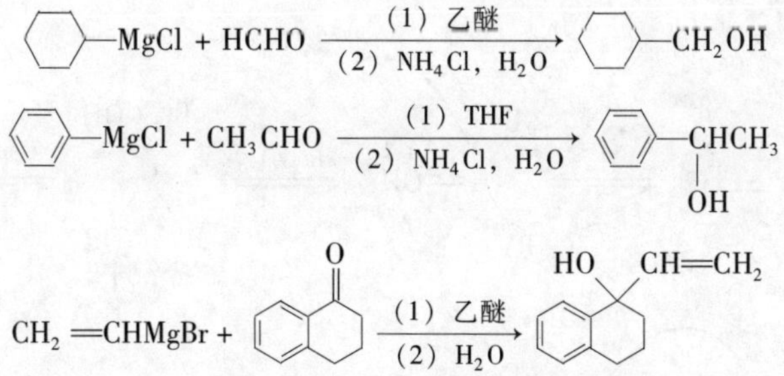

金属炔化物（例如炔化钠、炔化锂、炔化钾等）也属于很强的亲核试剂，与醛、酮的羰基发生亲核加成反应，可在羰基碳原子上引入炔基。

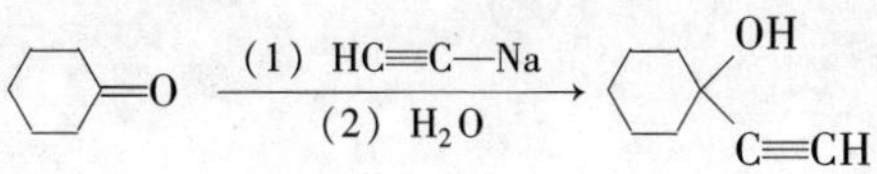

$$C_6H_{10}=O \xrightarrow[(2)\ H_2O]{(1)\ HC\equiv C-Na} C_6H_{10}(OH)(C\equiv CH)$$

2. 与含氧亲核试剂的加成反应

（1）与水的加成。醛、酮与水加成生成水合物，称为偕二醇。

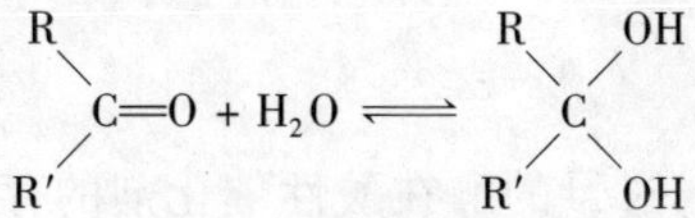

$$\begin{matrix}R\\ \\R'\end{matrix}\!\!>C=O + H_2O \rightleftharpoons \begin{matrix}R\\ \\R'\end{matrix}\!\!>C<\!\!\begin{matrix}OH\\ \\OH\end{matrix}$$

一般条件下偕二醇不稳定，容易脱水而生成醛或酮，因此对于多数醛、酮来说，反应的平衡偏向生成物——醛、酮一侧，个别的醛、酮除外。

但是，羰基若与强的吸电子的基团相连，例如—CO_2H、—COR、—CHO、—CH_2F、—CHF_2、—$COCF_3$、—$COCl_3$等，使得羰基碳原子的亲电性增强，可以形成稳定的水合物。例如水合氯醛就是三氯乙醛的水合物；又如，茚三酮分子在水溶液中极容易利用2-羰基形成水合物——水合茚三酮，使其电荷间的斥力减小，同时能够形成分子内氢键。

$CCl_3—C(OH)_2—H$

水合氯醛

茚三酮 + H_2O ⇌ 水合茚三酮

~100%

（2）与醇的加成。醇与水相似，也能与醛、酮发生亲核加成反应，生成半缩醛或半缩酮。酸或碱对半缩醛或半缩酮的形成具有催化作用。半缩醛或半缩酮在酸性催化剂（如干燥氯化氢、对甲苯磺酸）的存在下，继续与醇反应生成缩醛或缩酮：

$$RR'C=O + R''OH \rightleftharpoons RR'C(OH)(OR'')$$

$$RR'C(OH)(OR'') + R''OH \rightleftharpoons RR'C(OR'')_2 + H_2O$$

其反应机理如下：

$$RR'C=\ddot{O} \underset{}{\overset{H^+}{\rightleftharpoons}} RR'C=\overset{+}{O}H \overset{R''\ddot{O}H}{\rightleftharpoons} RR'C(OH)(\overset{+}{O}HR'') \overset{-H^+}{\rightleftharpoons}$$

$$RR'C(\ddot{O}H)(OR'') \overset{H^+}{\rightleftharpoons} RR'C(\overset{+}{O}H_2)(\ddot{O}R'') \overset{-H_2O}{\rightleftharpoons} [RR'C^+—OR'' \longleftrightarrow$$

半缩醛或半缩酮

$$RR'C=\overset{+}{O}R''] \overset{R''\ddot{O}H}{\rightleftharpoons} RR'C(\overset{+}{O}HR'')(OR'') \overset{-H^+}{\rightleftharpoons} RR'C(OR'')_2$$

缩醛或缩酮

对于小分子、无支链的醛与过量的醇在酸性催化剂的存在下，即可以变成缩醛。对于较大分子、有支链的醛需要除去反应中生成的水，促使平衡向生成缩醛方向移动。

$$CH_3CHO \xrightarrow[C_6H_6]{CH_3CH_2OH/干燥 HCl} CH_3CH(OC_2H_5)_2$$

$$C_6H_5CHO \xrightarrow[C_6H_6]{HOCH_2CH_2OH/干燥 HCl} C_6H_5\text{-}CH(OCH_2CH_2O)$$

缩酮比较难以形成，但是环状的缩酮却比较容易形成。例如，丙酮与乙醇反应达到平衡时，只有 2% 缩酮，为了提高缩酮的产率，将平衡向右移动，需要除去生成的水。当酮与过量的乙二醇在少量酸存在下可形成环状的缩酮。

$$PhCH_2COCH_3 \xrightarrow[C_6H_6]{HOCH_2CH_2OH/干燥 HCl} (PhCH_2)(CH_3)C(OCH_2CH_2O)$$

$$环己酮 \xrightarrow[C_6H_6]{HOCH_2CH_2OH/干燥 HCl} 环己酮乙二醇缩酮$$

缩醛与缩酮在中性或碱性的条件下较稳定，其性质和醚很相似，在酸性溶液中容易水解成醛、酮。因此在有机合成中常用来保护羰基，使其在合成中不致受到氧化剂、还原剂、格氏试剂或其他碱性试剂的破坏。

如由 β－溴代丙醛合成 DCH_2CH_2CHO，不能直接用格氏试剂进行重氢化，因为生成的格氏试剂将被醛基破坏，所以需将羰基保护后再合成格氏试剂。

$$BrCH_2CH_2CHO \xrightarrow[H_2SO_4]{HOCH_2CH_2OH} BrCH_2CH_2\text{-}CH(OCH_2CH_2O) \xrightarrow[Et_2O]{Mg} BrMgCH_2CH_2\text{-}CH(OCH_2CH_2O) \xrightarrow{D_2O}$$

$$DCH_2CH_2\text{-}CH(OCH_2CH_2O) \xrightarrow{H_3O^+,\ H_2O} DCH_2CH_2CHO$$

又如，将丙烯醛转化为 2,3－二羟基丙醛，若直接用稀冷 $KMnO_4$ 氧化，虽然双键可被氧化为邻二醇，但分子中的醛基也会被氧化。因此，可先将醛基转变为缩醛，再氧化。

$$CH_2{=}CHCHO \xrightarrow[干燥 HCl]{2C_2H_5OH} CH_2{=}CHCH(OC_2H_5)_2 \xrightarrow{稀冷 KMnO_4,\ OH^-}$$

$$\underset{OH}{CH_2}\text{—}\underset{OH}{CH}CH(OC_2H_5)_2 \xrightarrow{H_3O^+,\ H_2O} \underset{OH}{CH_2}\text{—}\underset{OH}{CH}CHO$$

3. 与含硫亲核试剂的加成反应

（1）与亚硫酸氢钠的加成。大多数醛、脂肪族甲基酮以及含有 8 个碳原子以下的环酮都可以与饱和亚硫酸氢钠水溶液发生亲核加成反应，生成 α－羟基磺酸钠，α－羟基磺酸钠能溶于水，但不溶于饱和亚硫酸氢钠水溶液，一般以白色晶体状析出，故常用于一些醛、酮的鉴别。

$$>C{=}O + HO\text{-}\underset{O}{\overset{}{S}}\text{-}O^-Na^+ \rightleftharpoons \left[>C\begin{matrix}ONa\\SO_3H\end{matrix}\right] \longrightarrow >C\begin{matrix}OH\\SO_3Na\end{matrix}\downarrow$$

白色晶体

α-羟基磺酸钠用稀酸或稀碱处理，可以分解为原来的醛、酮，故此法可用于醛、酮的分离和提纯。

$$\ce{>C(OH)(SO3Na)} \xrightarrow{HCl} \ce{>C=O + NaCl + SO2 + H2O}$$
$$\ce{>C(OH)(SO3Na)} \xrightarrow{Na_2CO_3} \ce{>C=O + Na2SO3 + CO2 + H2O}$$

(2) 与硫醇的加成。硫醇比相应的醇具有更强的亲核能力，因此在室温下即可与醛、酮反应生成缩硫醛或缩硫酮，不过反应所得到的缩硫醛或缩硫酮一般很难再复原为原来的醛、酮（因此一般不用以保护羰基），但是缩硫醛或缩硫酮能被催化氢解，使羰基间接还原为亚甲基，在有机合成中被广泛应用。

$$R_2C{=}O + HSCH_2CH_2SH \xrightarrow{H^+} R_2C(SCH_2CH_2S) \xrightarrow{H_2,\ Ni} R_2CH_2$$

(3) 与席夫（Schiff）试剂的加成。品红是一种红色染料，其溶液通入二氧化硫则得到无色的品红醛试剂（席夫试剂），席夫试剂与醛类作用，呈紫红色，且反应灵敏；酮类与席夫试剂不反应，因而不显颜色变化。席夫试剂是检验醛和鉴别醛、酮的简单方法之一。

甲醛与席夫试剂所呈现的颜色加入硫酸后不消失，而其他醛所显示的颜色则褪色，因此席夫试剂还可以用于鉴别甲醛与其他醛。

4. 与含氮亲核试剂的加成反应

(1) 与氨或胺的加成。醛、酮与氨或伯胺的亲核加成产物不稳定，很容易发生消除生成亚胺，又称为席夫碱（Schiff base），脂肪族亚胺一般不稳定，芳香族亚胺因产生共轭体系则较稳定：

$$\ce{>C=O} + R\ddot{N}H_2 \longrightarrow \left[\ce{>C(O^-)(N^+H2R)}\right] \longrightarrow \ce{>C(OH)(NHR)} \xrightarrow{-H_2O} \underset{\text{亚胺}}{\ce{>C=NR}}$$

亚胺可被还原为仲胺，是制备仲胺的主要方法之一。

$$ArCH{=}NH \xrightarrow[\text{或 } LiAlH_4]{H_2,\ Ni} ArCH_2NHR$$

含有α-氢原子的醛、酮与仲胺进行亲核加成，可经另一脱水方式成为烯胺：

$$-\overset{H}{\underset{|}{C}}-\underset{|}{C}{=}O + H\ddot{N}R_2 \longrightarrow -\overset{H}{\underset{|}{C}}-\overset{OH}{\underset{|}{C}}-NR_2 \longrightarrow \underset{\text{烯胺}}{-\underset{|}{C}{=}\underset{|}{C}-NR_2}$$

烯胺在有机合成上是一类重要的中间体，也可被还原为叔胺，是制备叔胺的主要方法之一。

(2) 与氨的衍生物的加成。某些氨的衍生物（用 $H_2N—G$ 表示）可以和醛、酮羰基发生亲核加成，脱水消除后形成含有碳氮双键的化合物。

$$\rangle C{=}O + H_2\ddot{N}{-}G \longrightarrow \left[\rangle C \langle^{O^-}_{N^+H_2G} \right] \longrightarrow \left[\rangle C \langle^{O^-}_{NHG} \right] \xrightarrow{-H_2O} \rangle C{=}N{-}G$$

例如，一些常见的氨的衍生物及其与醛、酮亲核加成消除反应如下所示：

$$\rangle C{=}O + H_2N{-}OH \xrightarrow{-H_2O} \rangle C{=}N{-}OH$$

羟胺　　　　肟

$$\rangle C{=}O + H_2N{-}NH_2 \xrightarrow{-H_2O} \rangle C{=}N{-}NH_2$$

肼　　　　腙

$$\rangle C{=}O + H_2N{-}NHPh \xrightarrow{-H_2O} \rangle C{=}N{-}NHPh$$

苯肼　　　　苯腙

$$\rangle C{=}O + H_2N{-}NH{-}C_6H_3(NO_2)_2 \xrightarrow{-H_2O} \rangle C{=}N{-}NH{-}C_6H_3(NO_2)_2$$

(苯环上 2 位为 O_2N，4 位为 NO_2)

2,4 - 二硝基苯肼　　　　2,4 - 二硝基苯腙

$$\rangle C{=}O + H_2NNHCONH_2 \xrightarrow{-H_2O} \rangle C{=}N{-}NHCONH_2$$

氨基脲　　　　缩氨脲

由于羟胺、肼、苯肼、2,4 - 二硝基苯肼、氨基脲等在游离状态不稳定，易被氧化，所以常以盐酸盐的形式存在。因此在使用时要加入碱，如加乙酸钠使其游离出来。这些反应需调节到合适的 pH 值才能顺利进行，一般在弱酸性条件下进行，因为羰基的质子化有利于加成反应进行，但酸性太强将使氨基成盐，失去亲核性。

反应所生成的肟、腙、苯腙、2,4 - 二硝基苯腙、缩氨脲等均为结晶性固体，具有固定的结晶形状和熔点，易重结晶纯化，故常用于醛、酮的鉴别，反应中所使用的羟胺、肼、苯肼、2,4 - 二硝基苯肼、氨基脲等被称为羰基试剂。

肟、腙、苯腙、2,4 - 二硝基苯腙、缩氨脲等在稀酸作用下，可以水解为原来的醛、酮，因此可利用这些反应来分离和提纯醛、酮。

10.1.4.2　α - 氢原子的反应

醛、酮分子中的 α - 氢原子具有酸性，从其 pK_a 值可以看出，醛、酮的 α - 氢原子的酸性比末端炔氢的酸性还要强。

	CH_3CH_3	$CH_2{=}CH_2$	$HC{\equiv}CH$	CH_3COCH_3
pK_a 值	~50	~38	25	20

醛、酮分子中的 α - 氢原子具有酸性的主要原因有：①羰基的极化。②羰基能使其共轭碱的负电荷离域化而稳定。

$$\left[-\overset{|}{\underset{-}{C}}-\overset{O}{\overset{\|}{C}}- \longleftrightarrow -\overset{|}{C}=\overset{O^-}{\overset{|}{C}}- \right]$$

1. 互变异构

醛、酮分子中的α－氢原子以质子解离产生其共轭碱——碳负离子，由于羰基的共轭作用，形成烯醇负离子，质子与碳负离子重新结合，就得到原来的醛、酮，若与烯醇负离子结合，则得到烯醇。醛、酮与烯醇互为异构体，它们通过共轭碱互变。这种异构现象称为互变异构。

$$\underset{\text{酮式}}{-\overset{|}{C}H-\overset{O}{\overset{\|}{C}}-} \underset{H^+}{\overset{-H^+}{\rightleftharpoons}} \left[-\overset{|}{\underset{-}{C}}-\overset{O}{\overset{\|}{C}}- \longleftrightarrow -\overset{|}{C}=\overset{O^-}{\overset{|}{C}}- \right] \underset{-H^+}{\overset{H^+}{\rightleftharpoons}} \underset{\text{烯醇式}}{-\overset{|}{C}=\overset{OH}{\overset{|}{C}}-}$$

在溶液中，含有α－氢原子的醛、酮分子是以酮式和烯醇式平衡的形式存在的。在一般条件下，对大多数醛、酮来说，由于酮式的能量比烯醇式低，因而在平衡体系中烯醇式极少（丙酮和环己酮在25℃水中约$1/10^6$）。而对β－二羰基类化合物来说，烯醇式中碳碳双键与其他不饱和基团共轭而结构稳定，烯醇式含量增加。

2. 羟醛缩合反应

两分子含有α－氢原子的醛在酸或碱的催化下（通常使用稀碱），相互结合形成β－羟基醛的反应称为羟醛缩合反应，也称为醇醛缩合反应。例如，乙醛在稀碱作用下缩合生成3－羟基丁醛：

$$2CH_3CHO \xrightarrow[4℃\sim5℃]{5\%\sim10\%\ NaOH} \underset{\substack{\beta-\text{羟基醛} \\ 50\%}}{(HO)(CH_3)CH-CH_2-\overset{O}{\overset{\|}{C}}-H}$$

（1）羟醛缩合的机理。在稀碱催化下，羟醛缩合反应机理如下（以乙醛在稀碱催化下的缩和反应为例）：一分子醛在碱作用下转变成碳负离子和烯醇负离子，碳负离子与另一分子醛的羰基进行亲核加成生成氧负离子，后者接受一个质子生成β－羟基醛。

$$H-CH_2CHO + \ddot{O}H^- \underset{}{\overset{\text{快}}{\rightleftharpoons}} [\,^-\ddot{C}H_2CHO \longleftrightarrow CH_2=CH\ddot{O}^-\,] + H_2O$$

$$^-\ddot{C}H_2CHO + CH_3\overset{O}{\overset{\|}{C}}H \overset{\text{慢}}{\rightleftharpoons} CH_3\overset{O^-}{\overset{|}{C}}HCH_2\overset{O}{\overset{\|}{C}}H$$

$$CH_3\overset{O^-}{\overset{|}{C}}HCH_2\overset{O}{\overset{\|}{C}}H + H_2O \overset{\text{快}}{\rightleftharpoons} CH_3\overset{OH}{\overset{|}{C}}HCH_2\overset{O}{\overset{\|}{C}}H$$

β－羟基醛在加热时即失去一分子水，生成α,β－不饱和醛。

$$CH_3\overset{OH}{\overset{|}{C}}HCH_2\overset{O}{\overset{\|}{C}}H \xrightarrow[\triangle]{} \underset{\alpha,\beta-\text{不饱和醛}}{CH_3CH=CHCHO}$$

常用的碱性催化剂除了氢氧化钠、氢氧化钾，还有叔丁醇铝、醇钠等。

含有α-氢原子的酮在弱碱中也可以发生类似反应，即羟酮缩合反应，但是反应的平衡偏向反应物一侧。

在酸性催化剂存在下，丙酮可先缩合生成4-羟基-4-甲基-2-戊酮（双丙酮醇），然后迅速脱水生成α,β-不饱和酮。

$$2CH_3COCH_3 \xrightarrow{H^+} (CH_3)_2C{=}CHCOCH_3$$

酸催化机理如下（以丙酮在酸催化下的缩和反应为例）：

$$CH_3-\underset{CH_3}{\underset{|}{C}}{=}\ddot{O} \underset{}{\overset{H^+}{\rightleftharpoons}} CH_3-\underset{CH_3}{\underset{|}{C}}{=}\overset{+}{O}H$$

$$H-CH_2-\underset{CH_3}{\underset{|}{C}}{=}\overset{+}{O}H \overset{-H^+}{\rightleftharpoons} \left[CH_2{=}\underset{CH_3}{\underset{|}{C}}-OH \longleftrightarrow \overset{-}{C}H_2-\underset{CH_3}{\underset{|}{C}}{=}\overset{+}{O}H \right]$$

$$CH_3-\underset{CH_3}{\underset{|}{C}}{=}\overset{+}{O}H + \overset{-}{C}H_2-\underset{CH_3}{\underset{|}{C}}{=}\overset{+}{O}H \rightleftharpoons CH_3-\overset{OH}{\overset{|}{\underset{CH_3}{\underset{|}{C}}}}-CH_2-\underset{CH_3}{\underset{|}{C}}{=}\overset{+}{O}H \rightleftharpoons$$

$$CH_3-\overset{OH}{\overset{|}{\underset{CH_3}{\underset{|}{C}}}}-CH_2-\underset{CH_3}{\underset{|}{C}}{=}O \xrightarrow{-H_2O} CH_3-\underset{CH_3}{\underset{|}{C}}{=}CH-\underset{CH_3}{\underset{|}{C}}{=}O$$

（2）交叉羟醛缩合。两种不同的含有α-氢原子的醛或酮之间进行缩合反应，可生成四种不同的缩合产物，由于分离困难，所以实用意义不大。但若使用一个含有α-氢原子的醛或酮和一个不含有α-氢原子的醛或酮进行交叉羟醛缩合反应，则具有合成价值。

由芳香醛和含有α-氢原子的醛或酮之间进行交叉羟醛缩合反应，称为克莱森—施密特（Claisen-Schmidt）反应。例如：

$$PhCHO + CH_3CH_2CH_2CHO \xrightarrow{OH^-,\ H_2O} PhCH{=}\underset{CH_2CH_3}{\underset{|}{C}}CHO$$

$$PhCHO + CH_3COCH_3 \xrightarrow{OH^-,\ H_2O} PhCH{=}CHCOCH_3$$

$$PhCHO + CH_3COPh \xrightarrow{OH^-,\ H_2O} PhCH{=}CHCOPh$$

（3）分子内羟醛缩合。羟醛缩合反应不仅可以在分子间进行，含有α-氢原子的二元醛或酮也可以进行分子内缩合，生成环状化合物，此法是制备五元环至七元环化合物的常用方法之一。

$$H\overset{O}{\overset{\|}{C}}CH_2CH_2CH_2CH_2\overset{O}{\overset{\|}{C}}H \xrightarrow[\triangle]{NaOH/H_2O} \text{(1-环戊烯基)}-CHO$$

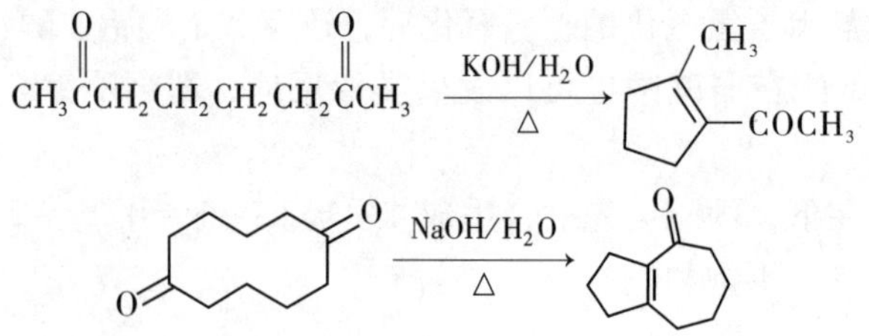

$$CH_3\overset{O}{\overset{\|}{C}}CH_2CH_2CH_2CH_2\overset{O}{\overset{\|}{C}}CH_3 \xrightarrow[\triangle]{KOH/H_2O} CH_3,\ COCH_3$$

$$\xrightarrow[\triangle]{NaOH/H_2O}$$

3. 卤代反应和卤仿反应

(1) 卤代反应。

醛或酮的 α－氢原子容易被卤素取代。例如：

$$CH_3COCH_3 + Br_2 \xrightarrow{CH_3CO_2H} CH_3COCH_2Br + HBr$$

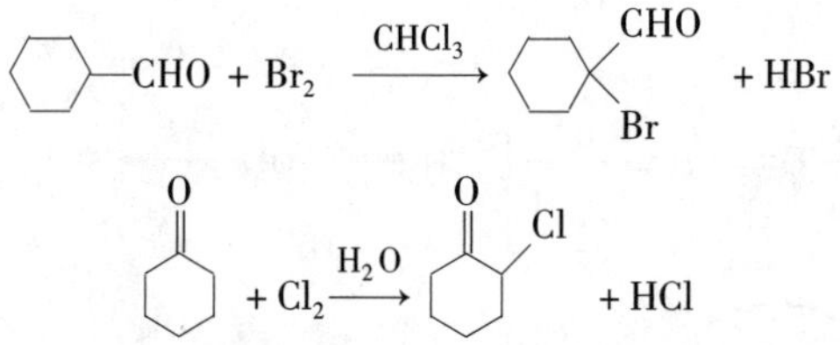

$$-CHO + Br_2 \xrightarrow{CHCl_3} CHO,\ Br + HBr$$

$$+ Cl_2 \xrightarrow{H_2O} Cl + HCl$$

醛或酮的 α－卤代反应常用的溶剂有水、氯仿、醋酸、乙醚、甲醇等。醛或酮的 α－卤代反应可被酸或碱催化。其酸催化反应机理：

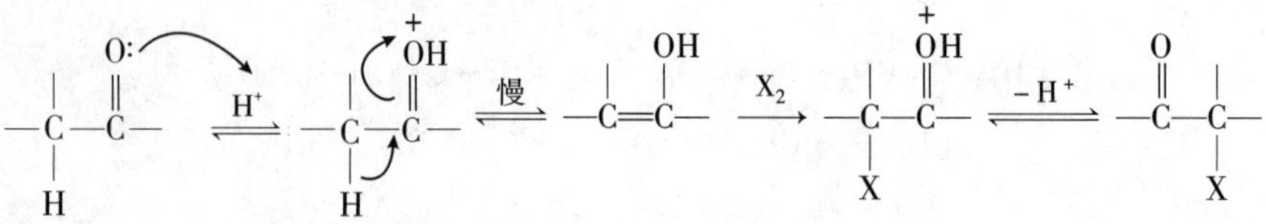

$$-\underset{H}{\underset{|}{\overset{|}{C}}}-\overset{O:}{\overset{\|}{C}}- \overset{H^+}{\rightleftharpoons} -\underset{H}{\underset{|}{\overset{|}{C}}}-\overset{\overset{+}{O}H}{\overset{\|}{C}}- \overset{慢}{\rightleftharpoons} -\overset{|}{C}=\overset{OH}{\overset{|}{C}}- \xrightarrow{X_2} -\underset{X}{\underset{|}{\overset{|}{C}}}-\overset{\overset{+}{O}H}{\overset{\|}{C}}- \overset{-H^+}{\rightleftharpoons} -\underset{X}{\underset{|}{\overset{|}{C}}}-\overset{O}{\overset{\|}{C}}-$$

在酸性条件下，烯醇的生成决定反应速度，当引入一个卤原子后，卤原子的吸电子作用，使得羰基氧原子上电子云密度降低，再进行烯醇化比未卤代之前困难一些，因此控制反应条件，卤代反应可停留在单取代阶段。

醛或酮的 α－卤代反应在碱性条件下的反应机理是通过醛或酮的烯醇负离子进行的，卤原子的吸电子作用，使得 α－卤代醛或酮的 α－氢酸性增强，更容易发生卤代反应，因此，在碱性条件下卤代反应难以留在单取代阶段，往往发生多取代反应。

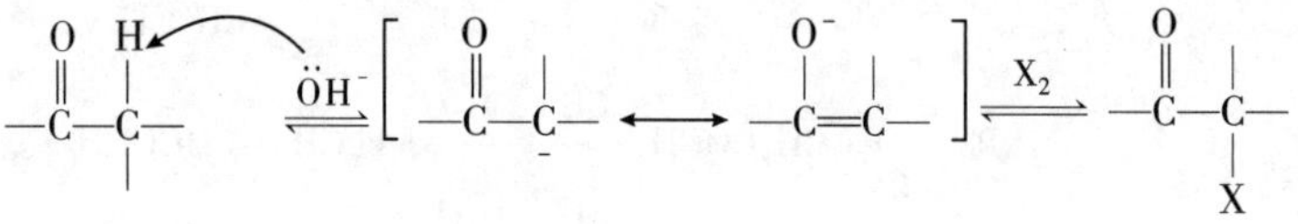

$$-\overset{O}{\overset{\|}{C}}-\overset{H}{\underset{|}{\overset{|}{C}}}- \overset{\ddot{O}H^-}{\rightleftharpoons} \left[-\overset{O}{\overset{\|}{C}}-\overset{|}{\underset{-}{C}}- \longleftrightarrow -\overset{O^-}{\overset{|}{C}}=\overset{|}{C}- \right] \overset{X_2}{\rightleftharpoons} -\overset{O}{\overset{\|}{C}}-\underset{X}{\underset{|}{\overset{|}{C}}}-$$

(2) 卤仿反应。

乙醛和甲基酮在碱性条件下与卤素反应（常用次卤酸钠或卤素的碱溶液），三个 α－氢原子可完全被卤素取代，在生成三卤取代物中，卤素的强吸电子作用使得羰基碳原子上电子云密度降低，在碱性条件下极容易与亲核试剂进行加成，进而使碳碳键断裂，生成三卤甲烷（又称卤仿）和羧酸盐，因此称为卤仿反应。

$$(R)H-\overset{O}{\overset{\|}{C}}-CH_3 \xrightarrow{X_2,\ OH^-或NaXO} (R)H-\overset{O}{\overset{\|}{C}}-CX_3 \overset{\ddot{O}H^-}{\rightleftharpoons} (R)H-\underset{OH}{\underset{|}{\overset{:O^-}{\overset{|}{C}}}}-CX_3 \longrightarrow$$

$$(R)H-\overset{O}{\overset{\|}{C}}-OH + X_3C^- \longrightarrow (R)H-\overset{O}{\overset{\|}{C}}-O^- + CHX_3$$

碘仿是具有特殊气味的黄色固体，水溶性极小，在反应中易析出，且反应速度很快，因此常用碘仿反应来鉴别乙醛和甲基酮。

由于次卤酸钠或卤素的碱溶液具有氧化性，故乙醇和α-碳原子上连有甲基的仲醇，可被次卤酸盐氧化成相应的羰基化合物。故卤仿反应也可用于该类醇的定性鉴别。

此外，卤仿反应也可用于将甲基酮转变为少一个碳原子的羧酸。

10.1.4.3 氧化反应和还原反应

1. 氧化反应

（1）醛的氧化。醛基易被氧化成羧基，比较弱的氧化剂如托伦（Tollen）试剂、费林（Fehling）试剂等就能将醛氧化成羧酸，而酮在此条件下不能被氧化。

托伦试剂是二氨合银离子 $[Ag(NH_3)_2]^+$ 溶液，能氧化醛为羧酸的铵盐，托伦试剂本身被还原为金属银，当反应器壁光滑洁净时形成银镜，故又称为银镜反应。

$$RCHO + Ag^+(NH_3)_2OH^- \longrightarrow RCO_2^- NH_4^+ + Ag\downarrow + H_2O$$

费林试剂是由硫酸铜溶液和酒石酸钾钠碱溶液混合而成的，Cu^{2+} 作为氧化剂，与醛作用后被还原为砖红色的氧化亚铜沉淀析出。

$$RCHO + Cu^{2+} + OH^- \longrightarrow RCO_2Na + Cu_2O\downarrow$$

醛也很容易被 Ag_2O、H_2O_2、$KMnO_4$、$K_2Cr_2O_7 + H_2SO_4$、CrO_3、CH_3CO_3H 等氧化剂氧化成相应的羧酸。

（2）酮的氧化。通常情况下，酮很难被氧化，若采用硝酸、高锰酸钾等强氧化剂在剧烈条件下氧化时则发生碳链断裂反应，生成多种羧酸混合物，因此没有制备价值。环己酮在强氧化剂作用下，被氧化为己二酸，此反应是工业生产己二酸的有效方法。

$$\text{环己酮} \xrightarrow{HNO_3,\ V_2O_5} \begin{matrix} CH_2CH_2CO_2H \\ | \\ CH_2CH_2CO_2H \end{matrix}$$

酮被过氧酸氧化则生成酯，该反应称为拜尔—维利格（Baeyer-Villiger）反应。例如：

$$CH_3CH_2COCH_2CH_3 \xrightarrow{PhCO_3H} CH_3CH_2CO_2CH_2CH_3$$

$$\text{环戊酮} \xrightarrow{PhCO_3H} \text{δ-戊内酯}$$

当不对称的酮发生氧化时，主要产物是氧原子插入羰基和含烃基较多的α-碳原子之间。例如：

$$\text{bicyclo[2.2.2]octan-2-one} \xrightarrow{CH_3CO_3H} \text{lactone}$$

2. 还原反应

（1）催化氢化。醛经催化氢化可还原成伯醇，酮可还原成仲醇。但是催化氢化也可将分子中的双键、三键、卤素、$—NO_2$、$—CN$、$—CO_2R$、$—CONH_2$、$—COCl$ 等官能团还原。

$$\text{R(R)HC=O} + H_2 \xrightarrow{\text{Ni 或 Pd 或 Pt}} \text{R(R)HCH—OH}$$

（2）金属氢化物还原。醛、酮用金属氢化物，例如氢化铝锂、硼氢化钠（$NaBH_4$）还原时，羰基被还原为醇羟基。

$$\text{R(R)HC=O} \xrightarrow{LiAlH_4 \text{ 或 } NaBH_4} \text{R(R)HCH—OH}$$

$LiAlH_4$极易水解，反应需在无水条件下进行，$NaBH_4$与水、质子性溶剂作用缓慢，使用比较方便，但是其还原能力比 $LiAlH_4$弱。$LiAlH_4$的还原能力比较强，与催化氢化相近。与催化氢化相比，$LiAlH_4$不能还原碳碳双键和碳碳三键（双键与羰基共轭时仍可被 LiAlH4 还原），但可以还原羧基，而催化氢化不能还原羧基，$NaBH_4$只能还原醛、酮与酰氯。

（3）麦尔外英—彭杜尔夫还原。在异丙醇和异丙醇铝中，醛、酮可以被还原为醇，分子中其他不饱和基团不受影响，此反应称为麦尔外英—彭杜尔夫（Meerwein - Ponndorf）还原，是欧芬脑尔氧化的逆反应。例如：

$$PhCH=CHCHO + (CH_3)_2CHOH \xrightarrow{Al[OCH(CH_3)_2]_3} PhCH=CHCH_2OH + (CH_3)_2C=O$$

$$O_2N—C_6H_4—\overset{O}{\overset{\|}{C}}\underset{NHCOCHCl_2}{\underset{|}{CH}}CH_2OH \xrightarrow[(CH_3)_2CHOH]{Al[OCH(CH_3)_2]_3} O_2N—C_6H_4—\overset{OH}{\overset{|}{CH}}\underset{NHCOCHCl_2}{\underset{|}{CH}}CH_2OH$$

（4）克莱孟森还原。醛、酮与锌汞齐和浓盐酸一起回流反应，羰基即被还原为亚甲基，称为克莱孟森（Clemmensen）还原。

$$\text{R(R)HC=O} \xrightarrow[\triangle]{Zn—Hg,\ HCl} \text{R(R)HCH}_2$$

克莱孟森还原只适用于对酸稳定的化合物的还原。芳香酮利用此法产率较好。

（5）乌尔夫—凯惜钠—黄鸣龙还原。将醛或酮与肼反应则转变为腙，然后将腙与乙醇钠及乙醇在封管或高压釜中加热到约 180℃，放出氮气生成烃：

$$\text{R(R)HC=O} \xrightarrow{NH_2NH_2} \text{R(R)HC=NNH}_2 \xrightarrow[C_2H_5OH]{C_2H_5ONa} \text{R(R)HCH}_2 + N_2$$

这种方法称为乌尔夫—凯惜钠（Wolff – Kishner）还原法。

我国化学家黄鸣龙改进此还原法，将醛或酮、氢氧化钠、肼的水溶液和一个高沸点的水溶性溶剂如二聚乙二醇［$O(CH_2CH_2OH)_2$］或三聚乙二醇［$(CH_2OCH_2CH_2OH)_2$］一起加热，使醛或酮转变为腙，然后将水和过量的腙蒸出，待温度达到腙开始分解的温度（一般为195℃ ~200℃）时，再回流3 ~4 个小时反应即可完成。这样的改进使得反应能在常压下进行，反应时间大大缩短（由50 ~100 个小时缩短到3 ~5 个小时），可使用便宜的肼的水溶液，同时显著提高反应产率。该改进的方法称为乌尔夫—凯惜钠—黄鸣龙（Wolff – Kishner – Huang Minglong）还原法。例如：

$$PhCOCH_2CH_3 \xrightarrow[\triangle]{NH_2NH_2,\ NaOH,\ O(CH_2CH_2OH)_2} PhCH_2CH_2CH_3 \quad 82\%$$

$$\text{环癸酮}=O \xrightarrow[\triangle]{NH_2NH_2,\ NaOH,\ O(CH_2CH_2OH)_2} \text{环癸烷} \quad 47\%$$

目前此反应又得到了进一步改进，用二甲基亚砜作溶剂，反应温度降低至100℃，更有利于工业化生产。

乌尔夫—凯惜钠—黄鸣龙还原法适用于对碱稳定的化合物的还原，若要还原对碱敏感的化合物，可用克莱孟森还原，这两种方法互为补充。

（6）酮的双分子还原。许多金属在一定条件下如Na/C_2H_5OH、Fe/CH_3CO_2H等都能将醛、酮还原成醇。例如：

$$CH_3(CH_2)_3COCH_3 \xrightarrow{Na,\ C_2H_5OH} CH_3(CH_2)_3CH(OH)CH_3$$

$$CH_3(CH_2)_4CHO \xrightarrow{Fe,\ CH_3CO_2H} CH_3(CH_2)_4CH_2OH$$

当酮用镁、镁汞齐或铝汞齐在非质子溶剂中处理后再水解，主要得到双分子还原产物（邻二醇），称为酮的双分子还原。

$$2CH_3\overset{O}{\overset{\|}{C}}CH_3 \xrightarrow[(2)\ H_2O]{(1)\ Mg} CH_3-\underset{OH}{\overset{CH_3}{C}}-\underset{OH}{\overset{CH_3}{C}}-CH_3$$

$$2\ \text{环戊酮}=O \xrightarrow[(2)\ H_2O]{(1)\ Mg} \text{（1,1'-二羟基联环戊基）OHOH}$$

3. *康尼查罗反应*

不含α – 氢原子的醛在浓碱溶液中，一分子被氧化成羧酸，另一分子被还原为伯醇，这种歧化反应称为康尼查罗（Cannizzaro）反应。例如：

$$2HCHO \xrightarrow[(2)\ H_3O^+]{(1)\ 30\%\ NaOH} HCO_2H + CH_3OH$$

$$2PhCHO \xrightarrow[(2)\ H_3O^+]{(1)\ 40\%\ NaOH} PhCO_2H + PhCH_2OH$$

康尼查罗反应机理：OH^-首先进攻一分子醛的羰基生成氧负离子，由于负电荷的存在使H^-容易脱去并进攻另一分子醛的羰基而完成第二次亲核加成。

$$ArCHO + OH^- \rightleftharpoons Ar-\underset{OH}{\overset{O^-}{C}}-H$$

$$Ar-\underset{OH}{\overset{O^-}{C}}-H + ArCHO \longrightarrow Ar-\overset{O}{\overset{\|}{C}}-OH + ArCH_2O^-$$

$$Ar-\overset{O}{\overset{\|}{C}}-OH \xrightarrow{OH^-} Ar-\overset{O}{\overset{\|}{C}}-ONa \qquad ArCH_2O^- \xrightarrow{OH^-} ArCH_2OH$$

两个不同的不含α－氢原子的醛在浓碱存在下，将发生交叉康尼查罗反应，生成各种可能产物的混合物。但是用甲醛与其他不含α－氢原子的醛进行交叉康尼查罗反应，由于甲醛的羰基优先被OH^-进攻，自身被氧化为甲酸，而另一个醛则被还原为伯醇。

10.1.5 其他反应

1. 维蒂希反应

由三苯基膦与卤代烃进行亲核取代反应得到季鏻盐，季鏻盐再与强碱（例如苯基锂、乙醇钠等）作用得到含磷内鎓盐，这种磷内鎓盐称为维蒂希（Wittig）试剂。

$$Ph_3P \xrightarrow{RCH_2Br} Ph_3P^+-CH_2RBr^- \xrightarrow[\text{或}\ C_2H_5ONa,\ DMF]{PhLi,\ THF} Ph_3P^+-C^-HR$$

维蒂希试剂中磷为sp^3杂化，有四个σ键已满足八电子，但磷为第三周期元素，外层除3s、3p轨道外，还有3d空轨道可以和负碳离子的p轨道发生重叠，形成p－dπ键，使负碳离子稳定，因此可以作为试剂，并能保存相当长的时间。维蒂希试剂的结构可以用内鎓盐（又称叶立德，ylide）形式或叶林（ylene）形式表示：

$$[\underset{\text{叶立德形式}}{Ph_3P^+-C^-HR} \longleftrightarrow \underset{\text{叶林形式}}{Ph_3P=CHR}]$$

因此，维蒂希试剂仍具有一定负碳离子的性质，可以和醛、酮发生亲核加成，然后脱去三苯基膦氧化物即得到烯烃，是用醛酮制备烯烃的一种方法。

$$\overset{R''}{\underset{R'}{>}}C=O + Ph_3P^+-\ddot{C}^-HR \longrightarrow \overset{R''}{\underset{R'}{>}}\underset{O^-}{C}-\underset{P^+Ph_3}{CHR} \longrightarrow$$

$$\left[\overset{R''}{\underset{R'}{>}}\underset{O-}{C}-\underset{PPh_3}{CHR}\right] \longrightarrow \overset{R''}{\underset{R'}{>}}C=CHR + Ph_3PO$$

这个方法的优点是操作简单、条件温和、双键位置固定，因此在有机合成上，特别是在天然产物的合成上被广泛应用。如由环己酮合成亚甲基环己烷，采取由醇脱水的方法很难得到亚甲基环己烷，但是采用这个方法可以得到高产率的亚甲基环己烷。

$$\text{环己酮}(C_6H_{10}{=}O) + Ph_3P{=}CH_2 \longrightarrow \text{亚甲基环己烷}(C_6H_{10}{=}CH_2) + Ph_3PO$$

2. 曼尼希反应

含有 α－活泼氢原子的酮与甲醛及胺（伯胺、仲胺或氨）在乙醇溶液中回流，使酮的一个 α－活泼氢原子被胺甲基取代，称为胺甲基化反应，所得产物称为曼尼希（Mannich）碱。反应一般在酸性条件下进行，反应产物通常是曼尼希碱盐酸盐，例如：

$$PhCOCH_2CH_3 + HCHO + (CH_3)_2NH \cdot HCl \xrightarrow[\triangle]{} PhCOCH(CH_3)CH_2N(CH_3)_2 \cdot HCl$$

$$\alpha\text{-四氢萘酮} + HCHO + \text{哌啶}\ NH \cdot HCl \xrightarrow[\triangle]{} 2\text{-(哌啶甲基)-}\alpha\text{-四氢萘酮} \cdot HCl$$

3. 苯偶姻缩合

芳香醛与氰化钾在乙醇水溶液中反应可得 α－羟基酮，由于最简单的芳香醛苯甲醛反应所得到的 α－羟基酮叫苯偶姻（benzoin），这类反应因此称为苯偶姻缩合（benzoin condensation），在反应中 CN^- 离子起催化剂的作用。

$$2ArCHO \xrightarrow{KCN} Ar{-}CH(OH){-}C(=O){-}Ar$$

4. 醛的聚合

甲醛、乙醛等低级醛的羰基可自身加成，聚合成环状或链状化合物。

$$3RCHO \xrightarrow{H_2SO_4} \text{2,4,6-三取代-1,3,5-三氧六环}$$

R＝H　三聚甲醛

$R{=}CH_3$　三聚乙醛

低级醛所形成的三聚合体在酸中不稳定，遇热即分解为单体。因此，甲醛、乙醛一般采用固体三聚体形式保存和运输，使用时稍加硫酸并加热，即可完成解聚而成为单体。

10.2 不饱和醛、酮

在前面学习醛、酮的化学性质时，羟醛缩合反应产物脱水所生成的化合物就属于不饱和醛、酮类化合物。根据碳碳双键和羰基相对位置，可把不饱和醛、酮类化合物分为三类。

（1）碳碳双键和羰基共轭： $-\overset{|}{C}{=}\overset{|}{C}{-}\overset{|}{C}{=}O$ ，通称为 α，β－不饱和醛、酮，是最常见的不饱和醛、酮类化合物。这类不饱和醛、酮类化合物不仅具有烯烃和醛或酮的性质，而且具有一些特殊性质，本节主要介绍该类化合物。

（2）碳碳双键和羰基间隔至少一个饱和碳原子：$-\overset{|}{C}=\overset{|}{C}-(\overset{|}{\underset{|}{C}})_n-\overset{|}{C}=O\ (n\geqslant 1)$，这类不饱和醛、酮化合物具有烯烃和醛或酮的性质。

（3）碳碳双键和羰基共用一个碳原子：$-\overset{|}{C}=C=O$，通称为烯酮，由于分子含有累积不饱和键，能量高，不稳定，因此烯酮类化合物性质非常活泼。

10.2.1 α,β－不饱和醛、酮

10.2.1.1 结构

在α,β－不饱和醛、酮中，碳碳双键和羰基共轭形成了一个共轭体系，与前面学习过的1，3－丁二烯相似，其共轭体系见图10－2：

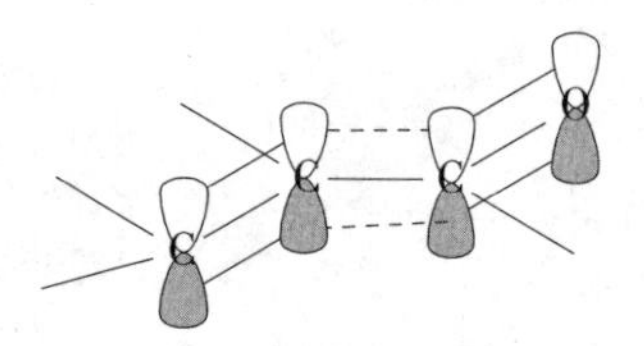

图10－2 α,β－不饱和醛、酮的共轭体系

10.2.1.2 化学性质

α,β－不饱和醛、酮中含有碳碳双键和羰基，因此具有烯烃和醛或酮的特征性质，如碳碳双键可以进行亲电加成，而羰基则可进行亲核加成。由于α,β－不饱和醛、酮中的碳碳双键和羰基处于共轭状态，因此具有1,2－加成和1,4－加成两种方式。

1. 亲核加成反应

$$-\overset{|}{C}=\overset{|}{C}-\overset{|}{C}=O \xrightarrow{Nu^-} \begin{cases} \xrightarrow{1,2\text{-加成}} -\overset{|}{C}=\overset{|}{C}-\underset{Nu}{\overset{|}{\underset{|}{C}}}-O^- \xrightarrow{E^+} -\overset{|}{C}=\overset{|}{C}-\underset{Nu}{\overset{|}{\underset{|}{C}}}-OE \\ \xrightarrow{1,4\text{-加成}} -\underset{Nu}{\overset{|}{\underset{|}{C}}}-\overset{|}{C}=\overset{|}{C}-O^- \xrightarrow{E^+} -\underset{Nu}{\overset{|}{\underset{|}{C}}}-\overset{|}{C}=\overset{|}{C}-OE \xrightarrow{\text{若E为H}} -\underset{Nu}{\overset{|}{\underset{|}{C}}}-\underset{H}{\overset{|}{\underset{|}{C}}}-\overset{|}{C}=O \end{cases}$$

α,β－不饱和醛、酮与有机锂、有机钠作用时，产物以1,2－加成为主。

$$CH_2=CH-\overset{O}{\overset{\|}{C}}-CH_3 \xrightarrow[(2)\ H_3O^+]{(1)\ HC\equiv CNa} CH_2=CH-\underset{CH_3}{\overset{OH}{\overset{|}{\underset{|}{C}}}}-C\equiv CH$$

$$CH_3CH=CH-\overset{O}{\overset{\|}{C}}-CH_3 \xrightarrow[(2)\ H_3O^+]{(1)\ CH_3Li} CH_3CH=CH-\underset{CH_3}{\overset{OH}{\overset{|}{\underset{|}{C}}}}-CH_3$$

α,β-不饱和醛、酮与格氏试剂加成时，有的以1,2-加成为主，有的以1,4-加成为主，以何种加成为主取决于羰基旁的烃基体积大小以及格氏试剂的空间位阻。例如：

$$PhCH{=}CH{-}\overset{\overset{\displaystyle O}{\|}}{C}{-}H \xrightarrow[(2)\ H_3O^+]{(1)\ PhMgBr} PhCH{=}CH{-}\underset{}{\overset{\overset{\displaystyle OH}{|}}{CH}}{-}Ph \quad 100\%$$

$$PhCH{=}CH{-}\overset{\overset{\displaystyle O}{\|}}{C}{-}CH_3 \xrightarrow[(2)\ H_3O^+]{(1)\ PhMgBr} Ph_2CH{-}CH_2{-}\overset{\overset{\displaystyle O}{\|}}{C}{-}CH_3 \quad 88\%$$

α,β-不饱和醛、酮与氢氰酸、亚硫酸氢钠、醇、氨或氨的衍生物（胺、羟胺、苯肼）等亲核试剂进行加成时，一般以1,4-加成为主。例如：

$$PhCH{=}CHCOPh \xrightarrow[CH_3CO_2H]{KCN} \underset{\underset{\displaystyle CN}{|}}{PhCH}CH_2COPh$$

$$PhCH{=}CHCHO \xrightarrow{NaHSO_3} \underset{\underset{\displaystyle SO_3Na}{|}}{PhCH}CH_2CHO$$

$$C_6H_{10}{=}CHCOCH_3 \xrightarrow[CH_3OH]{CH_3ONa} C_6H_{10}(CH_2COCH_3)(OCH_3)$$

2. 亲电加成反应

羰基的吸电子作用不仅降低了碳碳双键进行亲电加成的活性，还控制了亲电加成的取向。例如：

$$CH_2{=}CHCHO + HCl\ (g) \longrightarrow ClCH_2CH_2CHO$$

除加卤素、次卤酸外，这些质子酸的加成看上去像是对碳碳双键的加成，实际是进行了1,4-加成。质子必须加在共轭体系羰基的氧原子上才能形成稳定的正碳离子。

$$-\overset{|}{C}{=}\overset{|}{C}{-}\overset{|}{C}{=}\ddot{O} \xrightarrow{H^+} -\overset{|}{C}\cdots\overset{|}{C}\cdots\overset{|}{C}{-}OH\ (+) \xrightarrow{\ddot{B}^-} -\underset{\underset{\displaystyle B}{|}}{\overset{|}{C}}{-}\overset{|}{C}{=}\overset{|}{C}{-}OH \longrightarrow -\underset{\underset{\displaystyle B}{|}}{\overset{|}{C}}{-}\underset{\underset{\displaystyle H}{|}}{\overset{|}{C}}{-}\overset{|}{C}{=}O$$

卤素、次卤酸与α,β-不饱和醛、酮的加成不是共轭加成，而是在碳碳双键上发生亲电加成。例如：

$$CH_3CH{=}CH{-}\overset{\overset{\displaystyle O}{\|}}{C}{-}CH_3 + Br_2 \longrightarrow CH_3\underset{\underset{\displaystyle Br}{|}}{CH}{-}\underset{\underset{\displaystyle Br}{|}}{CH}{-}\overset{\overset{\displaystyle O}{\|}}{C}{-}CH_3$$

3. 还原反应

α,β-不饱和醛、酮用氢化铝锂、硼氢化钠还原时，可以选择性地还原羰基生成α,β-不饱和醇。例如：

$$CH_3CH{=}CHCHO \xrightarrow{LiAlH_4} CH_3CH{=}CHCH_2OH$$

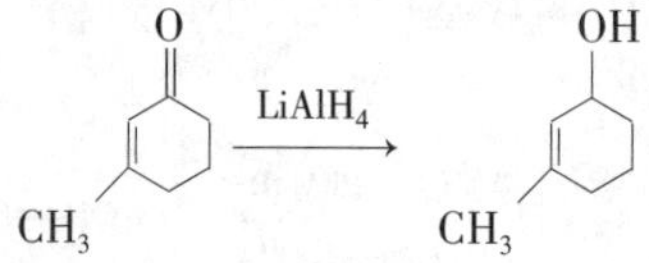

O　　　　　OH

$\xrightarrow{LiAlH_4}$

CH_3　　　　CH_3

若采用催化氢化，控制氢气用量和反应条件，可以选择性地还原碳碳双键；若使用过量氢气和加压等条件，则羰基也会被同时还原。

4. 迈克尔加成

具有α－活泼氢原子的化合物，在碱作用下形成碳负离子，这个碳负离子可以和α，β－不饱和羰基化合物进行1,4－亲核加成，这种反应称为迈克尔（Michael）加成。例如：

$$CH_2{=}CHCOCH_3 + CH_2(CO_2C_2H_5)_2 \xrightarrow[C_2H_5OH]{C_2H_5ONa} \begin{matrix} CH_2CH_2COCH_3 \\ | \\ CH(CO_2C_2H_5)_2 \end{matrix}$$

产生碳负离子化合物上的α－活泼氢原子必须具有相当的酸性，这样才能得到足够浓度的碳负离子。这种化合物常常是在亚甲基旁连有两个吸电子基团，如硝基、羰基、酯基、氰基等，它们可以与碳负离子产生共轭效应，分散碳负离子的负电荷，使碳负离子稳定，易于产生。常见这类化合物有：丙二酸二乙酯、2,4－戊二酮（$CH_3COCH_2COCH_3$）、1,3－环己二酮、乙酰乙酸乙酯（$CH_3COCH_2CO_2C_2H_5$）、氰基乙酸乙酯（$NCCH_2CO_2C_2H_5$）、硝基甲烷（CH_3NO_2）等。

通过迈克尔加成，再进行分子内羟醛缩合反应生成环己酮衍生物的合成称为鲁滨逊环合（Robinson annulation）。例如：

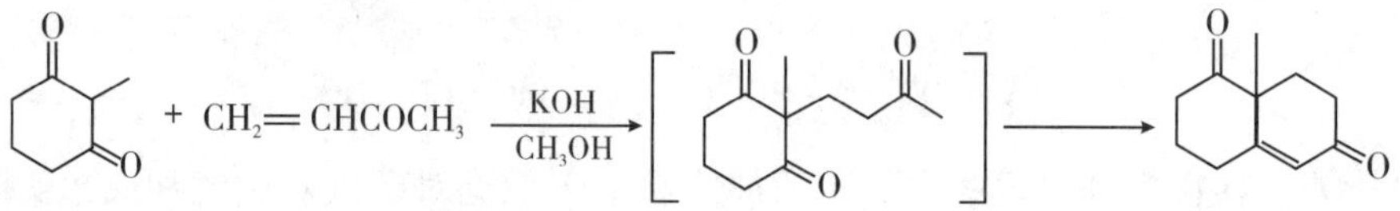

$+ \; CH_2{=}CHCOCH_3 \xrightarrow[CH_3OH]{KOH}$

5. 第尔斯—阿尔德反应

α,β－不饱和醛、酮是很好的亲双烯体，可以和共轭二烯烃发生第尔斯—阿尔德反应。例如：

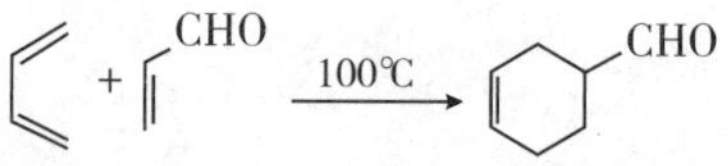

CHO　　　CHO

$+ \xrightarrow{100℃}$

100%

进行第尔斯—阿尔德反应的双烯体的骨架上带有给电子基团有利于此反应，即可以加速反应，提高产率，并可在较低温度下进行反应，如2,3－二甲基丁二烯与丙烯醛的加成就比丁二烯快五倍。亲二烯体的碳碳双键或三键上带有吸电子基团有利于此反应。如丁二烯与乙烯的反应就比与顺丁烯二酸酐和丙烯醛的反应困难得多。

第尔斯—阿尔德反应具有高度的立体专一性，表现为：

（1）反应是顺式加成，在产物中仍保留亲二烯体的构型。

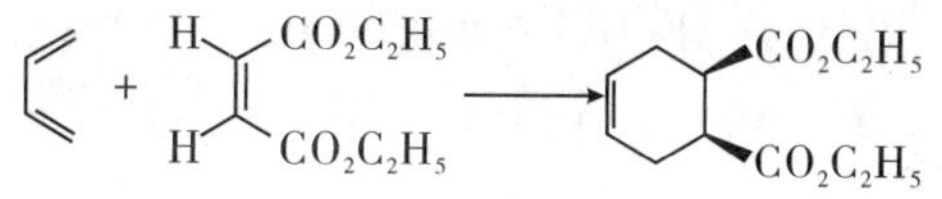

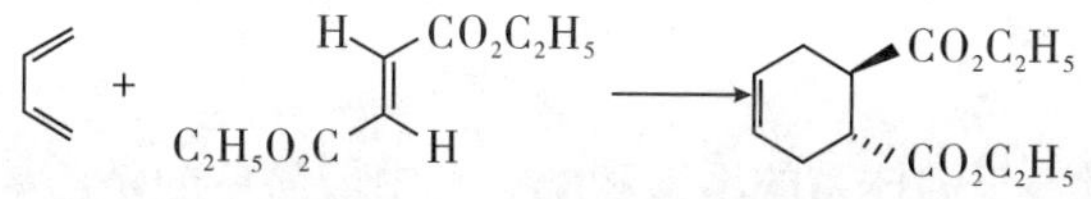

（2）共轭二烯烃必须处于顺式构象下才能进行此反应。环状的共轭二烯烃由于已固定为顺式构象，所以环戊二烯比丁二烯更易进行此反应，环戊二烯甚至在室温放置自身聚合也属于第尔斯—阿尔德反应，而固定为反式构象的共轭双烯就不能进行此反应。

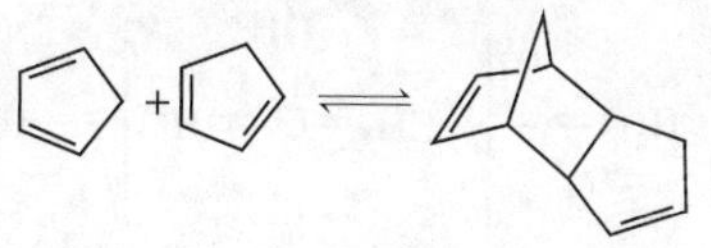

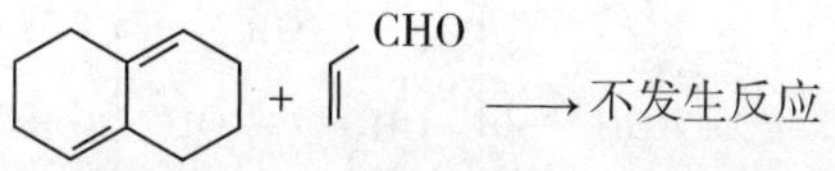

⟶不发生反应

（3）反应所得产物主要为内型的，如环戊二烯与顺丁烯二酸酐的环1，4－加成的主要产物就是内型的，即新生成环上的取代基（酸酐基）是靠近新形成的双键，而不是远离它。

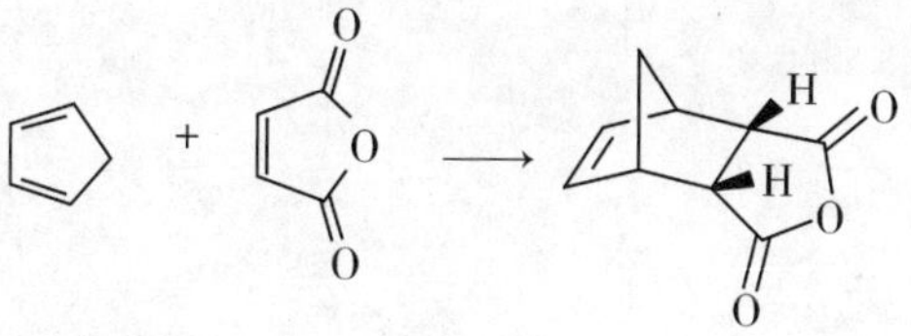

主产物

第尔斯—阿尔德反应属于周环反应的一类反应。

6. 插烯规律

在羰基旁增加一个或一个以上乙烯基以后，随着共轭体系的延长，加成反应不但可以在共轭体系的两端发生，而且与共轭体系相连的两个基团仍可保持着原来的相互影响。例如，在下列通式中，当 $n=0$，1，2，3，…时，原来A和B间的互相影响仍然存在，这种现象在有机反应中非常普遍。像这样两个基团由于插入一个或一个以上乙烯基后相互影响不变的性质称为插烯作用（vinylogy），又称插烯规律。

$$A\text{-}(CH=CH)_n\text{-}B$$

例如，2－丁烯醛中甲基的化学性质也很活泼，与乙醛中的甲基很相似，都可以在碱性条件下形成碳负离子，这就是视为乙醛分子中甲基和醛基之间插入乙烯基变成2－丁烯醛后，醛基吸电子的作用，可以通过共轭体系传递到另一端的甲基上，对甲基氢原子的致活作用并没有削弱。

$$CH_3CHO + B^- \longrightarrow {}^-CH_2CHO + HB$$

$$CH_3CH=CHCHO + B^- \longrightarrow {}^-CH_2CH=CHCHO + HB$$

因此，2－丁烯醛在碱性条件下，可以作为对另一分子中的羰基发生羟醛缩合反应：

$$2\ CH_3CH{=}CHCHO \xrightarrow{OH^-} CH_3CH{=}CH\underset{}{\overset{OH}{\overset{|}{C}}}HCH_2CH{=}CHCHO \xrightarrow[\triangle]{-H_2O} CH_3CH{=}CHCH{=}CHCH{=}CHCHO$$

10.2.2 烯酮

烯酮是一类具有聚集双键体系的不饱和酮，其中最简单的是乙烯酮（$CH_2{=}C{=}O$）。

乙烯酮的结构与丙二烯很相似，分子中两个 π 键处于相互垂直的两个平面，不能形成共轭体系。这种聚集双键的结构使其化学性质非常活泼，很容易与水、醇、氨等亲核试剂发生加成反应生成烯醇式中间体，再经 1,3 - 重排生成羧酸及其衍生物：

$$CH_2{=}C{=}O + H_2O \longrightarrow \left[CH_2{=}\overset{OH}{\overset{|}{C}}{-}OH \right] \longrightarrow CH_3CO_2H$$

$$CH_2{=}C{=}O + ROH \longrightarrow \left[CH_2{=}\overset{OR}{\overset{|}{C}}{-}OH \right] \longrightarrow CH_3CO_2R$$

$$CH_2{=}C{=}O + NH_3 \longrightarrow \left[CH_2{=}\overset{NH_2}{\overset{|}{C}}{-}OH \right] \longrightarrow CH_3CONH_2$$

10.3 醌类化合物

10.3.1 分类和命名

醌是一类具有共轭体系的环状不饱和二酮类化合物，醌类化合物可由相应的芳香族化合物制备，醌类化合物不具有芳香族化合物的芳香性特征，但是通常仍可根据其骨架分为苯醌、萘醌、蒽醌、菲醌等。

醌类化合物的命名是根据相应的芳烃衍生物来命名。例如：

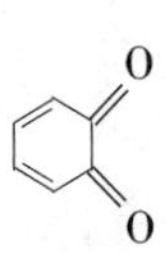

邻苯醌 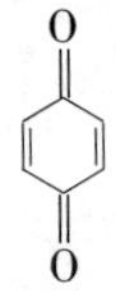　　对苯醌 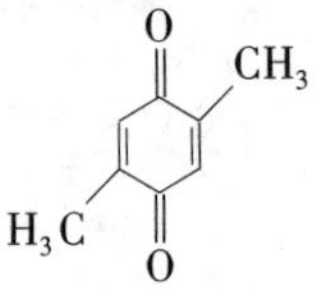　　2,5 - 二甲基 - 1,4 - 苯醌 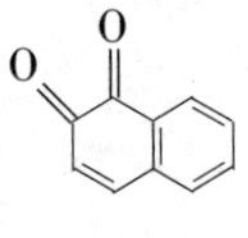　　1,2 - 萘醌

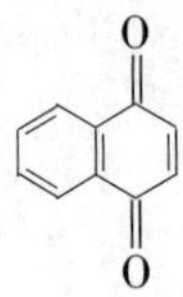

1,4 - 萘醌 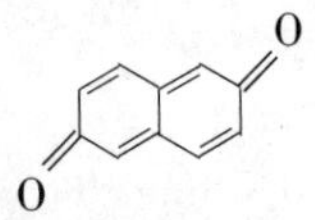　　2,6 - 萘醌 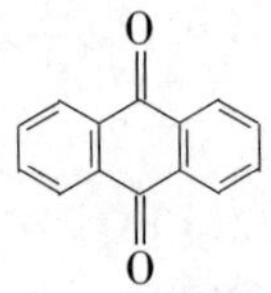　　9,10 - 蒽醌 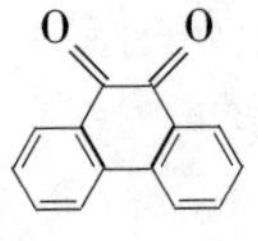　　9,10 - 菲醌

10.3.2 化学性质

由于醌类化合物是α,β－不饱和二酮，含有羰基、碳碳双键以及共轭体系，所以醌类化合物能发生羰基的亲核加成反应、碳碳双键的亲电加成反应，以及1,4－共轭加成反应或1,6－共轭加成反应。

1. 羰基的亲核加成反应

例如，对苯醌能与两分子羟胺缩合，生成双肟，这也进一步证明了醌类化合物具有二元羰基化合物的结构特征。对苯醌也能与氨基脲缩合，生成双缩氨脲。

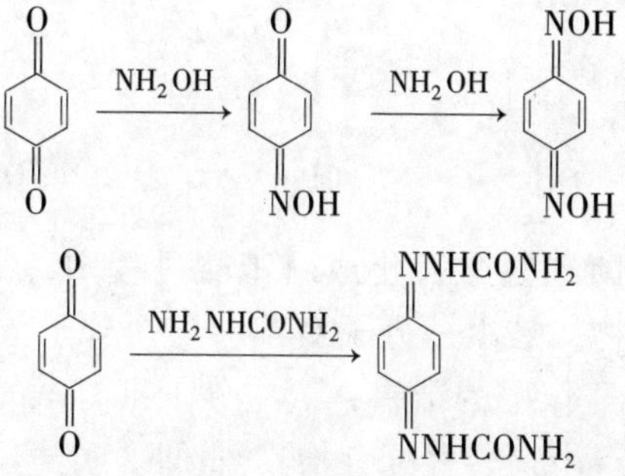

NH_2OH NH_2OH NOH NOH NOH

$NH_2NHCONH_2$ $NNHCONH_2$ $NNHCONH_2$

2. 碳碳双键的亲电加成反应

以对苯醌为例，在醋酸溶液中对苯醌与溴发生正常的烯键加成反应，生成二溴或四溴化物。

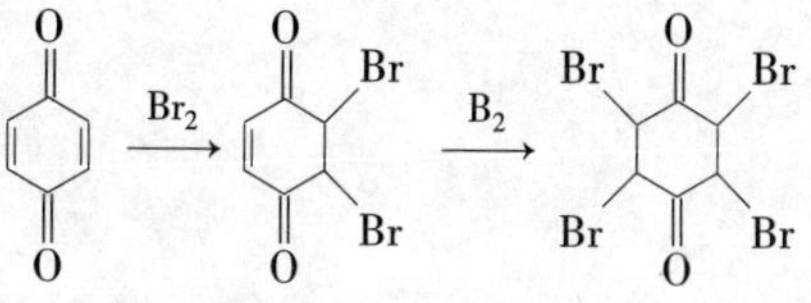

Br_2 Br Br B_2 Br Br Br Br

对苯醌中的碳碳双键受两个羰基的影响，成为一个典型的亲双烯体，可以与共轭二烯烃发生第尔斯—阿尔德反应。例如：

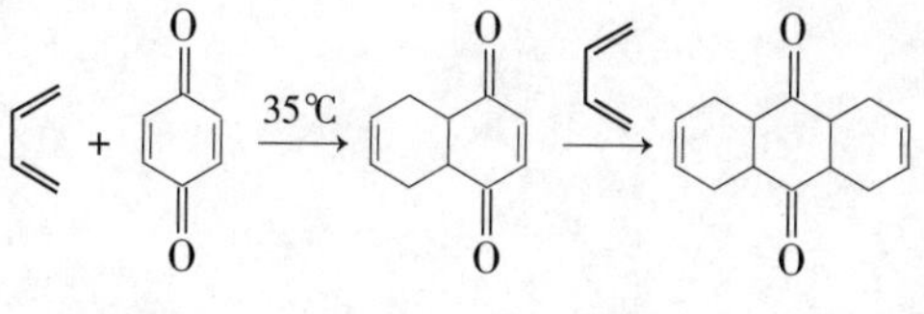

35℃

3. 共轭加成反应

（1）1,4－加成反应。与α,β－不饱和醛、酮类似，对苯醌与氯化氢加成是按1,4－加成的机理进行：

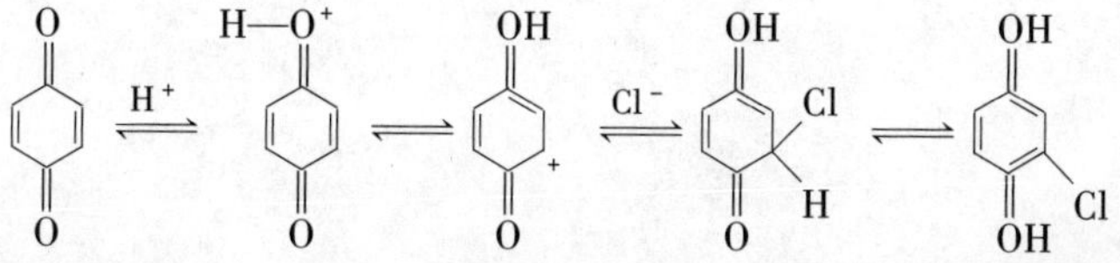

H^+ $H—O^+$ OH OH Cl^- Cl H OH OH Cl

与氯化氢的1,4－加成反应类似，将氰化钾水溶液滴加到含有硫酸的对苯醌乙醇溶液中进行反应，结果也是1,4－加成反应：

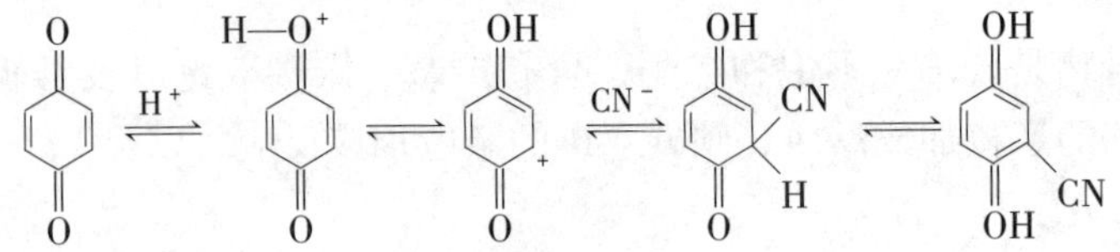

(2) 1,6－加成反应。对苯醌在亚硫酸水溶液内很容易被还原为对苯二酚（又称氢醌），此为1,6－加成反应：

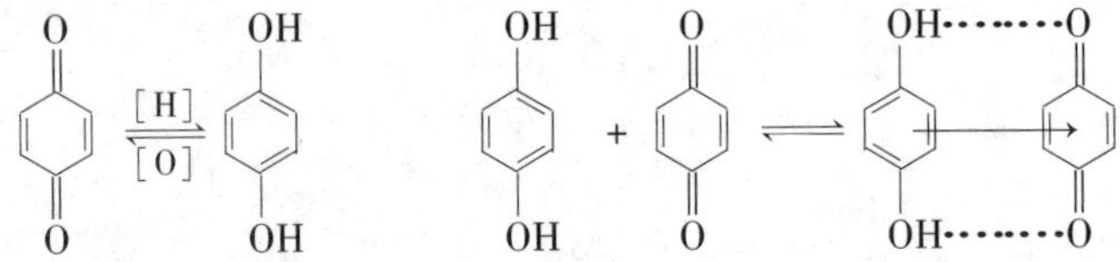

在上述对苯醌还原成氢醌或氢醌氧化成对苯醌过程中，都能生成难溶于水的醌氢醌。该中间产物为一深绿色闪光物，是由一分子对苯醌与一分子氢醌结合而成的。它的形成是这两种分子中π电子体系相互作用的结果：氢醌分子富有π电子，而醌分子缺少π电子，二者形成了电子授受配合物（电荷转移配合物）。此外，分子间的氢键对稳定这种配合物也有一定的作用。

11 羧 酸

羧酸可看成是烃分子中的氢原子被羧基（—COOH）取代而生成的化合物。其通式为RCOOH，羧酸的官能团是羧基。羧酸是许多有机物氧化的最后产物，普遍存在于自然界，在工业、农业、医药和日常生活中都有着广泛的应用。

11.1 羧酸的结构、分类与命名

11.1.1 结构

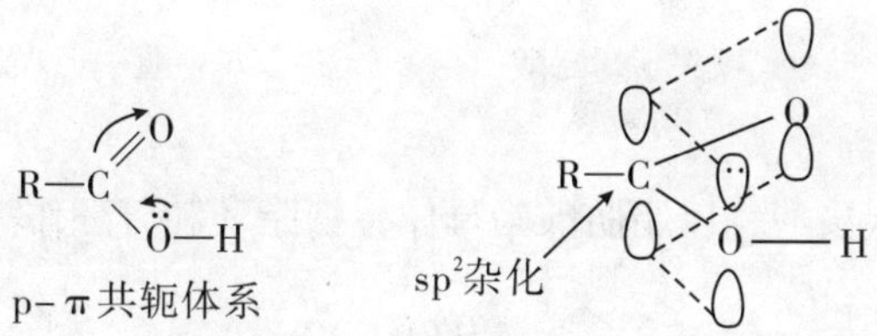

R—C(=O)—Ö—H　p-π共轭体系　　sp^2杂化

当羧基电离成负离子后，氧原子上带一个负电荷，更有利于产生共轭效应，故羧酸易离解成负离子。例如：

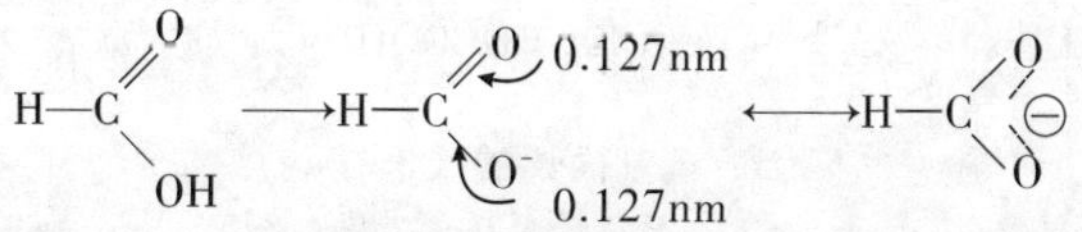

H—C(=O)OH ⟶ H—C(=O)O⁻ (0.127nm, 0.127nm) ⟷ H—C(O)(O)⊖

由于共轭作用，使得羧基不是羰基和羟基的简单地组合，因此，羧基中既不存在典型的羰基，也不存在典型的羟基，而是两者互相影响的统一体。

11.1.2 分类与命名

羧酸根据羧基所连接的烃基不同，分为脂肪酸、脂环酸和芳香酸；根据分子中所含羧基的数目，可分为一元羧酸、二元羧酸和多元羧酸；依据烃基饱和与否，可分为饱和羧酸与不饱和羧酸，不饱和羧酸又可分为烯酸和炔酸。

1. 俗名命名

许多羧酸存在于天然物质中，一些俗名常根据其来源而取，如甲酸又称蚁酸，最初由蒸馏蚂蚁得到；乙酸称为醋酸，最初是从酿制的食用醋中得到；丁酸俗称酪酸，奶酪的特殊气味就有丁酸味。柠檬酸、苹果酸和酒石酸分别来自柠檬、苹果和酿制葡萄酒时所形成的酒石。乙二酸又称为草酸，因在大部分植物中都含有草酸盐。油脂水解所得到的软脂酸、硬脂酸和油酸等则是根据它们的物态而命名的。

2. 系统命名

羧酸的系统命名与醛相同，选择含有羧基的最长碳链作为主链，从羧基碳原子开始用阿拉伯数字编号。简单的羧酸，习惯上从羧基相邻的碳原子开始，以 α、β、γ、δ 等希腊字母标示位次，ω 则常用于表示碳链末端的位置。一元羧酸的英文名称用“oic acid”代替相应烃基中的字尾 e，二元羧酸用“dioic acid”表示。

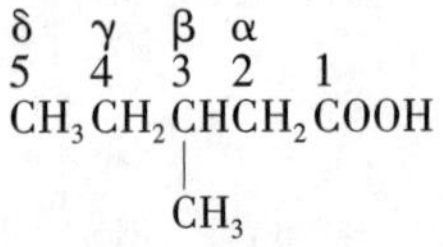

$\overset{\delta}{\overset{5}{C}}H_3\overset{\gamma}{\overset{4}{C}}H_2\overset{\beta}{\overset{3}{C}}H(CH_3)\overset{\alpha}{\overset{2}{C}}H_2\overset{1}{C}OOH$

3－甲基戊酸
β－甲基戊酸

$\overset{6}{C}H_3\overset{\delta}{\overset{5}{C}}H_2\overset{\gamma}{\overset{4}{C}}H(CH_3)\overset{\beta}{\overset{3}{C}}H_2\overset{\alpha}{\overset{2}{C}}H(CH_3)\overset{1}{C}OOH$

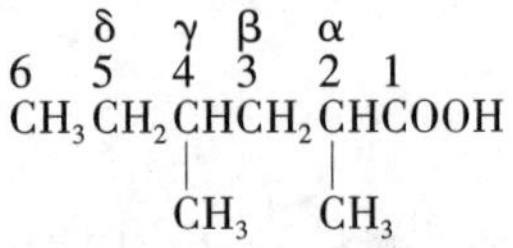

2,4－二甲基己酸
α,γ－二甲基己酸

$CH_3CH{=}CHCOOH$

2－丁烯酸（巴豆酸）
α－丁烯酸

脂肪族二元羧酸的命名，选分子中含有两个羧基的最长碳链作为主链，称为某二酸，英文词末加“dioic”。例如：

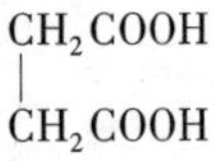

CH_2COOH
|
CH_2COOH

丁二酸
（琥珀酸）

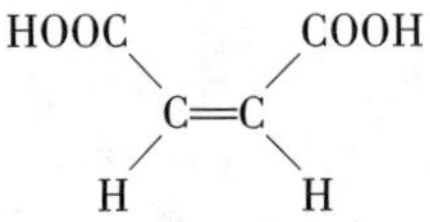

HOOC(H)C=C(H)COOH

顺—丁烯二酸
（马来酸）

$CH_3(CH_2)_7$(H)C=C(H)$(CH_2)_7COOH$

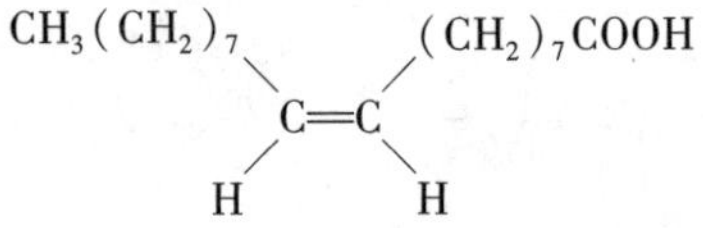

顺—十八碳－9－烯酸
（油酸）

脂环族羧酸和芳香族羧酸，以脂肪酸为母体，把脂环和芳环作为取代基来命名。例如：

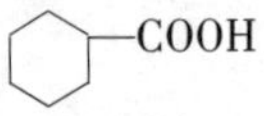

环己基—COOH

环己基甲酸

环戊基—CH_2CH_2COOH

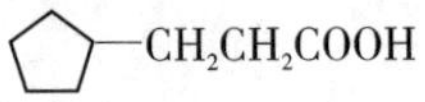

3－环戊基丙酸

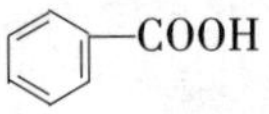

苯基—COOH

苯甲酸

邻-二COOH苯

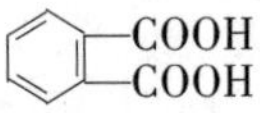

邻苯二甲酸

苯基—CH=CHCOOH

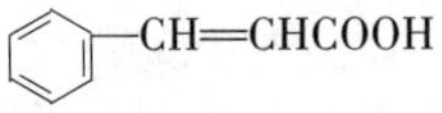

3－苯基丙烯酸（肉桂酸）
β－苯基丙烯酸

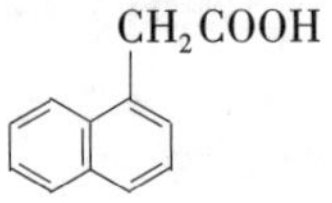

1-萘基—CH_2COOH

1－萘乙酸
α－萘乙酸

11.2 羧酸的物理性质

在直链饱和一元羧酸中，含有 1～3 个碳原子的羧酸为具有刺激性酸味的液体；含有 4～9 个碳原子的羧酸是有腐败气味的油状液体；高级脂肪酸为无味蜡状固体。脂肪族二元羧酸和芳香族羧酸都是结晶固体。

含有 1～4 个碳原子的一元脂肪羧酸在室温下与水互溶，这是由于羧基可与水形成氢键，但随着羧酸碳链的增长，水溶性很快降低。高级脂肪酸不溶于水，但一元脂肪酸都可溶于乙醇、乙醚等有机溶剂。低级的二元脂肪酸可溶于水而不溶于乙醚，水溶性也随碳链的增长而降低。

直链饱和一元脂肪酸的熔点随碳链的增长呈锯齿形上升，即含偶数碳原子羧酸的熔点比前后相邻奇数碳原子羧酸的熔点要高一点。这是因为在晶体中羧酸分子的碳链呈锯齿状排列，只有含偶数碳原子的链端甲基和羧基分处于链的两侧时，才具有较高的对称性，分子在晶格中排列较紧密，分子间的吸引力较大。

羧酸的沸点比相对分子质量相近的醇、醛、酮要高。例如，甲酸相对分子质量为46，沸点为100.7℃，而相对分子质量同为46的乙醇沸点为78℃，相对分子质量为44的乙醛沸点仅为21℃。羧酸沸点较高的原因在于一元羧酸分子间能通过两个氢键互相结合，形成缔合的二聚体分子。

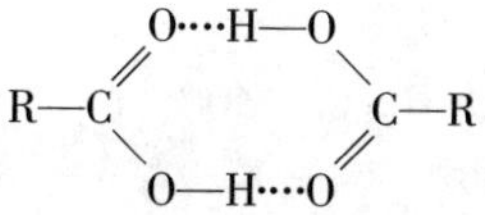

```
        O···H—O
       //       \
R—C               C—R
       \        //
        O—H···O
```

11.3　羧酸的化学性质

羧酸的化学性质可从结构上预测，有以下几类：

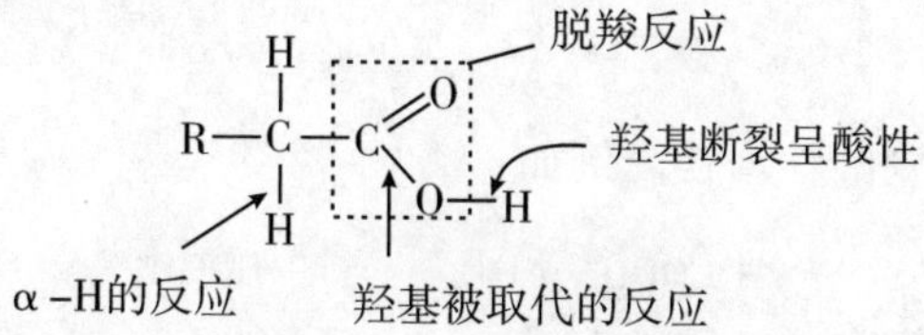

```
        H
        |        O        ← 脱羧反应
R—C—C            ← 羟基断裂呈酸性
        |        O—H
        H
α-H的反应　　羟基被取代的反应
```

11.3.1　酸性

羧酸具有弱酸性，在水溶液中存在着如下平衡：

$$RCOOH \rightleftharpoons RCOO^- + H^+$$

乙酸的解离常数 K_a 值为 1.75×10^{-5}，其他一元酸的 K_a 值为 $1.1\times10^{-5}\sim1.8\times10^{-5}$，$pK_a$ 值为 $4.7\sim5$。可见羧酸的酸性小于无机酸而大于碳酸（H_2CO_3，$pK_a=6.73$）。

故羧酸能与碱作用成盐，也可分解碳酸盐。

$$RCOOH + NaOH \longrightarrow RCOONa + H_2O$$

$$RCOOH + \begin{matrix} Na_2CO_3 \\ NaHCO_3 \end{matrix} \longrightarrow RCOONa + CO_2\uparrow + H_2O$$

$$\xrightarrow{H^+} RCOOH \quad \text{用于区别酸和其他化合物}$$

此性质可用于醇、酚、酸的鉴别和分离，不溶于水的羧酸既溶于 NaOH 也溶于 $NaHCO_3$，不溶于水的酚能溶于 NaOH 不溶于 $NaHCO_3$，不溶于水的醇既不溶于 NaOH 也不溶于 $NaHCO_3$。

$$RCOOH + NH_4OH \longrightarrow RCOONH_4 + H_2O$$

高级脂肪酸钠是肥皂的主要成分，高级脂肪酸铵是雪花膏的主要成分。

影响羧酸酸性有以下三个因素：

1. 诱导效应

（1）吸电子诱导效应使酸性增强。

$$FCH_2COOH > ClCH_2COOH > BrCH_2COOH > ICH_2COOH > CH_3COOH$$

	FCH_2COOH	$ClCH_2COOH$	$BrCH_2COOH$	ICH_2COOH	CH_3COOH
pK_a 值	2.66	2.86	2.89	3.16	4.76

（2）供电子诱导效应使酸性减弱。

	CH_3COOH >	CH_3CH_2COOH >	$(CH_3)_3CCOOH$
pK_a 值	4.76	4.87	5.05

（3）吸电子基增多，酸性增强。

	$ClCH_2COOH$ >	$Cl_2CHCOOH$ >	Cl_3CCOOH
pK_a 值	2.86	1.29	0.65

（4）取代基的位置距羧基越远，酸性越小。

	$CH_3CH_2CH(Cl)CO_2H$ >	$CH_3CH(Cl)CH_2CO_2H$ >	$CH_2(Cl)CH_2CH_2CO_2H$ >	$CH_2(H)CH_2CH_2CO_2H$
pK_a 值	2.86	4.41	4.70	4.82

2. 共轭效应

当能与基团共轭时，则酸性增强。例如：

	CH_3COOH	Ph—COOH
pK_a 值	4.76	4.20

3. 取代基位置对苯甲酸酸性的影响

取代苯甲酸的酸性除了受取代基的位置、共轭效应与诱导效应的影响，还受场效应的影响，情况比较复杂。可大致归纳如下：①邻位取代基（氨基除外）都使苯甲酸的酸性增强（位阻作用破坏了羧基与苯环的共轭）；②间位取代基使其酸性增强；③对位上是第一类定位基时，酸性减弱；是第二类定位基时，酸性增强。

11.3.2 羧基上羟基（—OH）的取代反应

羧基上的—OH 原子团可被一系列原子或原子团取代生成羧酸的衍生物。

$$\underset{\text{酯}}{R-\overset{O}{\overset{\|}{C}}-OR'}\qquad \underset{\text{酰胺}}{R-\overset{O}{\overset{\|}{C}}-NH_2}\qquad \underset{\text{酰卤}}{R-\overset{O}{\overset{\|}{C}}-X}\qquad \underset{\text{酸酐}}{R-\overset{O}{\overset{\|}{C}}-O-\overset{O}{\overset{\|}{C}}-R'}$$

羧酸分子中消去—OH 基后的剩下的部分（ $R-\overset{O}{\overset{\|}{C}}-$ ）称为酰基。

1. 酯化反应

$$RCOOH + R'OH \xrightleftharpoons{H^+} RCOOR' + H_2O$$

（1）酯化反应的转化率。提高方法有：①增加反应物的浓度（一般是加过量的醇）。②移走低沸点的酯或水。

（2）酯化反应的活性次序。

酸相同时，酯化反应的活性次序为：$CH_3OH > RCH_2OH > R_2CHOH > R_3COH$；醇相同时，酯化反应的活性次序为：$HCOOH > CH_3COOH > RCH_2COOH > R_2CHCOOH > R_3CCOOH$。

（3）成酯方式。

$$R-\overset{\overset{\displaystyle O}{\|}}{C}-\boxed{O-H+H}-O-R' \xrightleftharpoons{H^+} R-\overset{\overset{\displaystyle O}{\|}}{C}-O-R' + H_2O$$

酰氧断裂

（4）酯化反应历程。

1°醇（伯醇）、2°醇（仲醇）为酰氧断裂历程，3°醇（叔醇）为烷氧断裂历程。

（5）羧酸与醇的结构对酯化速度的影响。

对酸：HCOOH > 1°RCOOH > 2°RCOOH > 3°RCOOH

对醇：1°ROH > 2°ROH > 3°ROH

2. 酰卤的生成

羧酸与 PX_3、PX_5、$SOCl_2$ 作用则生成酰卤。三种方法中，与 $SOCl_2$ 反应后的产物纯度高、易分离，因而产率高，是一种合成酰卤的好方法。例如：

$$CH_3COOH \xrightarrow[100\%]{SOCl_2} CH_3COCl + SO_2\uparrow + HCl\uparrow$$

3. 酸酐的生成

酸酐在脱水剂作用下加热，脱水生成酸酐。

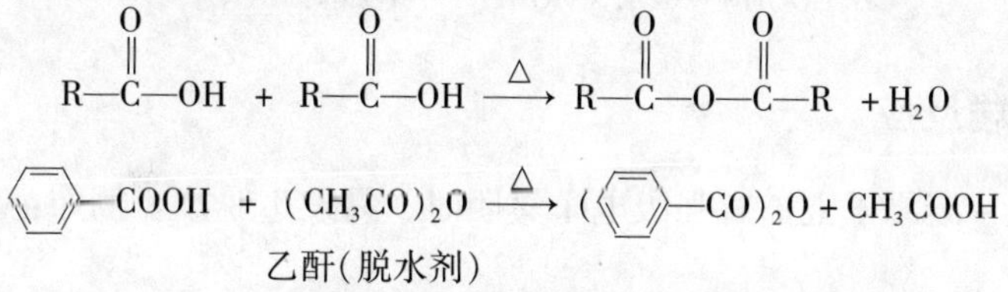

$$R-\overset{\overset{\displaystyle O}{\|}}{C}-OH + R-\overset{\overset{\displaystyle O}{\|}}{C}-OH \xrightarrow{\triangle} R-\overset{\overset{\displaystyle O}{\|}}{C}-O-\overset{\overset{\displaystyle O}{\|}}{C}-R + H_2O$$

$$C_6H_5-COOH + \underset{\text{乙酐(脱水剂)}}{(CH_3CO)_2O} \xrightarrow{\triangle} (C_6H_5-CO)_2O + CH_3COOH$$

因乙酐能较迅速地与水反应，且价格便宜，生成的乙酸易除去，因此，常用乙酐作为制备酸酐的脱水剂。

1,4 和 1,5 二元酸不需要任何脱水剂，加热就能脱水生成环状（五元或六元）酸酐。例如：

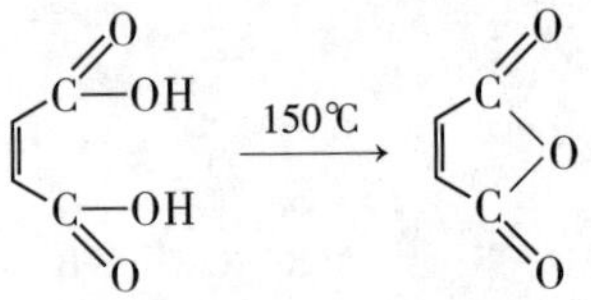

$$\text{顺丁烯二酸} \xrightarrow{150℃} \text{顺丁烯二酸酐}$$

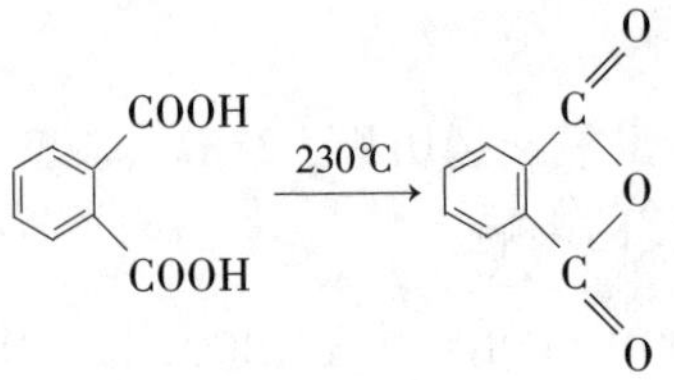

顺丁烯二酸酐

$$\text{邻苯二甲酸} \xrightarrow{230℃} \text{邻苯二甲酸酐}$$

邻苯二甲酸酐

$$H_2C(CH_2COOH)_2 \xrightarrow{300℃} \text{戊二酸酐}$$

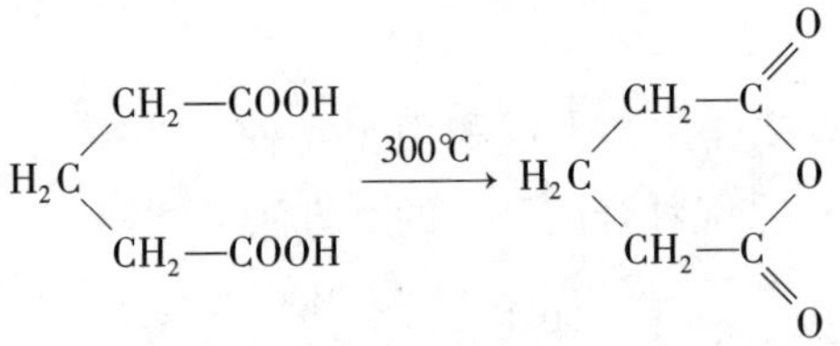

戊二酸酐

4. 酰胺的生成

在羧酸中通入氨气或加入碳酸铵，可得到羧酸铵盐，铵盐热解失水而生成酰胺。

$$CH_3COOH \xrightarrow{NH_3} CH_3COONH_4 \xrightarrow{\triangle} CH_3CONH_2 + H_2O$$

11.3.3 脱羧反应

一元羧酸的 α－碳原子上连有强吸电子集团时，易发生脱羧。例如：

$$CCl_3COOH \xrightarrow{\triangle} CHCl_3 + CO_2\uparrow$$

$$CH_3\overset{O}{\overset{\|}{C}}CH_2COOH \xrightarrow{\triangle} CH_3\overset{O}{\overset{\|}{C}}CH_3 + CO_2\uparrow$$

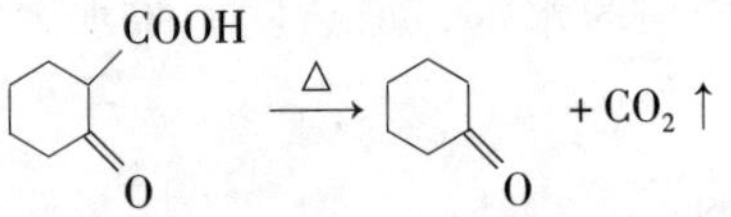

$$\text{2-氧代环己烷甲酸} \xrightarrow{\triangle} \text{环己酮} + CO_2\uparrow$$

洪塞迪克尔（Hunsdriecker）反应，羧酸的银盐在溴或氯存在下脱羧生成卤代烃的反应。

$$RCOOAg + Br_2 \xrightarrow[\triangle]{CCl_4} RBr + CO_2 + AgBr$$

$$CH_3CH_2CH_2COOAg + Br_2 \xrightarrow[\triangle]{CCl_4} CH_3CH_2CH_2Br + CO_2 + AgBr$$

此反应可用来合成比羧酸少一个碳的卤代烃。

11.3.4 α－H 的卤代反应

羧酸的 α－H 可在少量红磷、硫等催化剂存在下被溴或氯取代生成卤代酸。

$$RCH_2COOH \xrightarrow[\triangle]{P/Br_2} \underset{\displaystyle Br}{\underset{|}{RCHCOOH}} \xrightarrow[\triangle]{P/Br_2} R-\overset{\displaystyle Br}{\overset{|}{\underset{\displaystyle Br}{\underset{|}{C}}}}-COOH$$

控制条件，反应可停留在一取代阶段。

α－卤代酸很活泼，常用来制备α－羟基酸和α－氨基酸。

11.3.5 羧酸的还原反应

羧基中的羰基受羟基的影响，碳氧双键不易被催化氢化，也不被一般的化学还原剂还原。但强的还原剂氢化铝锂却能顺利地使羧酸还原成伯醇。例如：

$$RCOOH \xrightarrow[\text{无水乙醚}]{LiAlH_4} \xrightarrow{H^+/H_2O} RCH_2OH$$

反应机理：

$$RCOOH \xrightarrow{LiAlH_4} RCOOLi + H_2 + AlH_3$$

$$R-\overset{O}{\overset{\|}{C}}-OLi + H-AlH_2 \longrightarrow R-\overset{OAlH_2}{\overset{|}{\underset{H}{\underset{|}{C}}}}-OLi \xrightarrow{-LiOAlH_2} RCHO$$

反应成醛后，一分子氢化铝锂再把醛基还原成醇，还原机理见醛基还原反应。

11.3.6 二元羧酸的特殊反应

（1）乙二酸、丙二酸受热时，脱羧，生成一元酸。

$$\underset{COOH}{\overset{COOH}{|}} \xrightarrow{\triangle} HCOOH + CO_2$$

$$H_2C(COOH)_2 \xrightarrow{\triangle} CH_3COOH + CO_2$$

$$R_2C(COOH)_2 \xrightarrow{\triangle} R_2CH-COOH + CO_2$$

（2）丁二酸、戊二酸受热时，脱水不脱羧，生成环状酸酐。

$$\underset{CH_2COOH}{\overset{CH_2COOH}{|}} \xrightarrow{\triangle} \text{丁二酸酐（五元环状酸酐）}$$

$$CH_2(CH_2COOH)_2 \xrightarrow{\triangle} \text{戊二酸酐（六元环状酸酐）}$$

（3）己二酸、庚二酸受热，既脱水又脱羧生成环酮。

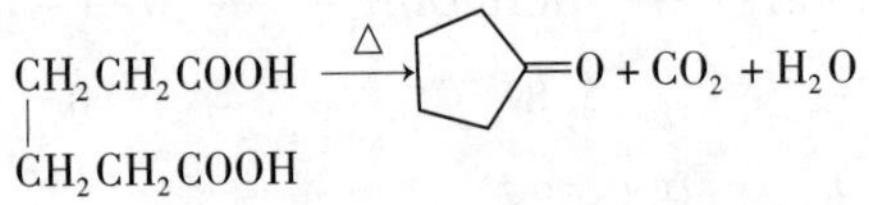

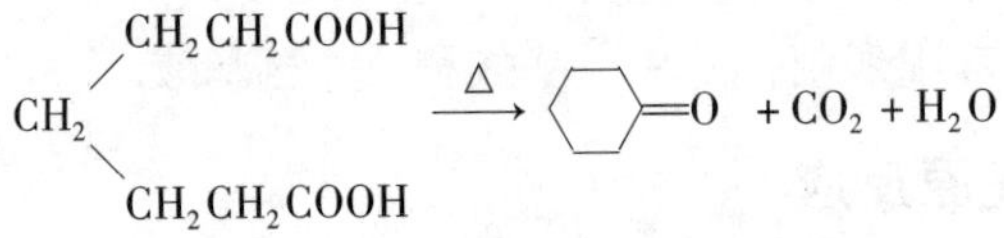

$$\begin{matrix} CH_2CH_2COOH \\ | \\ CH_2CH_2COOH \end{matrix} \xrightarrow{\triangle} \text{环戊酮} + CO_2 + H_2O$$

$$CH_2\begin{matrix} \diagup CH_2CH_2COOH \\ \diagdown CH_2CH_2COOH \end{matrix} \xrightarrow{\triangle} \text{环己酮} + CO_2 + H_2O$$

11.4 取代羧酸

羧酸分子中烃基上的氢原子被其他原子或原子团取代后形成的化合物称为取代酸。

取代酸有卤代酸、羟基酸、氨基酸、羰基酸等，其中卤代酸、氨基酸将在有关章节中讨论，这里只讨论羟基酸和羰基酸。

11.4.1 羟基酸

羟基酸具有醇和酸的共性，也有因羟基和羧基相对位置的互相影响的特性反应。主要表现在受热反应规律上。

α－羟基酸受热时，两分子间相互酯化，生成交酯。

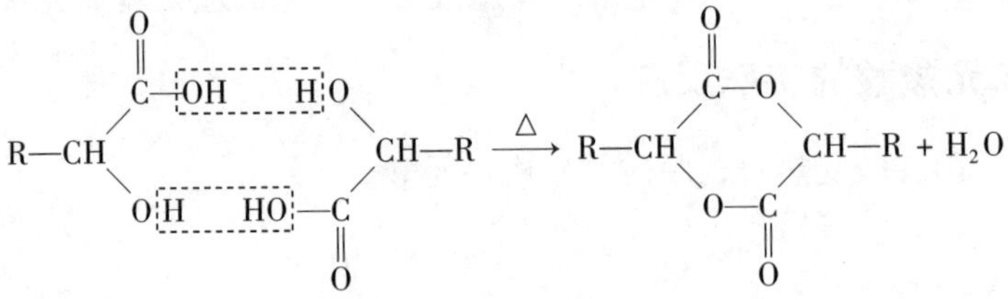

$$2\,R—CH(OH)—COOH \xrightarrow{\triangle} \text{交酯} + H_2O$$

交酯

γ－羟基酸和δ－羟基酸受热，生成五元环内酯和六元环内酯。

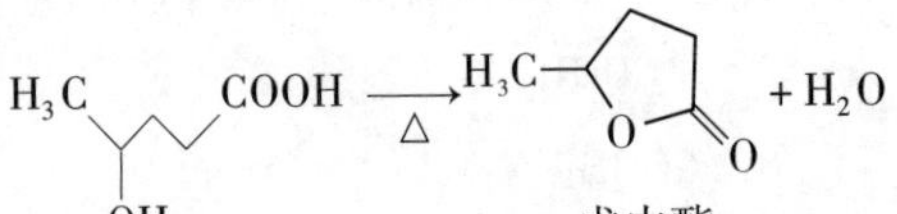

$$H_3C—CH(OH)—CH_2CH_2—COOH \xrightarrow{\triangle} \gamma\text{-戊内酯} + H_2O$$

γ－戊内酯

$$HO—CH_2CH_2—CH(CH_3)—CH_2—COOH \xrightarrow{\triangle} \text{3-甲基-δ-戊内酯} + H_2O$$

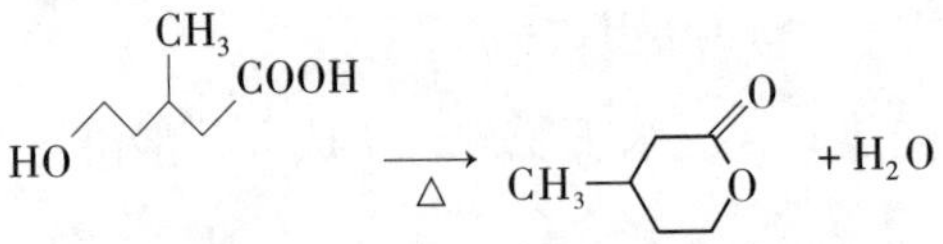

3－甲基－δ－戊内酯

羟基与羧基间的距离大于四个碳原子时，受热则生成长链的高分子聚酯。

α－羟基酸和β－羟基酸还有羟基被氧化后再脱羧的性质。

11.4.2 羰基酸

分子中含有羰基，又含有羧基的化合物称为羰基酸，如丙酮酸、3－丁酮酸等。α－羰基酸与稀硫酸共热时，脱羧生成醛；β－酮酸受热易脱羧生成酮。

$$CH_3-\overset{\overset{O}{\|}}{C}-CH_2-COOH \xrightarrow{\triangle} CH_3-\overset{\overset{O}{\|}}{C}-CH_3 + CO_2$$

$$\text{2-oxocyclohexanecarboxylic acid (COOH, =O)} \xrightarrow{\triangle} \text{cyclohexanone (=O)} + CO_2$$

$$CH_3-\overset{\overset{O}{\|}}{C}-\underset{\underset{C_6H_5}{|}}{\overset{H}{C}}-COOH \xrightarrow{\triangle} CH_3-\overset{\overset{O}{\|}}{C}-CH_2-C_6H_5 + CO_2$$

12　羧酸衍生物

羧酸衍生物是羧酸分子中的羟基被取代后的产物，重要的羧酸衍生物有酰卤、酸酐、酯和酰胺。

12.1　羧酸衍生物的结构和命名

12.1.1　结构

羧酸衍生物在结构上的共同特点是都含有酰基，酰基与其所连的基团都能形成 p－π 共轭体系。

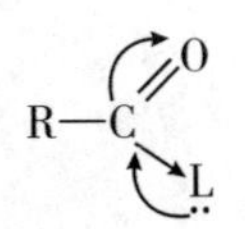

p－π 共轭体系

(1) 与酰基相连的原子的电负性都比碳大，故有－I 效应

(2) L 和碳相连的原子上有未共用电子对，故有＋C 效应

(3) 当＋C 效应＞－l 效应时，反应活性将降低，当＋C 效应＜－I 效应时，反应活性将增大

12.1.2　命名

酰卤的命名是把酰基的名称放在前面，卤素的名称放在后面，合起来称为“某酰卤”。

氮原子与酰基直接连接而成的化合物称为酰胺。连接一个酰基的叫作伯酰胺；连接两个酰基的叫作仲酰胺；连接三个酰基的叫作叔酰胺。酰胺的命名是把相应的羧酸名称改称为“某酰胺”。当酰胺氮上有取代基时，在取代基名称前加 N 标出，以表示取代基连在氮原子上。

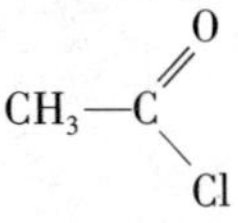

CH_3—C(=O)Cl　乙酰氯

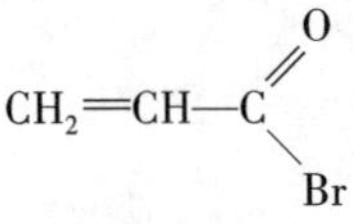

CH_2=CH—C(=O)Br　丙烯酰溴

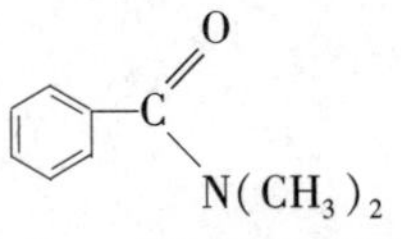

C_6H_5—C(=O)N$(CH_3)_2$　N,N－二甲基苯甲酰胺

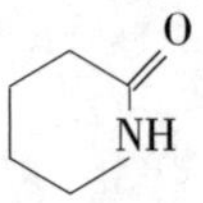

戊内酰胺

二元羧酸的两个酰基与氨基或取代的氨基相连接的环状化合物叫作酰亚胺，命名时称为“某酰亚胺”。

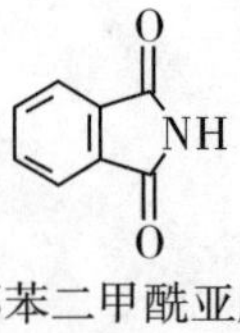

邻苯二甲酰亚胺 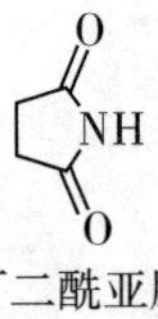　　丁二酰亚胺

由两分子相同的一元羧酸脱水所生成的酸酐称为单酐，单酐的命名是在相应羧酸的名称之后加“酐”字，酸字可以省略。由两分子不同的羧酸脱水所生成的酸酐称为混酐，它的命名是将两种羧酸依次写出，简单的羧酸名称在前，复杂的羧酸名称在后，再加“酐”字。二元酸脱水后生成的环状酐称为环酐，命名时在二元酸后加“酐”字。例如：

$CH_3—\overset{O}{\overset{\|}{C}}—O—\overset{O}{\overset{\|}{C}}—CH_3$　　$CH_3—\overset{O}{\overset{\|}{C}}—O—\overset{O}{\overset{\|}{C}}—CH_2—CH_3$

乙酸酐　　乙酸丙酸酐　　1,2－环己烯二甲酸酐

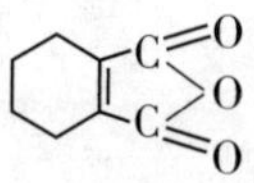

酯的命名是根据相应羧酸和醇的名称而称为“某酸某醇酯”，其中醇字可省略。多元醇的酯称为“某醇某酸酯”。二元羧酸与一元醇可形成酸性酯和中性酯。例如：

$CH_3—\overset{O}{\overset{\|}{C}}—O—CH_2CH═CH_2$　　$CH_3O—\overset{O}{\overset{\|}{C}}—H$　　$CH_2═CH—\overset{O}{\overset{\|}{C}}—OCH_3$

乙酸烯丙酯　　甲酸甲酯　　丙烯酸甲酯

$CH_3—CHCOOC_2H_5$（$CH_2COOC_2H_5$）

甲基丁二酸二乙酯　　环戊基甲酸环己酯 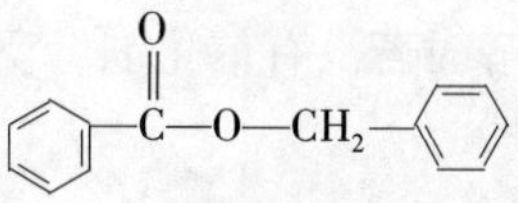　　苯甲酸苄酯

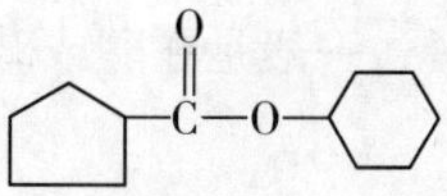

12.2　羧酸衍生物的物理性质

低级的酰卤和酸酐是有刺激性气味的液体，高级的为固体。低级的酯是易挥发并有香味的无色液体，例如乙酸异戊酯有香蕉味，苯甲酸甲酯有茉莉花的香味，丁酸甲酯有菠萝味，所以酯常常用作食品及化妆品的香料。十四碳酸以下的甲酯、乙酯均为液体，高级脂肪酸酯是蜡状固体。除甲酰胺为液体外，其余的酰胺均为固体。N,N－二取代脂肪族酰胺在室温下为液体。

酰卤、酸酐和酯分子间不能通过氢键产生缔合作用，所以它们的沸点比相对分子质量相近的羧酸要低。酰胺分子间可通过氢键缔合，因此熔点和沸点都比相应的羧酸高。

酰卤和酸酐难溶于水，但可被水分解。酯微溶于或难溶于水，易溶于有机溶剂。低级酰胺可溶于水，但随着分子量增大，溶解度逐渐减小。N,N－二甲基苯甲酰胺是非质子极性溶剂，既溶于水，又溶于有机溶剂，是一种常用的有机溶剂。

12.3 羧酸衍生物的化学性质

12.3.1 水解、醇解、氨解

1. 水解

$$R-\overset{O}{\overset{\|}{C}}-Cl + \begin{cases} H_2O \longrightarrow R-\overset{O}{\overset{\|}{C}}-OH + HCl \\ R'OH \longrightarrow R-\overset{O}{\overset{\|}{C}}-OR' + HCl \\ NH_3 \longrightarrow R-\overset{O}{\overset{\|}{C}}-NH_2 + HCl \end{cases}$$

猛烈的放热反应
不要任何催化剂

反应结果是在分子中引入酰基，故酰卤是常用的酰基化剂。酸酐也是常用的酰基化剂，但反应需要加热。

酯水解时若没有催化剂会反应很慢，一般是在酸或碱催化下进行。

$$R-\overset{O}{\overset{\|}{C}}-OR' + H_2O - \begin{cases} \overset{H^+}{\underset{\triangle}{\rightleftharpoons}} R-\overset{O}{\overset{\|}{C}}-OH + R'OH & \text{酯化的逆反应} \\ \xrightarrow[\triangle]{NaOH} R-\overset{O}{\overset{\|}{C}}-ONa + R'OH & \text{皂化反应} \end{cases}$$

2. 醇解

酯的醇解比较困难，要在酸或碱催化且加热的条件下进行。

$$\underset{\text{酯}}{R-\overset{O}{\overset{\|}{C}}-OR'} + \underset{\text{醇}}{R''OH} \xrightleftharpoons[\triangle]{H^{\oplus}\text{或}OH^{\ominus}} \underset{\text{新的酯}}{R-\overset{O}{\overset{\|}{C}}-OR''} + \underset{\text{新的醇}}{R'OH}$$

因为酯的醇解生成另一种酯和醇，这种反应称为酯交换反应。此反应在有机合成中可用于从低级醇酯制取高级醇酯（反应后蒸出低级醇）。

$$CH_3OOC-C_6H_4-COOCH_3 \xrightarrow[\triangle]{HOCH_2CH_2OH/H^+} HOCH_2CH_2OOC-C_6H_4-COOCH_2CH_2OH$$

3. 氨解

$$R-\overset{O}{\overset{\|}{C}}-OR' \xrightarrow{NH_3} R-\overset{O}{\overset{\|}{C}}-NH_2 + R'OH$$

酯能与羟氨反应生成羟肟酸。

$$RCOOC_2H_5 \xrightarrow{NH_2OH} RCONHOH + C_2H_5OH$$

羟肟酸

羟肟酸与三氯化铁作用生成红色含铁络合物，这是鉴定酯的一种很好方法。酰卤、酸酐也呈正性反应。

$$RCONHOH + FeCl_3 \longrightarrow \left[R-C(=O\rightarrow)-N(H)-O \right]_3 Fe + 3HCl$$

羟肟酸　　红色含铁络合物

羧酸衍生物的水解、醇解和氨解（胺解）属于亲核取代反应，但反应的机制与卤代烃的亲核取代反应机制不同，是通过加成—消去机制完成取代反应的。反应分两步进行，首先亲核试剂进攻羰基碳原子，碳氧双键发生亲核加成，形成四面体中间体，羰基碳原子由 sp^2 杂化变成 sp^3 杂化，然后发生消去反应，即所形成的四面体中间体不稳定，离去基团离去，生成具有共轭体系的较稳定的羧酸衍生物。通式为：

$$R-\overset{O}{\overset{\|}{C}}-L + :Nu^- \rightleftharpoons \left[R-\overset{O^-}{\overset{|}{\underset{Nu}{\underset{|}{C}}}}-L \right] \longrightarrow R-\overset{O}{\overset{\|}{C}}-Nu + L^-$$

羧酸衍生物　亲核试剂　　　　产物　离去基团

由于羧酸衍生物的亲核取代反应是经历加成—消去反应历程，所以加成和消去这两步都会对反应速度产生影响。对加成而言，羰基正电性较强，且形成的四面体中间体的空间位阻小，有利于亲核加成反应的进行；对消去而言，离去基团的碱性越小，基团越易离去，有利于消去的进行。羧酸衍生物中离去基团的碱性由强至弱的次序是：$NH_2^- > RO^- > RCOO^- > Cl^-$，它们离去能力的强弱次序是：$Cl^- > RCOO^- > RO^- > NH_2^-$。所以羧酸衍生物发生亲核取代反应的活性强弱次序是：酰卤 > 酸酐 > 酯 > 酰胺。

酸或碱对羧酸衍生物的亲核取代都有催化作用，酸催化原理为：氢质子首先与羰基结合形成锌盐，增大了羰基碳原子上的正电性，有利于亲核试剂进攻。碱催化的原理是由于碱的存在，增加了亲核试剂的有效浓度，利于反应的完成。

12.3.2　与格氏试剂反应

酰氯与格氏试剂作用可以得到酮或叔醇。反应可停留在酮的一步，但产率不高。

$$R-\overset{O}{\overset{\|}{C}}-X + R'MgX \xrightarrow{\text{无水乙醚}} R-\overset{OMgX}{\overset{|}{\underset{R'}{\underset{|}{C}}}}-X \longrightarrow R-\overset{O}{\overset{\|}{C}}-R' \xrightarrow{R'MgX} R-\overset{R'}{\overset{|}{\underset{R'}{\underset{|}{C}}}}-OMgX \xrightarrow{H_2O} R-\overset{R'}{\overset{|}{\underset{R'}{\underset{|}{C}}}}-OH$$

酮　　叔醇

酯与格氏试剂反应生成酮，由于格氏试剂对酮的反应比酯还快，反应很难停留在酮的阶段，故产物是第三醇。

$$R-\overset{O}{\overset{\|}{C}}-OC_2H_5 \xrightarrow{R'MgX} R-\underset{R'}{\underset{|}{\overset{OMgX}{\overset{|}{C}}}}-OC_2H_5 \longrightarrow \begin{matrix}R\\ \quad\backslash\\ \quad C{=}O\\ \quad/\\ R'\end{matrix} \xrightarrow{R'MgX\ \ H_2O} R-\underset{R'}{\underset{|}{\overset{R'}{\overset{|}{C}}}}-OH$$

具有位阻的酯可以停留在酮的阶段。例如：

$$(CH_3)_3CCOOCH_3 + C_3H_7MgCl \longrightarrow (CH_3)_3C\overset{O}{\overset{\|}{C}}CH_3$$

12.3.3 还原反应

羧酸衍生物比羧酸容易被还原。酰卤、酸酐和酯被还原成伯醇，酰胺还原为胺。若用氢化铝锂作原剂，碳碳双键可不受影响。

$$R-\overset{O}{\overset{\|}{C}}-Cl \xrightarrow{LiAlH_4} RCH_2OH + HCl$$

$$R-\overset{O}{\overset{\|}{C}}-O-\overset{O}{\overset{\|}{C}}-R' \xrightarrow{LiAlH_4} 2RCH_2OH$$

$$R-\overset{O}{\overset{\|}{C}}-O-R' \xrightarrow{LiAlH_4} RCH_2OH + HO-R'$$

$$R-\overset{O}{\overset{\|}{C}}-NH_2 \xrightarrow{LiAlH_4} RCH_2NH_2$$

罗森蒙德（Rosenmund）还原法可将酰卤还原为醛。

$$R-C\begin{matrix}\nearrow O\\ \searrow X\end{matrix} \xrightarrow[\text{喹啉}]{H_2/Pd-BaSO_4} RCHO$$

酯在金属（一般为钠）和非质子溶剂中发生醇酮缩合，生成酮醇。

$$C_3H_7-\overset{O}{\overset{\|}{C}}-O-C_2H_5 \xrightarrow{Na} C_3H_7-\overset{O^-}{\overset{|}{C}}-OC_2H_5 \longrightarrow \begin{matrix}C_3H_7-\overset{O^-}{\overset{|}{C}}-OC_2H_5\\ |\\ C_3H_7-\underset{O^-}{\underset{|}{C}}-OC_2H_5\end{matrix} \longrightarrow$$

$$\begin{matrix}C_3H_7-C{=}O\\ |\\ C_3H_7-C{=}O\end{matrix} \xrightarrow{Na} \begin{matrix}C_3H_7-C-O^-\\ \|\\ C_3H_7-C-O^-\end{matrix} \xrightarrow{H^+} \begin{matrix}C_3H_7-C{=}O\\ |\\ C_3H_7-\underset{H}{\underset{|}{C}}-OH\end{matrix}$$

这是用二元酸酯合成大环化合物很好的方法。

12.3.4 酯缩合反应

有 $\alpha-H$ 的酯在强碱（一般是用乙醇钠）的作用下与另一分子酯发生缩合反应，失去一分子醇，生成 β－羰基酯的反应叫作酯缩合反应，又称为克莱森（Claisen）缩合。例如：

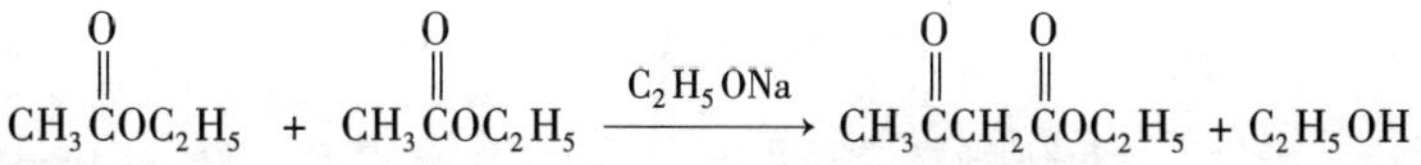

$$CH_3\overset{O}{\overset{\|}{C}}OC_2H_5 + CH_3\overset{O}{\overset{\|}{C}}OC_2H_5 \xrightarrow{C_2H_5ONa} CH_3\overset{O}{\overset{\|}{C}}CH_2\overset{O}{\overset{\|}{C}}OC_2H_5 + C_2H_5OH$$

乙酰乙酸乙酯

1. 交叉酯缩合

两种有 α-H 的酯的酯缩合反应产物复杂，无实用价值。无 α-H 的酯与有 α-H 的酯的酯缩合反应产物纯度高，有合成价值。例如：

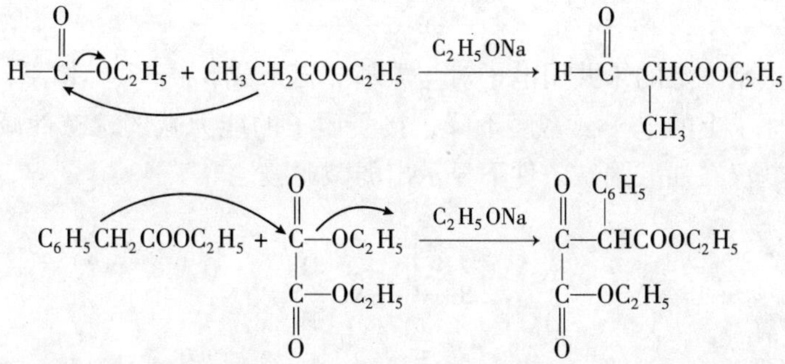

$$H-\overset{O}{\overset{\|}{C}}-OC_2H_5 + CH_3CH_2COOC_2H_5 \xrightarrow{C_2H_5ONa} H-\overset{O}{\overset{\|}{C}}-\underset{CH_3}{\underset{|}{C}}HCOOC_2H_5$$

$$C_6H_5CH_2COOC_2H_5 + \begin{matrix} O \\ \| \\ C-OC_2H_5 \\ | \\ C-OC_2H_5 \\ \| \\ O \end{matrix} \xrightarrow{C_2H_5ONa} \begin{matrix} O \quad C_6H_5 \\ \| \quad\ \ | \\ C-CHCOOC_2H_5 \\ | \\ C-OC_2H_5 \\ \| \\ O \end{matrix}$$

酮可与酯进行缩合得到 β-羰基酮。

2. 分子内酯缩合

己二酸和庚二酸酯在强碱的作用下发生分子内酯缩合，生成环酮衍生物的反应称为狄克曼（Dieckmann）反应。例如：

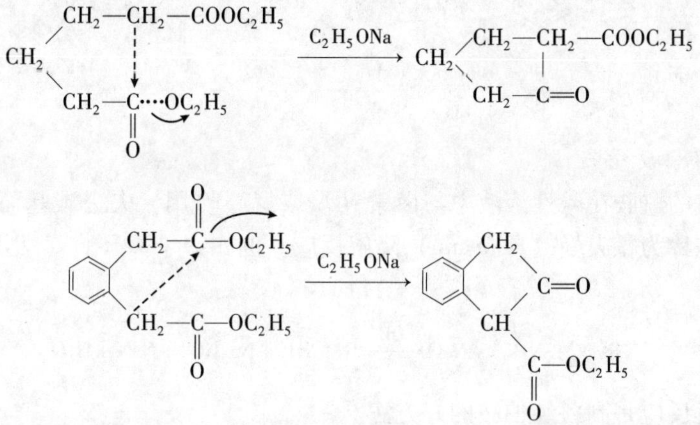

$$\begin{matrix} CH_2-CH_2-COOC_2H_5 \\ CH_2 \\ CH_2-\overset{}{C}\cdots OC_2H_5 \\ \| \\ O \end{matrix} \xrightarrow{C_2H_5ONa} \begin{matrix} CH_2-CH_2-COOC_2H_5 \\ CH_2 \qquad | \\ CH_2-C=O \end{matrix}$$

$$\begin{matrix} O \\ \| \\ CH_2-C-OC_2H_5 \\ C_6H_4 \\ CH_2-C-OC_2H_5 \\ \| \\ O \end{matrix} \xrightarrow{C_2H_5ONa} \begin{matrix} CH_2 \\ C_6H_4 \quad C=O \\ CH \\ | \\ C-OC_2H_5 \\ \| \\ O \end{matrix}$$

缩合产物经酸性水解生成 β-羰基酸，β-羰基酸受热易脱羧，最后的产物是环酮。

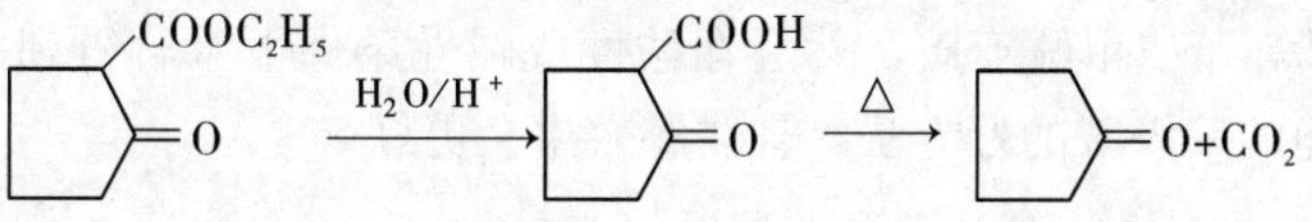

$$\text{(环戊酮-2-)}COOC_2H_5 \xrightarrow{H_2O/H^+} \text{(环戊酮-2-)}COOH \xrightarrow{\triangle} \text{环戊酮}=O + CO_2$$

狄克曼反应是合成五元碳环和六元碳环的重要方法。

12.3.5 珀金反应

酸酐在羧酸钠的催化下与醛作用，再脱水生成烯酸的反应称为铂金（Perkin）反应。

$$RCH_2C(=O)-O-C(=O)CH_2R + C_6H_5CHO \xrightarrow[\triangle]{RCOONa} C_6H_5-CH(OH)-CR(H)-COOH \xrightarrow{-H_2O} C_6H_5-CH=CR-COOH$$

12.3.6 酰胺的特性

1. 酸碱性

酰胺分子中氨基氮上的未共用电子对与羰基π键形成p-π共轭体系，电子云向氧原子偏移，结果使氮原子上的电子云密度下降，接受质子的能力减弱，碱性减弱，因此酰胺一般是中性化合物，仅在强酸强碱条件下显示出弱碱弱酸性。

$$R-\overset{O}{\overset{\|}{C}}-\ddot{N}H_2$$

在酰亚胺分子中，氮原子连接两个酰基，电子云密度极大降低，使N—H键极性加大，从而呈现明显的酸性。酰亚胺能与氢氧化钠（氢氧化钾）水溶液生成盐，成盐后氮上的负电荷可被两个酰基分散而得以稳定。

$$\text{邻苯二甲酰亚胺(NH)} + NaOH \longrightarrow \text{邻苯二甲酰亚胺}\overset{-}{N}\overset{+}{Na} + H_2O$$

$pK_a = 7.4$

2. 霍夫曼降解反应

氮上未取代的酰胺在碱性溶液中与卤素（溴或氯）作用，失去羰基而生成少一个碳原子的伯胺的反应称为霍夫曼（Hofmann）降解反应。例如：

$$R-\overset{O}{\overset{\|}{C}}-NH_2 + NaOX \xrightarrow{OH^-} R-NH_2 + Na_2CO_3 + NaX + H_2O$$

霍夫曼降解反应是制备纯伯胺的好方法。

3. Gabriel合成法

邻苯二甲酰亚胺与氢氧化钾的乙醇溶液作用转变为邻苯二甲酰亚胺盐，此盐和卤代烃反应生成N-烷基邻苯二甲酰亚胺，然后在酸性或碱性条件下水解得到一级胺和邻苯二甲酸，这是制备纯净的一级胺的好方法，且肼解效果会更好。

$$\text{邻苯二甲酰亚胺(NH)} \xrightarrow[C_2H_5OH]{KOH} \text{邻苯二甲酰亚胺}N^-K^+ \xrightarrow[DMF]{RI} \text{邻苯二甲酰亚胺}NR \xrightarrow{H^+/H_2O} C_6H_4(COOH)_2 + RNH_2$$

12.4　乙酰乙酸乙酯和丙二酸二乙酯在有机合成上的应用

12.4.1　乙酰乙酸乙酯

12.4.1.1　性质

1. 互变异构现象

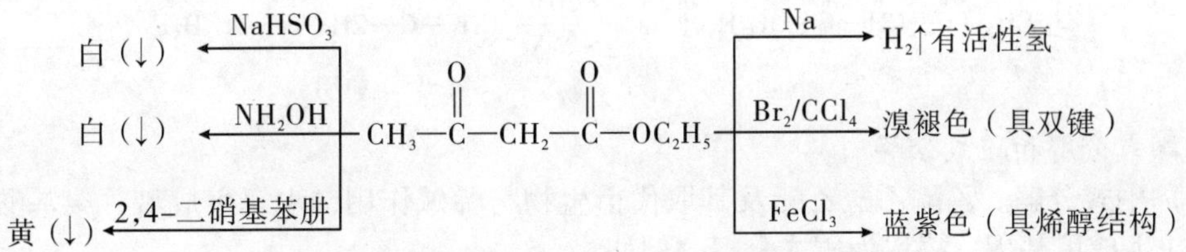

$$CH_3-\overset{O}{\overset{\|}{C}}-CH_2-\overset{O}{\overset{\|}{C}}-OC_2H_5$$

- $\xrightarrow{NaHSO_3}$ 白（↓）
- $\xrightarrow{NH_2OH}$ 白（↓）
- $\xrightarrow{2,4-二硝基苯肼}$ 黄（↓）
- $\xrightarrow{Na}$ H_2↑有活性氢
- $\xrightarrow{Br_2/CCl_4}$ 溴褪色（具双键）
- $\xrightarrow{FeCl_3}$ 蓝紫色（具烯醇结构）

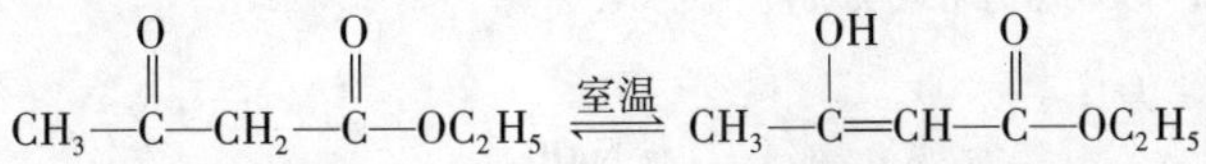

$$\underset{酮式(93\%)}{CH_3-\overset{O}{\overset{\|}{C}}-CH_2-\overset{O}{\overset{\|}{C}}-OC_2H_5} \overset{室温}{\rightleftharpoons} \underset{烯醇式(7\%)}{CH_3-\overset{OH}{\overset{|}{C}}=CH-\overset{O}{\overset{\|}{C}}-OC_2H_5}$$

生成的烯醇式稳定的原因有以下两个：①形成共轭体系，降低了体系的内能。

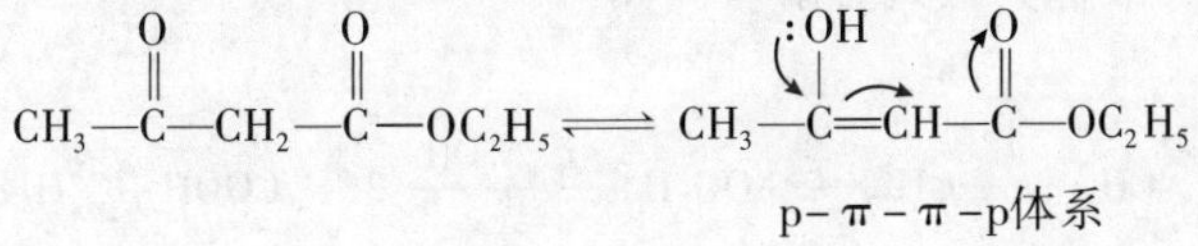

$$CH_3-\overset{O}{\overset{\|}{C}}-CH_2-\overset{O}{\overset{\|}{C}}-OC_2H_5 \rightleftharpoons \underset{p-\pi-\pi-p体系}{CH_3-\overset{:OH}{\overset{|}{C}}=CH-\overset{O}{\overset{\|}{C}}-OC_2H_5}$$

②烯醇结构可形成分子内氢键（形成较稳定的六元环体系）。

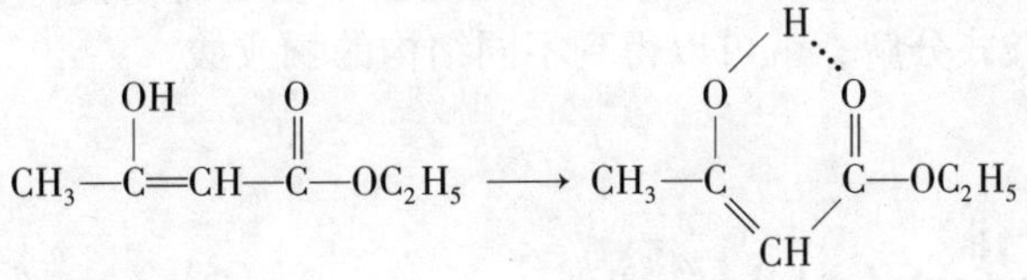

$$CH_3-\overset{OH}{\overset{|}{C}}=CH-\overset{O}{\overset{\|}{C}}-OC_2H_5 \longrightarrow CH_3-C(-O-H\cdots O=)C-OC_2H_5\ (六元环，环中含 C=CH)$$

2. 亚甲基活泼氢的性质

（1）酸性。乙酰乙酸乙酯的α-碳原子上由于受到两个吸电子基（羰基和酯基）的作用，α-H很活泼，具有一定的酸性，易与金属钠、乙醇钠作用形成钠盐。

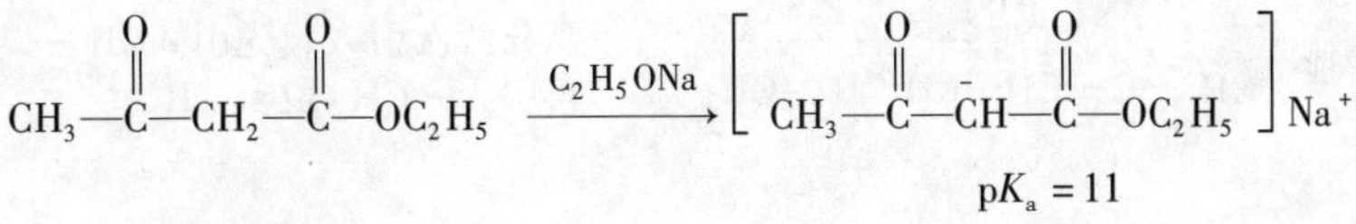

$$CH_3-\overset{O}{\overset{\|}{C}}-CH_2-\overset{O}{\overset{\|}{C}}-OC_2H_5 \xrightarrow{C_2H_5ONa} \left[CH_3-\overset{O}{\overset{\|}{C}}-\overset{-}{C}H-\overset{O}{\overset{\|}{C}}-OC_2H_5\right]Na^+$$

$$pK_a=11$$

（2）钠盐的烷基化和酰基化。乙酰乙酸乙酯的钠盐与卤代烃、酰卤反应，生成烃基和酰基取代的乙酰乙酸乙酯。

烷基化：

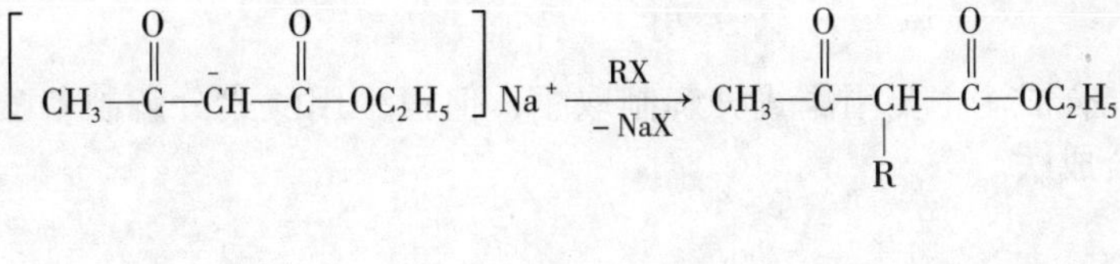

$$\left[CH_3-\overset{O}{\overset{\|}{C}}-\overset{-}{C}H-\overset{O}{\overset{\|}{C}}-OC_2H_5\right]Na^+ \xrightarrow[-NaX]{RX} CH_3-\overset{O}{\overset{\|}{C}}-\underset{R}{\underset{|}{C}H}-\overset{O}{\overset{\|}{C}}-OC_2H_5$$

$$CH_3-\overset{O}{\overset{\|}{C}}-\underset{R}{\underset{|}{CH}}-\overset{O}{\overset{\|}{C}}-OC_2H_5 \xrightarrow{C_2H_5ONa} CH_3-\overset{O}{\overset{\|}{C}}-\underset{R}{\underset{|}{\bar{C}}}-\overset{O}{\overset{\|}{C}}-OC_2H_5Na^+ \xrightarrow[-NaX]{R'X} CH_3-\overset{O}{\overset{\|}{C}}-\underset{R}{\underset{|}{\overset{R'}{\overset{|}{C}}}}-\overset{O}{\overset{\|}{C}}-OC_2H_5$$

注：①R 最好用1°、2°产量低，不能用3°和乙烯式卤代烃；②第二次引入的 R′要比 R 活泼；③RX 也可是卤代酸酯和卤代酮。

酰基化：

$$\left[CH_3-\overset{O}{\overset{\|}{C}}-\bar{C}H-\overset{O}{\overset{\|}{C}}-OC_2H_5\right]Na^+ \xrightarrow[-NaX]{RCOX} CH_3-\overset{O}{\overset{\|}{C}}-\underset{COR}{\underset{|}{CH}}-\overset{O}{\overset{\|}{C}}-OC_2H_5$$

3. 酮式分解和酸式分解

（1）酮式分解。乙酰乙酸乙酯及其取代衍生物与稀碱作用，水解生成 β－羰基酸，受热后脱羧生成甲基酮，故称为酮式分解。例如：

$$CH_3-\overset{O}{\overset{\|}{C}}-CH_2-\overset{O}{\overset{\|}{C}}-OC_2H_5 \xrightarrow{\text{稀 NaOH}} CH_3-\overset{O}{\overset{\|}{C}}-CH_3 + C_2H_5OH + CO_2$$

（2）酸式分解。乙酰乙酸乙酯及其取代衍生物在浓碱作用下，主要发生乙酰基的断裂，生成乙酸或取代乙酸，故称为酸式分解。例如：

$$CH_3-\overset{O}{\overset{\|}{C}}-CH_2-\overset{O}{\overset{\|}{C}}-OC_2H_5 \xrightarrow{\text{浓 NaOH}} 2CH_3COOH + C_2H_5OH$$

12.4.1.2 乙酰乙酸乙酯在有机合成上的应用

由于乙酰乙酸乙酯的上述性质，我们可以通过亚甲基上的取代，引入各种不同的基团后，再经酮式分解或酸式分解，就可以得到不同结构的酮或酸。

例如：

合成 $CH_3-\overset{O}{\overset{\|}{C}}-CH_2-CH_2-C_6H_5$（原：$CH_3-\overset{O}{\overset{\|}{C}}-CH_2$；引：$CH_2-C_6H_5$）　经结构分析，需引入 $C_6H_5-CH_2-$

又如：

合成 $CH_3-\overset{O}{\overset{\|}{C}}-\overset{CH_3}{\overset{|}{CH}}-CH_2CH=CH_2$（原：$CH_3-\overset{O}{\overset{\|}{C}}-CH$；引：$CH_3$，$CH_2CH=CH_2$）　要分两次引入，先引入$CH_3-$再引入$-CH_2CH=CH_2$

再如：

合成 $CH_3-\overset{O}{\overset{\|}{C}}-CH_2-\overset{O}{\overset{\|}{C}}-C_6H_{11}$（原：$CH_3-\overset{O}{\overset{\|}{C}}-CH_2$；引：$\overset{O}{\overset{\|}{C}}-C_6H_{11}$）　$C_6H_{11}-\overset{O}{\overset{\|}{C}}-CH_3$（引：环己基；原：$\overset{O}{\overset{\|}{C}}-CH_3$）

乙酰乙酸乙酯合成法主要用酮式分解制取酮，但很少用酸式分解制备酸，制备酸一般用丙二酸二乙酯合成法。

12.4.2 丙二酸二乙酯

12.4.2.1 性质

1. 酸性和烃基化

$$CH_2(COOC_2H_5)_2 \xrightarrow{NaOC_2H_5} Na^+\ \bar{C}H(COOC_2H_5)_2 \qquad pK_a = 13$$

$$Na^+\ \bar{C}H(COOC_2H_5)_2 \xrightarrow[-NaX]{RX} R{-}CH(COOC_2H_5)_2$$

$$R{-}CH(COOC_2H_5)_2 \xrightarrow{NaOC_2H_5} R{-}\bar{C}(COOC_2H_5)_2\ Na^+ \xrightarrow[-NaX]{RX} RR'C(COOC_2H_5)_2$$

$$2CH_2(COOC_2H_5)_2 \xrightarrow[X(CH_2)_nX]{NaOC_2H_5} (CH_2)_n[CH(COOC_2H_5)_2]_2 \xrightarrow[NaOC_2H_5]{CH_2I_2} (CH_2)_n \text{ 与 } CH_2 \text{ 经两个 } C(COOC_2H_5)_2 \text{ 成环}$$

$$CH_2(COOC_2H_5)_2 \xrightarrow[(2)\ Br(CH_2)_4Br]{(1)\ NaOC_2H_5} \text{环戊烷-1,1-}(COOC_2H_5)_2$$

2. 水解脱羧

丙二酸二乙酯及其取代衍生物水解生成丙二酸，丙二酸不稳定，易脱羧成为羧酸。例如：

$$R{-}CH(COOC_2H_5)_2 \xrightarrow[H_2O]{NaOH} R{-}CH(COONa)_2 \xrightarrow[(2)\ \triangle,\ -CO_2]{(1)\ H^+} R{-}CH_2COOH$$

12.4.2.2 丙二酸二乙酯在有机合成上的应用

丙二酸二乙酯的上述性质在有机合成上广泛用于各种类型羧酸的合成（一取代乙酸、二取代乙酸、环烷基甲酸、二元羧酸等）。

例如，用丙二酸二乙酯合成法合成下列化合物，其结构分析如下：

$CH_3{-}CH_2{-}CH(CH_3){-}COOH$：$CH_3CH_2{-}$ 和 CH_3 为引入，$CH{-}COOH$ 为原有

环戊基$-COOH$：环戊基为引入，$CH{-}COOH$ 为原有

$CH_2{-}CH_2COOH$ / $CH_2{-}CH_2COOH$：$CH_2{-}CH_2$ 为引入，两个 CH_2COOH 为原有

$CH_3{-}CH_2{-}CH(CH_2COOH){-}COOH$：$CH_3CH_2{-}$ 和 CH_2COOH 为引入，$CH{-}COOH$ 为原有

具有活泼亚甲基的化合物容易在碱性条件下形成稳定的碳负离子，所以它们还可以和羰基发生一系列亲核加成反应，例如，柯诺瓦诺格（Knoevenagel）反应、迈克尔加成。

13 含氮有机化合物

含氮有机化合物是指分子中氮原子和碳原子直接相连的有机化合物，也可看成烃分子中的一个或几个氢原子被氮的官能团所取代的衍生物。这类化合物范围广，种类多，与生命活动和人类日常生活关系密切。本章主要讨论芳香硝基化合物、胺和重氮及偶氮化合物。

13.1 硝基化合物的结构、命名及性质

13.1.1 结构、命名及物理性质

烃分子中的一个或几个氢原子被硝基取代后的衍生物称为硝基化合物，硝基化合物一般写为 R—NO_2、Ar—NO_2，不能写成 R—ONO（R—ONO 表示硝酸酯）。

根据硝基连接的烃的不同，可分为脂肪族硝基化合物和芳香族硝基化合物；根据硝基的数目可分为一硝基化合物和多硝基化合物。硝基化合物与硝酸酯是同分异构体。

硝基的结构一般表示为：$-\overset{\overset{\large O}{\|}}{N}\rightarrow O$ （由一个 N ═O 和一个 N→O 配位键组成）。物理测试表明，两个 N—O 键键长相等，这说明硝基为 p－π 共轭体系（氮原子是以 sp^2 杂化成键的），其结构表示如下：

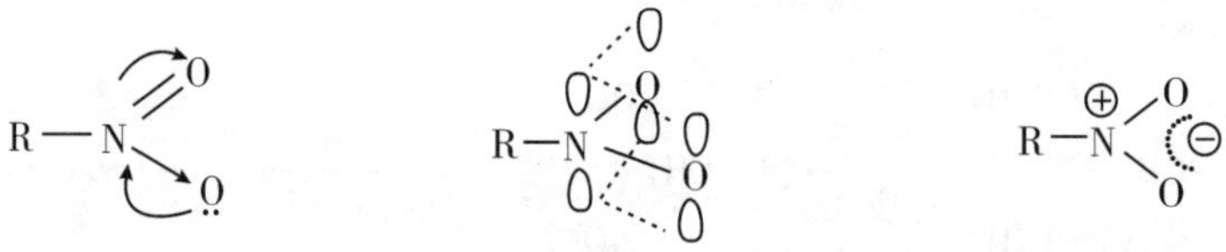

硝基化合物的命名与卤代烃相似，硝基通常作为取代基。例如：

CH_3NO_2　硝基甲烷

$CH_3\underset{\underset{NO_2}{|}}{C}HCH_3$　2－硝基丙烷

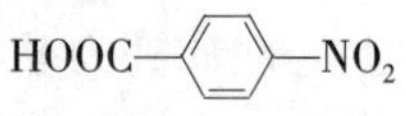

HOOC—C_6H_4—NO_2　对硝基苯甲酸

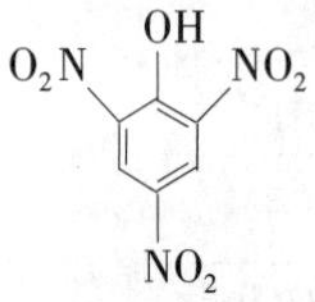

2,4,6－三硝基苯酚（苦味酸）

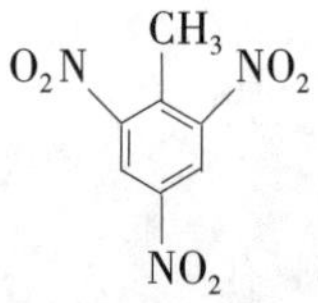

2,4,6－三硝基甲苯（TNT）

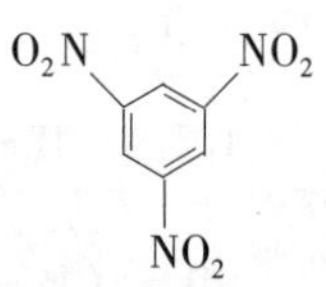

1,3,5－三硝基苯（TNB）

大部分芳香硝基化合物为淡黄色固体，有的还有苦杏仁气味，一般难溶于水，易溶于有机溶剂。硝基化合物的偶极矩较大，沸点比相应的卤代烃高，多硝基化合物具有爆炸性，液体硝基化合物是良好的有机溶剂，有毒性，能透过皮肤被吸收，进入血液中会与血红蛋白作用，严重时可以致死。

13.1.2 硝基化合物的化学性质

13.1.2.1 脂肪族硝基化合物的化学性质

（1）还原。硝基化合物可在酸性还原系统中（Fe、Zn、Sn 和 HCl）或催化氢化为胺。

（2）酸性。硝基为强吸电子基，能活泼 α－H，所以有 α－H 的硝基化合物能产生假酸式—酸式互变异构，从而具有一定的酸性。例如，硝基甲烷的 pK_a 值为 10.2。

$$\underset{\text{假酸式（主）}}{R-CH_2-\overset{+}{N}(=O)-O^-} \rightleftharpoons \underset{\text{酸式（较少）}}{R-CH=\overset{+}{N}(-OH)-O^-} \xrightarrow{NaOH} \left[R-CH=\overset{+}{N}(-O)-O^-\right]^- Na^+$$

（3）与羰基化合物缩合。有 α－H 的硝基化合物在碱性条件下能与某些羰基化合物起缩合反应。

$$R-CH_2-NO_2 + R'-\underset{H\,(R'')}{C}=O \xrightarrow{OH^-} R'-\underset{H\,(R'')}{\overset{OH}{C}}-\underset{R'}{\overset{H}{C}}-NO_2 \xrightarrow[\Delta]{-H_2O} R'-\underset{H\,(R'')}{C}=\underset{R'}{C}-NO_2$$

其缩合过程是：硝基烷在碱的作用下脱去 α－H 形成碳负离子，碳负离子再与羰基化合物发生缩合反应。

（4）与亚硝酸的反应。

$$R-CH_2-NO_2 + HONO \longrightarrow \underset{\text{蓝色结晶}}{R-\underset{NO}{CH}-NO_2} \xrightarrow{NaOH} \underset{\text{溶于NaOH呈红色溶液}}{\left[R-\underset{NO}{C}-NO_2\right]^- Na^+}$$

$$R_2CH-NO_2 + HONO \longrightarrow \underset{\text{蓝色结晶}}{R_2\underset{NO}{C}-NO_2} \xrightarrow{NaOH} \text{不溶于 NaOH 蓝色不变}$$

第三硝基烷与亚硝酸不发生反应。此性质可用于区别三类硝基化合物。

13.1.2.2 芳香族硝基化合物的化学性质

1. 还原反应

硝基苯在酸性条件下用 Zn 或 Fe 为还原剂还原，其最终产物是伯胺。

若选用适当的还原剂，可使硝基苯还原成各种不同的中间还原产物，这些中间还原产物又在一定的条件下互相转化。

2. 硝基对苯环上其他基团的影响

硝基同苯环相连后，对苯环呈现出强的吸电子诱导效应和吸电子共轭效应，使苯环上的电子云密度大大降低，亲电取代反应变得困难，但硝基可使邻位基团的反应活性（亲核取代）增加。

（1）使卤苯易水解、氨解、烷基化。例如：

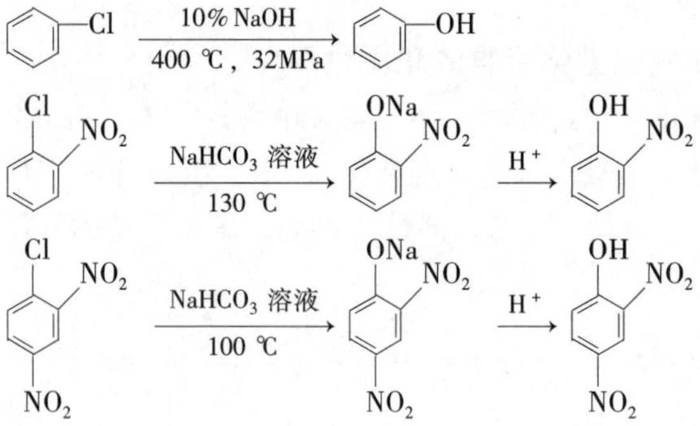

$$C_6H_5Cl \xrightarrow[400\ ℃,\ 32MPa]{10\%\ NaOH} C_6H_5OH$$

$$\text{邻硝基氯苯} \xrightarrow[130\ ℃]{NaHCO_3\ 溶液} \text{邻硝基苯酚钠(ONa, NO_2)} \xrightarrow{H^+} \text{邻硝基苯酚(OH, NO_2)}$$

$$\text{2,4-二硝基氯苯} \xrightarrow[100\ ℃]{NaHCO_3\ 溶液} \text{2,4-二硝基苯酚钠(ONa, NO_2, NO_2)} \xrightarrow{H^+} \text{2,4-二硝基苯酚(OH, NO_2, NO_2)}$$

卤素直接连接在苯环上很难被氨基、烷氧基取代，当苯环上有硝基存在时，则卤代苯的氨解、烷基化在没有催化剂条件下即可发生。

（2）使酚的酸性增强。

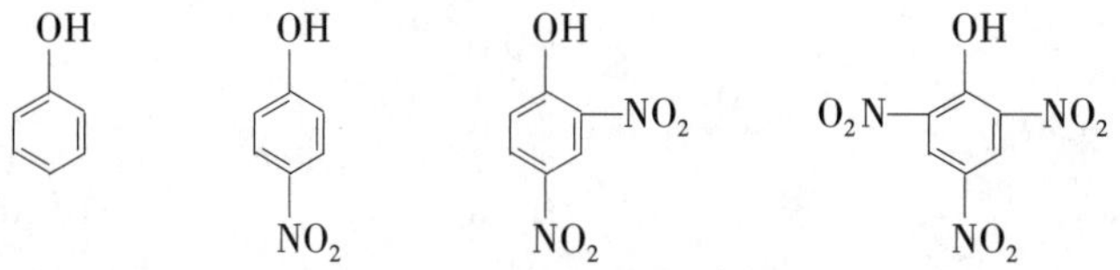

	苯酚	对硝基苯酚	2,4-二硝基苯酚	2,4,6-三硝基苯酚
pK_a 值	9.89	7.15	4.09	0.38

13.2 胺

13.2.1 分类、结构和命名

13.2.1.1 分类

胺可以看作氨（NH_3）中的氢原子被烃基取代的衍生物，正如醇、醚是水的衍生物。根据氨中一个、两个或三个氢原子被烃基取代的情况，将胺分为伯胺（1°胺）、仲胺（2°胺）、叔胺（3°胺）。铵离子（NH_4^+）中氮原子所连接的四个氢原子被烃基取代所形成的化合物称为季铵盐，季铵盐分子中的酸根离子被 OH^- 取代而成的化合物称为季铵碱。

胺也可以根据分子中氮原子所连接烃基的种类不同，将胺分为脂肪胺和芳香胺。氮原子直接与脂肪烃相连的胺称为脂肪胺，氮原子直接与芳环相连的胺称为芳香胺。

芳香胺：$ArNH_2$、Ar_2NH、$ArNHR$、$ArNR_2$ ← NH_3 →

$R—NH_2$	伯胺（1°胺）	脂肪胺
R_2NH	仲胺（2°胺）	脂肪胺
R_3N	叔胺（3°胺）	脂肪胺
$R_4\overset{+}{N}X^-$	季铵盐	
$R_4\overset{+}{N}OH^-$	季铵碱	

应注意伯胺、仲胺、叔胺中的伯、仲、叔的含量与卤代烃和醇中的不同。例如：

$$\begin{array}{c} CH_3 \\ | \\ H_3C—C—CH_3 \\ | \\ OH \end{array} \qquad\qquad \begin{array}{c} CH_3 \\ | \\ H_3C—C—CH_3 \\ | \\ NH_2 \end{array}$$

叔丁醇(叔醇)　　　　叔丁胺(伯胺)

根据胺中所含氨基（—NH_2）数目的不同，还可以将胺分为一元胺、二元胺、多元胺。例如：

$$CH_3CH_2NH_2 \qquad\qquad H_2NCH_2CH_2NH_2 \qquad\qquad \begin{array}{c} \quad\; NH_2 \\ \quad\; | \\ H_2N—CH_2CHCH_2—NH_2 \end{array}$$

一元胺　　　　二元胺　　　　多元胺

13.2.1.2　结构

氮原子的电子构型是 $1s^22s^22p^3$，最外层有三个未成对电子，占据着三个 2p 轨道，氨和胺中的氮原子为不等性的 sp^3 杂化，其中三个 sp^3 杂化轨道分别与三个氢原子或碳原子，形成三个 σ 键，氮原子上的另一个 sp^3 杂化轨道被一对孤对电子占据，位于棱锥形的顶端，类似第四个基团。这样，氨的空间结构与甲烷分子的正四面体结构相类似，氮在四面体的中心。

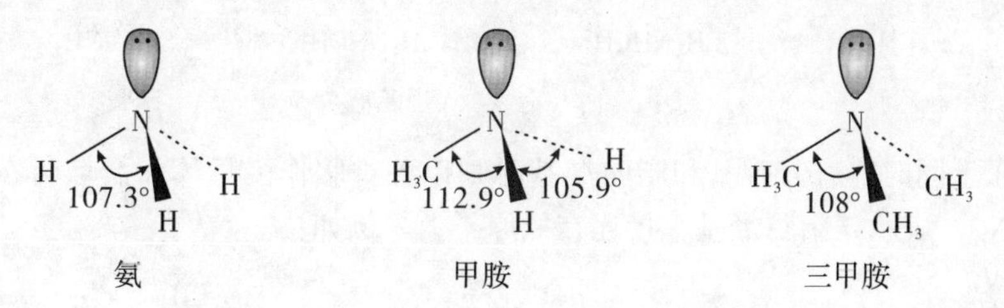

苯胺分子中，氨基的结构虽然与氨的结构相似，但未共用电子对所占杂化轨道的 p 成分要比氨多。因此，苯胺氮原子上的未共用电子对所在的轨道与苯环上的 p 轨道虽不完全平行，但仍可与苯环的 π 轨道形成一定的共轭。苯胺分子中氮原子仍稍现棱锥形结构，H—N—H 键角为 113.9°，较氨中 H—N—H 键角（107.3°）大。H—N—H 平面与苯环平面的夹角为 39.4°。

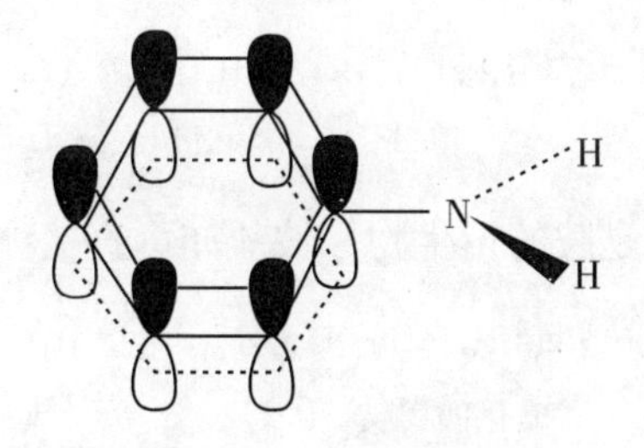

图 13－1　苯胺的结构

当氮原子上连有三个不同的原子或基团时，此氮原子成为手性氮原子，胺即手性分子。如甲乙胺为手性分子，应存在一对对映体。然而，简单的手性胺的这一对对映体，可通过一个平面过渡态相互转变。这种转变所需的能量较低，约为 25kJ/mol，在室温下就可以很快转化，就目前的科学技术来说，还不能把它们分离。

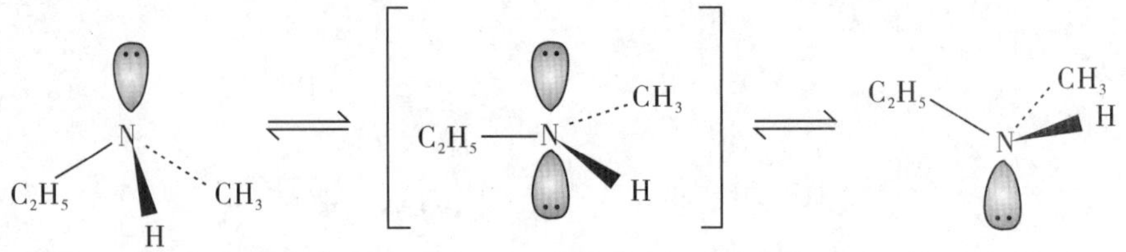

$$C_2H_5(CH_3)NH \rightleftharpoons [C_2H_5(CH_3)NH]^{\ne} \rightleftharpoons C_2H_5(CH_3)NH$$

季铵盐或季铵碱中的氮原子四个 sp^3 杂化轨道都用于成键，氮的转化不易发生，如果氮上的四个基团不同，则该分子具有手性，并能分离出比较稳定的、具有光学活性的对映体。如下列化合物就可以进行拆分：

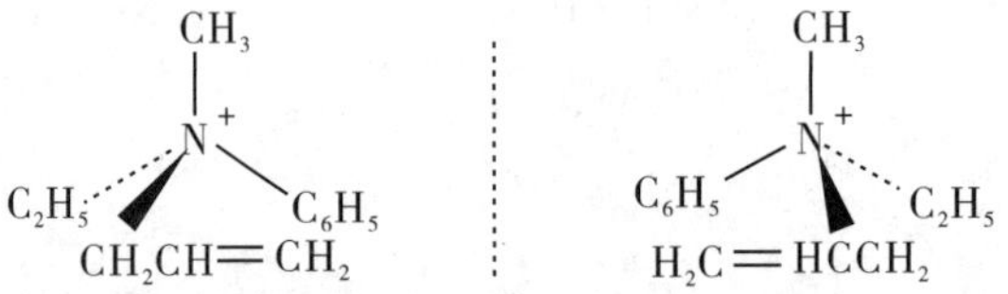

CH_3、C_2H_5、C_6H_5、$CH_2CH{=}CH_2$ 连于 N^+ 的一对对映体

13.2.1.3 命名

胺的命名有两种：简单的胺是以胺作为母体，烃基作为取代基，命名时将烃基的名称和数目写在母体胺的前面，“基”字一般可以省略；当胺中氮原子所连烃基不同时，按顺序规则中的较优基团后列出原则。例如：

$CH_3CH_2NH_2$	CH_3NHCH_3	$CH_3CH_2NHCH_3$	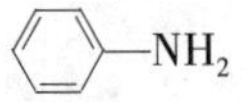 $C_6H_5{-}NH_2$
乙胺	二甲胺	甲乙胺	苯胺

当氮原子上同时连有芳香基和脂肪烃基时则以芳香胺作为母体，命名时在脂肪烃基前加上字母“N”，表示该脂肪烃基直接连在氮原子上。例如：

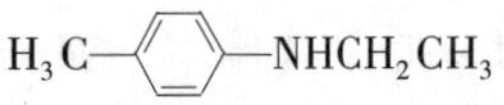

$H_3C{-}C_6H_4{-}NHCH_2CH_3$	$C_6H_5{-}N(CH_3)CH_2CH_3$
对甲基－N－乙基苯胺	N－甲基－N－乙基苯胺

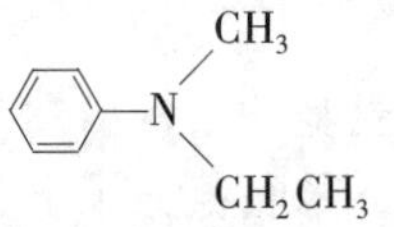

比较复杂的胺，以烃作为母体，氨基作为取代基来命名。例如：

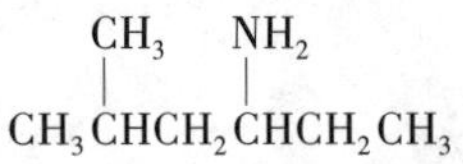

$$CH_3CH(CH_3)CH_2CH(NH_2)CH_2CH_3$$

2－甲基－4－氨基己烷

铵盐及季铵化合物可看作是胺的衍生物，铵盐亦可直接称为某铵的某盐。例如：

$CH_3NH_3^+Cl^-$	$[(CH_3)_4N]^+I^-$	$[(CH_3)_3NCH_2CH_3]^+OH^-$
氯化甲铵	碘化四甲铵	氢氧化三甲乙铵

命名时注意氨、胺和铵的含义，在表示基时用“氨”；表示 NH_3 的烃基衍生物时用“胺”；表示铵盐或季铵碱时用“铵”。

13.2.2 物理性质

相对分子质量较低的胺如甲胺、二甲胺、三甲胺和乙胺等在常温下均为无色气体，丙胺以上为液体，高级胺为固体。

伯胺和仲胺可以形成分子间氢键，而叔胺的氮原子上不连氢原子，分子间不能形成氢键，故伯胺和仲胺的沸点要比碳原子数目相同的叔胺高。同样的道理，伯胺和仲胺的沸点较分子量相近的烷烃高。但是，由于氮的电负性不如氧的强，氨分子间的氢键比醇分子间的氢键弱，所以胺的沸点低于相对分子质量相近的醇的沸点。

六个碳原子以下的低级胺可溶于水，这是因为氨基可与水形成氢键。但随着胺中烃基碳原子数的增多，水溶性减小，高级胺难溶于水。胺有难闻的气味，许多脂肪胺有鱼腥臭，丁二胺与戊二胺有腐烂肉的臭味，它们又分别被叫作腐胺和尸胺。

许多胺有一定的生理作用。气态胺对中枢神经系统有轻微抑制作用；苯胺有毒，可引起皮肤起疹、恶心、视力不清、精神不安，使用时谨防中毒；萘胺和联苯胺是致癌物质。

13.2.3 化学性质

13.2.3.1 碱性

胺和氨相似，具有碱性，能与大多数酸作用生成盐。

$$R—\ddot{N}H_2 + HCl \longrightarrow R—\overset{+}{N}H_3Cl^-$$

$$R—\ddot{N}H_2 + HOSO_3H \longrightarrow R—\overset{+}{N}H_3^- OSO_3H$$

胺的碱性较弱，其盐与氢氧化钠溶液作用时，释放出游离胺。

$$R—\overset{+}{N}H_3Cl^- + NaOH \longrightarrow RNH_2 + Cl^- + H_2O$$

碱性　　脂肪胺 > 氨 > 芳香胺

pK_b值　　<4.70　4.75 >8.40

脂肪胺　在气态时碱性强弱次序为：$(CH_3)_3N > (CH_3)_2NH > CH_3NH_2 > NH_3$

在水溶液中碱性强弱次序为：$(CH_3)_2NH > CH_3NH_2 > (CH_3)_3N > NH_3$

原因：气态时仅有烷基的供电子效应，烷基越多，供电子效应越大，故碱性强弱次序如上。

在水溶液中，碱性的强弱取决于电子效应、溶剂化效应等。

溶剂化效应——铵正离子与水的溶剂化作用（胺的氮原子上的氢与水形成氢键的作用）。胺的氮原子上的氢越多，溶剂化作用越大，铵正离子越稳定，胺的碱性越强。伯胺氮上的氢最多，其铵正离子最稳定，其次为仲胺、叔胺。单一的溶剂化作用使胺的碱性强弱次序为：伯胺 > 仲胺 > 叔胺。

$R—\overset{+}{N}(—H\cdots OH_2)_3$　　$R_2—\overset{+}{N}(—H\cdots OH_2)_2$　　$R_3\overset{+}{N}—H\cdots OH_2$

芳香胺的碱性强弱次序为 $ArNH_2 > Ar_2NH > Ar_3N$。例如：

	NH_3	$PhNH_2$	$(Ph)_2NH$	$(Ph)_3N$
pK_b值	4.75	9.38	13.21	中性

胺的碱性还受空间效应的影响，氮原子上连接的基团越大越多，质子越不易与氮原子接近，碱性越弱，因而叔胺的碱性降低。

对取代芳香胺，苯环上连供电子基时，碱性略有增强；连有吸电子基时，碱性则降低。

综上所述，胺的碱性强弱是多种因素综合影响的结果，各类胺的碱性强弱次序大致为：季铵碱 > 脂肪胺 > NH_3^- > 芳香胺。

13.2.3.2 烃基化反应

胺作为亲核试剂与卤代烃发生取代反应，生成仲胺、叔胺和季铵盐。此反应可用于工业上生产胺，但一般情况下得到的产物是混合物。

13.2.3.3 酰基化反应和磺酰化反应

1. 酰基化反应

伯胺、仲胺易与酰氯或酸酐等酰基化剂作用生成酰胺。

$$\underset{(Ar)}{RNH_2} \xrightarrow[\text{或 } (R'CO)_2O]{R'COCl} RNHCOR'$$

$$R_2NH \xrightarrow{R'COCl} R_2NCOR'$$

$$\underset{(Ar)_3N}{R_3N} \xrightarrow[\text{或 } (R'CO)_2O]{R'COCl} \text{不发生反应}$$

酰胺是具有一定熔点的固体，在强酸或强碱的水溶液中加热易水解生成酰胺。因此，此反应在有机合成上常用来保护氨基(先把芳香胺酰化，把氨基保护起来，再进行其他反应，然后使酰胺水解变为胺)。

2. 磺酰化反应

胺与磺酰化试剂反应生成磺酰胺的反应叫作磺酰化反应，又称兴斯堡（Hinsberg）反应。常用的磺酰化试剂是苯磺酰氯和对甲基苯磺酰氯（Tscl）：

$$C_6H_5-SO_2Cl \qquad CH_3-C_6H_4-SO_2Cl$$

苯磺酰氯　　对甲基苯磺酰氯

RNH_2 + $C_6H_5-SO_2Cl$ → $C_6H_5-SO_2NHR$（白色固体）$\xrightarrow{NaOH}$ $[C_6H_5-SO_2N-R]^- Na^+$（溶于碱）

R_2NH + $C_6H_5-SO_2Cl$ → $C_6H_5-SO_2NR_2$（白色固体）$\xrightarrow{NaOH}$ 不溶于碱，仍为固体

R_3H + $C_6H_5-SO_2Cl$ → 不发生反应

磺酰化反应可用于鉴别、分离纯化伯胺、仲胺、叔胺。

RNH_2、R_2NH、R_3H + $C_6H_5-SO_2Cl$ → $C_6H_5-SO_2NHR$、$C_6H_5-SO_2NR_2$、不发生反应 $\xrightarrow[\text{蒸馏}]{\text{水蒸气}}$

- 余物过滤
  - 滤液 $\xrightarrow{HCl}$
  - 沉淀 $\xrightarrow{HCl}$
- 馏液（叔胺）

13.2.3.4 与亚硝酸反应

亚硝酸（HNO_2）不稳定，由亚硝酸钠与盐酸或硫酸反应制取。

伯胺与亚硝酸的反应：

$$RCH_2CH_2NH_2 \xrightarrow[\text{低温}]{NaNO_2 + HCl} RCH_2CH_2\overset{+}{N}_2Cl^- \xrightarrow{\text{分解}} RCH_2\overset{+}{C}H_2 + N_2 + Cl^-$$

生成的碳正离子可以发生各种不同的反应生成烯烃、醇和卤代烃。例如：

$$\text{环戊基}-CH_2NH_2 \xrightarrow{HNO_2} \text{环己醇} + \text{1-甲基环戊醇} + \text{亚甲基环戊烷} + \text{1-甲基环戊烯}$$

所以，伯胺与亚硝酸的反应在有机合成上用途不大。

仲胺与亚硝酸反应，生成黄色油状或固体的 N－亚硝基化合物。

$$R_2NH \xrightarrow{NaNO_2 + HCl} R_2N{-}N{=}O + H_2O$$

N－亚硝基胺（黄色油状物）

叔胺在同样条件下，与 HNO_2不发生类似的反应。因而，胺与亚硝酸的反应可以区别伯胺、仲胺、叔胺。

芳香胺与亚硝酸的反应：

$$C_6H_5{-}NH_2 \xrightarrow[0℃ \sim 5℃]{NaNO_2 + HCl} C_6H_5{-}N_2^+\,Cl^- + 2H_2O + NaCl$$

氯化重氮苯（重氮盐）

不稳定（故要在低温下反应）

$$\xrightarrow{\triangle} C_6H_5{-}OH$$

此反应称为重氮化反应。

芳香族仲胺与亚硝酸反应，生成棕色油状和黄色固体的 N－亚硝基胺。芳香族叔胺与亚硝酸反应，亚硝基上到苯环，生成对亚硝基胺。芳香胺与亚硝酸的反应也可用来区别芳香族伯胺、芳香族仲胺、芳香族叔胺。

13.2.3.5 氧化反应

胺容易氧化，用不同的氧化剂可以得到不同的氧化产物，叔胺的氧化最有意义。

$$C_6H_{11}{-}CH_2N(CH_3)_2 \xrightarrow{H_2O_2} C_6H_{11}{-}CH_2\overset{+}{N}(O^-)(CH_3)_2$$

N,H－二甲基环己基甲胺－N－氧化物

具有 β－氢的氧化叔胺加热时发生消除反应，产生烯烃。

$$\text{C}_6\text{H}_{10}(\text{H})\text{CH}_2\overset{+}{\text{N}}(\text{O}^-)(\text{CH}_3)_2 \xrightarrow{160℃} \text{C}_6\text{H}_{10}{=}\text{CH}_2 + (\text{CH}_3)_2\text{OH}$$

98%

此反应称为科普（Cope）消除反应。

13.2.3.6 芳香胺的特性反应

1. 氧化反应

芳香胺很容易被氧化，新的纯苯胺是无色的，但暴露在空气中很快就先被氧化为黄色再被氧化为红棕色。用氧化剂处理苯胺时，生成复杂的混合物。在一定的条件下，苯胺的氧化产物主要是对苯醌。

$$\text{C}_6\text{H}_5\text{NH}_2 \xrightarrow[\text{H}_2\text{SO}_4,\ 10℃]{\text{MnO}_2} \text{O}{=}\text{C}_6\text{H}_4{=}\text{O} \xrightarrow{[\text{O}]} \text{苯胺黑}$$

2. 卤代反应

苯胺很容易发生卤代反应，但很难控制在一元阶段。

$$\text{C}_6\text{H}_5\text{NH}_2 + \text{Br}_2(\text{H}_2\text{O}) \longrightarrow 2,4,6\text{-Br}_3\text{C}_6\text{H}_2\text{NH}_2 + 3\text{HBr}$$

2,4,6－三溴苯胺（白色↓），可用于鉴别苯胺

如要制取一溴苯胺，则应先降低苯胺的活性，再进行溴代反应，其方法有两种。

方法一：

$$\text{C}_6\text{H}_5\text{NH}_2 \xrightarrow{(\text{CH}_3\text{CO})_2} \text{C}_6\text{H}_5\text{NHCOCH}_3 \xrightarrow[\text{干 CH}_3\text{COOH}]{\text{Br}_2} p\text{-BrC}_6\text{H}_4\text{NHCOCH}_3 \xrightarrow[\text{OH}^-\text{或 H}^+]{\text{H}_2\text{O}} p\text{-BrC}_6\text{H}_4\text{NH}_2$$

>90%

方法二：

$$\text{C}_6\text{H}_5\text{NH}_2 \xrightarrow{\text{H}_2\text{SO}_4} \text{C}_6\text{H}_5\text{NH}_3\text{HSO}_4^- \xrightarrow{\text{Br}_2} m\text{-BrC}_6\text{H}_4\text{NH}_3\text{HSO}_4^- \xrightarrow{2\text{NaOH}} m\text{-BrC}_6\text{H}_4\text{NH}_2$$

3. 磺化反应

$$\text{C}_6\text{H}_5\text{NH}_2 \xrightarrow{\text{H}_2\text{SO}_4} \text{C}_6\text{H}_5\overset{+}{\text{N}}\text{H}_3\text{HSO}_4^- \xrightarrow[-\text{H}_2\text{O}]{\triangle} \text{C}_6\text{H}_5\text{NHSO}_3\text{H} \xrightarrow{180\ ℃} p\text{-HO}_3\text{SC}_6\text{H}_4\text{NH}_2 \rightleftharpoons p\text{-}{}^-\text{O}_2\text{SC}_6\text{H}_4\overset{+}{\text{N}}\text{H}_3$$

(最后产物对位取代基原文印作 SO_2O^-)

对氨基苯磺酸形成内盐。

4. 硝化反应

芳香族伯胺直接硝化易被硝酸氧化，必须先把氨基保护起来（乙酰化或成盐），然后进行硝化。

苯胺（NH_2）$\xrightarrow{(CH_3CO)_2O}$ 乙酰苯胺（$NHCOCH_3$）

→ $\xrightarrow[\text{在乙酸中}]{HNO_3}$ 对硝基乙酰苯胺（主要产物）$\xrightarrow{OH^-/H_2O}$ 对硝基苯胺

→ $\xrightarrow[\text{在乙酸酐中}]{HNO_3}$ 邻硝基乙酰苯胺（主要产物）$\xrightarrow{OH^-/H_2O}$ 邻硝基苯胺

苯胺（NH_2）$\xrightarrow{H_2SO_4}$ $\overset{+}{N}H_3HSO_4^-$（苯基）$\xrightarrow{HNO_3}$ 间硝基苯铵硫酸氢盐（$\overset{+}{N}H_3HSO_4^-$，NO_2）$\xrightarrow[H_2O]{2NaOH}$ 间硝基苯胺（NH_2，NO_2）

13.2.3.7 季铵碱的化学性质

（1）强碱性，其碱性与 NaOH 相近。易潮解，易溶于水。

（2）化学特性反应——加热分解反应：

烃基上无 β－H 的季铵碱在加热下分解生成叔胺和醇。例如：

$$(CH_3)_4\overset{+}{N}OH^- \xrightarrow{\triangle} (CH_3)_3N + CH_3OH$$

β－碳上有氢原子时，加热分解生成叔胺、烯烃和水。例如：

$$[(CH_3)_3—\overset{+}{N}—CH_2CH_2CH_3]\ OH^- \xrightarrow{\triangle} (CH_3)_3N + CH_3CH{=}CH_2 + H_2O$$

消除反应的取向——霍夫曼规则。

季铵碱加热分解时，主要生成霍夫曼烯（双键上烷基取代基最少的烯烃）。

$$CH_3—CH_2—\underset{\overset{|}{^+N(CH_3)_3OH^-}}{CH}—CH_3 \xrightarrow{\triangle} \underset{95\%}{CH_3CH_2CH{=}CH_2} + \underset{5\%}{CH_3CH{=}CHCH_3} + (CH_3)_3N$$

这种反应称为霍夫曼彻底甲基化或霍夫曼消除反应。

导致霍夫曼消除的原因：①β－H 的酸性。季铵碱的热分解是按 E_2 进行的，由于氮原子带正电荷，它的诱导效应影响到 β－碳原子，使 β－氢原子的酸性增加，容易受到碱性试剂的进攻。如果 β－碳原子上连有供电子基团，则可降低 β－氢原子的酸性，β－氢原子也就不易被碱性试剂进攻。②立体因素。季铵碱热分解时，要求被消除的氢和氮基团在同一平面上，且处于对位交叉。能形成对位交叉式的氢越多，且与氮基团处于邻位交叉的基团的体积小，有利于消除反应的发生。

当β－碳上连有苯基、乙烯基、羰基、氰基等吸电子基团时，霍夫曼规则不适用。例如：

$$C_6H_5-CH_2CH_2-\overset{+}{N}(CH_3)_2-CH_2CH_2OH^- \xrightarrow{\triangle} C_6H_5-CH{=}CH_2 + CH_2{=}CH_2$$

94%　　6%

根据消耗的碘甲烷的摩尔数可推知胺的类型；测定烯烃的结构即可推知 R 的骨架。

$$\text{2-甲基四氢吡咯}\ (-CH_3,\ N-H) \xrightarrow{2CH_3I} \xrightarrow{AgOH} \text{(环)}\overset{+}{N}(CH_3)_2\ OH^-\ (-CH_3) \xrightarrow{\triangle} (CH_3)_2N-CH_2CH_2CH_2CH{=}CH_2 \xrightarrow{CH_3I} \xrightarrow{AgOH}$$

$$(CH_3)_3\overset{+}{N}-CH_2CH_2CH_2CH{=}CH_2\ OH^- \xrightarrow{\triangle} CH_2{=}CH-CH_2-CH{=}CH_2$$

13.3 重氮化合物和偶氮化合物

重氮和偶氮化合物都含有“—N═N—”官能团，该官能团的两端均与烃基相连的化合物称为偶氮化合物。例如：

$C_6H_5-N{=}N-C_6H_5$	$C_6H_5-N{=}N-C_6H_4-OH$	$CH_3-N{=}N-CH_3$
偶氮苯	对—羟基偶氮苯	偶氮甲烷

若该官能团的一端与烃基相连，另一端与其他原子（非碳原子）或原子团相连，则该化合物称为重氮化合物。例如：

$C_6H_5-\overset{+}{N}{\equiv}NCl^-$	$C_6H_5-N{=}N-OH$
氯化重氮苯	苯基重氮酸

在重氮盐分子中 C—N—N 呈直线型，氮原子是以 sp 杂化轨道成键，苯环的 π 轨道和重氮离子的 π 轨道形成共轭体系。

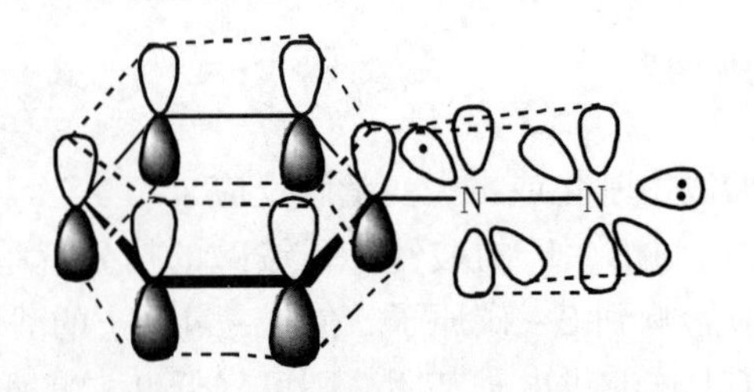

图 13－2　重氮苯离子的结构

芳香族重氮盐中的重氮基与芳环发生共轭，所以它比脂肪族重氮盐稳定。重氮盐溶于水，并完全电离。干的重氮盐极易爆炸，但在水溶液中时无此危险，所以在水溶液中制得的重氮盐就不再分解，可直接用于下一步反应。

13.3.1 取代反应

1. 被羟基取代（水解反应）

当重氮盐和酸液共热时发生水解生成酚并放出氮气。

$$C_6H_5NH_2 \xrightarrow[0℃\sim5℃]{NaNO_2/H_2SO_4} C_6H_5N_2SO_4H \xrightarrow[\triangle]{H^+/H_2O} C_6H_5OH + N_2\uparrow + H_2SO_4$$

重氮盐水解成酚时只能用硫酸盐，不能用盐酸盐，因盐酸盐水解易发生副反应。

2. 被卤素、氰基取代

$$C_6H_5N_2Cl + KI \xrightarrow{\triangle} C_6H_5I + N_2 + KCl$$

此反应是将碘原子引进苯环的好方法，但此法不能用来引进氯原子或溴原子。

氯、溴、氰基的引入用桑德迈尔（Sandmeyer）法。

$$\left.\begin{aligned} C_6H_5N_2Cl &\xrightarrow{CuCl+HCl} C_6H_5Cl + N_2 \\ C_6H_5N_2Br &\xrightarrow{CuBr+HBr} C_6H_5Br + N_2 \\ C_6H_5N_2Cl &\xrightarrow{CuCN+KCN} C_6H_5CN + N_2 \end{aligned}\right\}\text{桑德迈尔反应}$$

3. 被氢原子取代（去氨基反应）

$$C_6H_5N_2Cl + H_3PO_2 + H_2O \longrightarrow C_6H_6 + H_3PO_3 + N_3 + HCl$$

$$C_6H_5N_2Cl + HCHO + 2NaOH \longrightarrow C_6H_6 + N_2 + HCOONa + NaCl + H_2O$$

上述重氮基被其他基团取代的反应，可用来制备不能直接制取的化合物。例如，用硝基苯制备2,6－二溴苯甲酸：

$$C_6H_5NO_2 \xrightarrow[H^+]{Fe} C_6H_5NH_2 \xrightarrow{(CH_3CO)_2O} C_6H_5NHCOCH_3 \xrightarrow[\text{干乙酸}]{HNO_3} p\text{-}O_2NC_6H_4NHCOCH_3 \xrightarrow[H_2O]{OH^-}$$

$$p\text{-}O_2NC_6H_4NH_2 \xrightarrow[Fe]{Br_2} \text{2,6-二溴-4-硝基苯胺} \xrightarrow[H_2SO_4]{NaNO_2} \text{2,6-二溴-4-硝基苯重氮硫酸氢盐}\ (N_2^+HSO_4^-) \xrightarrow[KCN]{CuCN}$$

$$\text{2,6-二溴-4-硝基苯甲腈}\ (CN) \xrightarrow{H_3O^+} \text{2,6-二溴-4-硝基苯甲酸}\ (COOH) \xrightarrow[HCl]{Fe} \xrightarrow[HCl]{NaNO_2} \xrightarrow[H_2O]{H_3PO_2}$$

13.3.2 还原反应

重氮盐用弱还原剂（氯化亚锡、亚硫酸钠、亚硫酸氢钠）还原得到苯肼，用强还原剂锌/盐酸还原得到苯胺：

$$C_6H_5-N_2Cl \xrightarrow[\text{或 } SnCl_2/HCl]{NaHSO_3} C_6H_5-NHNH_2 \cdot HCl \xrightarrow{NaOH} C_6H_5-NHNH_2$$

$$C_6H_5-N_2Cl \xrightarrow{Zn/HCl} C_6H_5-NHNH_2$$

苯肼和苯胺都有重要用途，但都有毒。

13.3.3 偶联反应

重氮盐与芳香族伯胺或酚类化合物作用，生成颜色鲜艳的偶氮化合物的反应称为偶联反应。

偶联反应是亲电取代反应，是重氮阳离子（弱的亲电试剂）进攻苯环上电子云较大的碳原子而发生的反应。

1. 与胺偶联

$$C_6H_5-\overset{+}{N}\equiv N: + C_6H_5-\ddot{N}(CH_3)_2 \xrightarrow{\text{pH值为5~6}} C_6H_5-N=N-C_6H_4-N(CH_3)_2$$

反应要在中性或弱酸性溶液中进行。原因有以下两个：①在中性或弱酸性溶液中，重氮离子的浓度最大，且氨基是游离的，不影响芳香胺的反应活性；②若溶液的酸性太强（pH 值小于5），会使胺生成不活泼的铵盐，偶联反应就难以进行或反应速度很慢。

$$NaO_3S-C_6H_4-N_2Cl + C_6H_5-N(CH_3)_2 \xrightarrow{CH_3COOH} NaO_3S-C_6H_4-N=N-C_6H_4-N(CH_3)_2$$

4－磺酸基－4′－二甲氨基偶氮苯

偶联反应总是优先发生在对位，若对位被占，则在邻位上反应，间位不发生偶联反应。

2. 与酚偶联

$$C_6H_5-N_2Cl + C_6H_5-OH \xrightarrow[\text{低温}]{OH^- \text{（pH 值为8）}} C_6H_5-N=N-C_6H_4-OH$$

$$C_6H_5-N_2Cl + \text{对甲苯酚} \xrightarrow[\text{低温}]{\text{弱 } OH^-} \text{2-羟基-5-甲基偶氮苯}$$

反应要在弱碱性条件下进行，因为弱碱性条件下酚生成酚盐负离子，使苯环更活化，有利于亲电试剂重氮阳离子的进攻。

但碱性不能太大（pH 值不能大于10），因碱性太强，重氮盐会转变为不活泼的苯基重氮酸或重氮酸盐离子。而苯基重氮酸和重氮酸盐离子都不能发生偶联反应。

$$C_6H_5-\overset{+}{N}\equiv N: \underset{H^+}{\overset{OH^-}{\rightleftharpoons}} C_6H_5-N=N-OH \underset{H^+}{\overset{OH^-}{\rightleftharpoons}} C_6H_5-N=N-O^-$$

可偶合　　不偶合　　不偶合

重氮阳离子是一个弱亲电试剂，只能与活泼的芳环（酚、胺）偶合，其他芳香族化合物不能与重氮盐偶合。在重氮基的邻对位连有吸电子基时，对偶联反应有利。

所以在进行偶联反应时，要考虑到多种因素，选择最适宜的反应条件，才能收到预期的效果。

偶氮基（ —N═N— ）是一个发色基团，因此，许多偶氮化合物常用作染料（偶氮染料）。

13.4　重氮甲烷

它的分子式是 CH_2N_2，重氮甲烷的结构比较特别，根据物理方法测量，它是一个线型分子，但是没有一个结构能比较完美地表示它。共振论则用下列极限式来表示：

$$:\overset{\ominus}{C}H_2-\overset{\oplus}{N}\equiv N: \longleftrightarrow CH_2=\overset{\oplus}{N}=\overset{\ominus}{\ddot{N}}: \longleftrightarrow \overset{\oplus}{C}H_2-\ddot{N}=\overset{\ominus}{\ddot{N}}:$$

$$CH_2-N-N$$

实验测量结果表明，这类化合物的偶极矩不太大，这可能是因为重氮甲烷的分子内一个碳原子和两个氮原子上的 p 电子互相重叠而形成三个原子的 π 键，因此引起了键的平均化。

重氮甲烷很难用甲胺和亚硝酸直接作用制得，最常用的制备重氮甲烷方法是，使 N－亚硝基－N－甲基－对甲苯磺酰胺在碱作用下分解：

$$CH_3-C_6H_4-SO_2N(NO)-CH_3 \xrightarrow{NaOH} CH_3-C_6H_4-SO_2O^-\ Na^+ + CH_2N_2 + H_2O$$

重氮甲烷是一个有毒的气体，具有爆炸性，所以在制备及使用时，要特别注意安全。它能溶于乙醚，并且比较稳定，一般均使用它的乙醚溶液。重氮甲烷非常活泼，能够发生多种类型的反应，在有机合成上是一个重要的试剂，其反应如下：

1. *亲核反应*

（1）与酸性化合物的反应：

$$R-\underset{\underset{O}{\|}}{C}-OH + CH_2N_2 \longrightarrow RCH_2COOCH_3 + N_2$$

历程：

$$R-\underset{\underset{O}{\|}}{C}-O-H\quad \overset{\ominus}{C}H_2-\overset{\oplus}{N}\equiv N \longrightarrow R-\underset{\underset{O}{\|}}{C}-\overset{\ominus}{O}\quad CH_3-\overset{\oplus}{N}\equiv N \longrightarrow RCH_2COOCH_3+N_2$$

重氮酮

$$C_6H_5OH + CH_2N_2 \longrightarrow C_6H_5OCH_3 + N_2$$

重氮甲烷为最理想的甲基化剂（能溶于有机溶剂，反应速度快，不需要催化剂，分解成 N_2，无分离问题，产率很高）。

（2）与酰氯作用：酰氯与重氮甲烷反应，然后在氧化银催化下与水共热得到羧酸。

$$R-\overset{\overset{O}{\|}}{C}-Cl + CH_2N_2 \longrightarrow R-\overset{\overset{O}{\|}}{C}-CHN_2 \xrightarrow{Ag_2O} RCH_2COOH$$

反应机理：

$$R-\overset{\overset{O}{\|}}{C}-Cl + \overset{\ominus}{C}H_2-\overset{\oplus}{N}{\equiv}N \longrightarrow R-\overset{\overset{O}{\|}}{C}-CH{=}\overset{\oplus}{N}{=}\overset{\ominus}{N} \xrightarrow{Ag_2O} \left[R-\overset{\overset{O}{\|}}{C}-\ddot{C}H\right] \longrightarrow$$

重氮酮 酰基卡宾

$$[RCH{=}C{=}O] \xrightarrow{H_2O} RCH_2COOH$$

烯酮

阿恩特—艾斯特（Arndt - Eistert）反应：

$$RCH{=}C{=}O-\begin{cases}\xrightarrow{H_2O} RCH_2COOH \\ \xrightarrow{ROH} RCH_2COOR \\ \xrightarrow{RNH_2} RCH_2CONHR \\ \xrightarrow{NH_3} RCH_2CONH_2\end{cases}$$

这个反应包括重氮酮的 Wolff 重排，该反应是将羧酸变成它的高一级同系物的重要方法之一。

（3）与醛酮反应。重氮甲烷与醛酮反应能得到比原醛酮多一个碳原子的酮：

$$R-\overset{\overset{O}{\|}}{C}-R \xrightarrow{CH_2N_2} R-\overset{\overset{O}{\|}}{C}-CH_2R$$

$$R-\overset{\overset{O}{\|}}{C}-H \xrightarrow{CH_2N_2} R-\overset{\overset{O}{\|}}{C}-CH_3$$

环己酮 $\xrightarrow{CH_2N_2}$ $\begin{cases} [O^- \text{、} CH_2-\overset{+}{N}_2 \text{ 中间体}] \longrightarrow \text{环庚酮} \\ [O^- \text{、} CH_2-\overset{+}{N}_2 \text{ 中间体}] \longrightarrow \text{螺环氧化物 } (O-CH_2) \end{cases}$

2. 形成卡宾（CH_2）

卡宾是一个反应中间产物，呈中性，只能在反应中短暂存在（能存在约 1s），由一个碳原子与两个氢原子连接组成。碳原子上有两个孤电子，如果这两个孤电子成对（自旋相反）称单线态卡宾（singlet Carbene），如果两个孤电子不成对（自旋平行）称三线态卡宾（triplet Carbene）。

$$CH_2=\overset{\oplus}{N}=\overset{\ominus}{N} \xrightarrow[\text{或光}]{\triangle} :CH_2+N_2$$

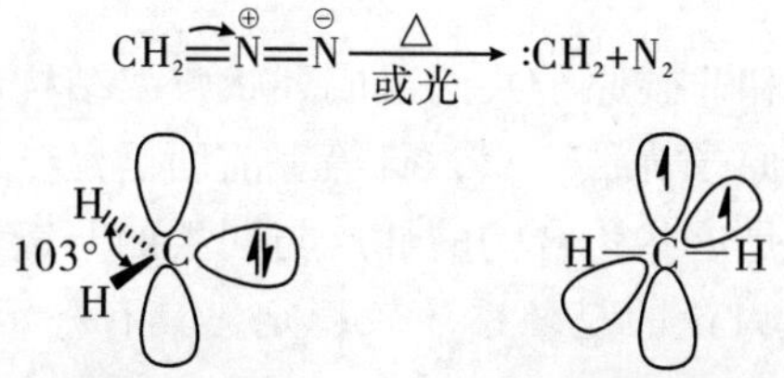

单线态卡宾　　三线态卡宾

实际上，这样考虑单线态卡宾和三线态卡宾的结构是过于简单化了，最近理论计算和实验测定的结果表明，单线态卡宾的键角约为 103°，三线态卡宾的键角为 136°。

14　杂环化合物

杂环化合物是由碳原子和非碳原子共同组成环状骨架结构的一类化合物。这些非碳原子统称为杂原子，常见的杂原子为氮、氧、硫等。前面已经学过的内酯、内酰胺、环醚等化合物都是杂环化合物，但是这些化合物的性质与同类的开链化合物类似，因此都并入相应的章节中讨论。本章主要讨论的是环系比较稳定、具有一定程度芳香性的杂环化合物，即芳杂环化合物。

14.1　杂环化合物的分类和命名

14.1.1　分类

芳杂环化合物可以按照环的大小分为六元杂环和五元杂环两大类；也可按杂原子的数目分为含一个、两个和多个杂原子的杂环，还可以按环的多少分为单杂环、双杂环和稠杂环等。详见表 14－1：

表 14－1　有特定名称的杂环的分类、名称和标位

类别	杂环母体
六元单杂环	 吡啶 　2H–吡喃 　4H–吡喃
六元双杂环	 哒嗪 　嘧啶 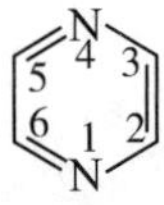　吡嗪
六元稠杂环	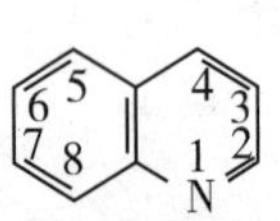 喹啉 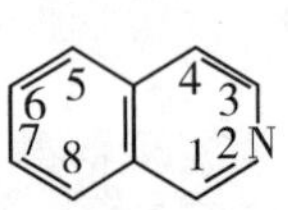　异喹啉 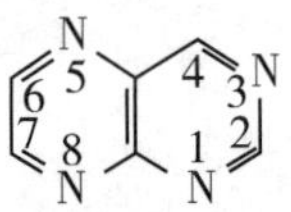　喋啶 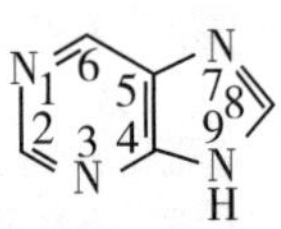　嘌呤 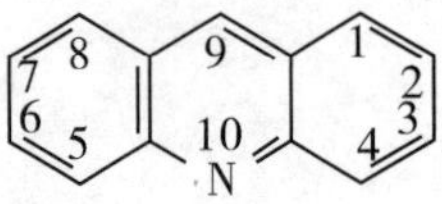 吖啶 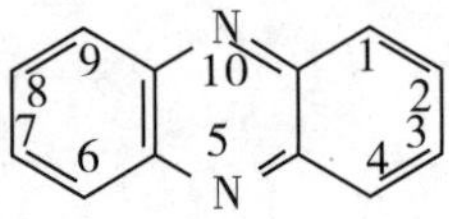　吩嗪 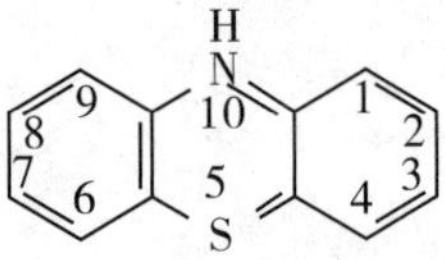　吩噻嗪

（续上表）

类别	杂环母体
五元单杂环	β β 4 3 α 5 1 2 α N H 吡咯；β β 4 3 α 5 1 2 α O 呋喃；β β 4 3 α 5 1 2 α S 噻吩
五元双杂环	β β 4 3 α 5 1 2 N α N H 吡唑；β N β 4 3 α 5 1 2 α N H 咪唑；β N β 4 3 α 5 1 2 α S 噻唑；β N β 4 3 α 5 1 2 α O 噁唑；β β 4 3 α 5 1 2 N α O 异噁唑
五元稠杂环	4 3 5 6 7 2 1 N H 吲哚；4 3 5 6 7 2 1 O 苯并呋喃；4 N 3 5 6 7 2 1 N H 苯并咪唑；5 4 6 3 7 8 2 1 9 N H 咔唑

14.1.2 命名

14.1.2.1 有特定名称的稠杂环

杂环化合物的命名比较复杂。现在广泛应用的是按 IUPAC（1979）命名原则规定，保留特定的45个杂环化合物的俗名和半俗名，并以此为命名的基础。我国采用“音译法”，按照英文名称的读音，选用同音汉字加“口”旁组成音译名，其中“口”代表环的结构。详见表 14－1。

14.1.2.2 杂环母环的编号规则

当杂环上连有取代基时，为了标明取代基的位置，必须将杂环母体编号。杂环母体的编号原则是：①含一个杂原子的杂环。含一个杂原子的杂环从杂原子开始编号，见表 14－1 中吡啶、吡咯等的编号。②含两个或以上杂原子的杂环。含两个或以上杂原子的杂环编号时应使杂原子位次尽可能小，并按 O、S、NH、N 的优先顺序决定优先的杂原子，见表 14－1 中噻唑、咪唑的编号。③有特定名称的稠杂环的编号有其特定的顺序。有特定名称的稠杂环的编号有几种情况，有的按其相应的稠环芳烃的母体编号，见表 14－1 中喹啉、异喹啉、吖啶等的编号。有的从一端开始编号，共用碳原子一般不编号，编号时注意杂原子的号数字尽可能小，并遵守杂原子的优先顺序。见表 14－1 中吩噻嗪的编号。还有的具有特殊规定的编号，见表 14－1 中嘌呤的编号。④标氢。杂环中拥有最多数目的非聚集双键后，环中仍然有饱和的碳原子或氮原子，这个饱和的原子上所连接的氢原子称为标氢或指示氢。用其编号加 H 表示。

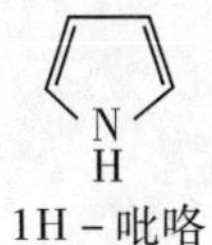
1H－吡咯

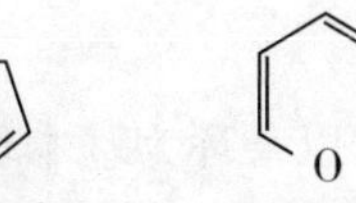
2H－吡咯

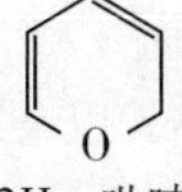
2H－吡喃

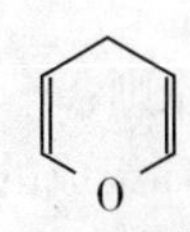
4H－吡喃

含活泼氢的杂环化合物及其衍生物，可能存在着互变异构体，命名时需按上述标氢的方式标明。例如：

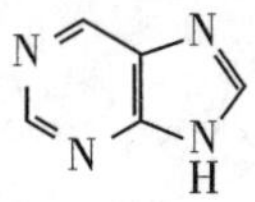

9H－嘌呤 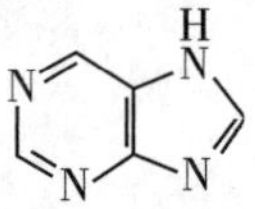　　　　7H－嘌呤

若杂环上尚未含有最多数目的非聚集双键，则多出的氢原子称为外加氢。命名时要指出氢的位置及数目，全饱和时可不标明位置。例如：

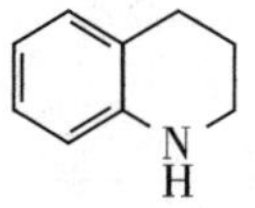

1,2,3,4－四氢喹啉 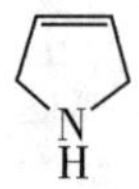　　　　2,5－二氢吡咯 　　　　四氢呋喃

14.1.2.3　取代杂环化合物的命名

当杂环上连有取代基时，先确定杂环母体的名称和编号，然后将取代基的名称连同位置编号以词头或词尾形式写在母体名称前或后，构成取代杂环化合物的名称。例如：

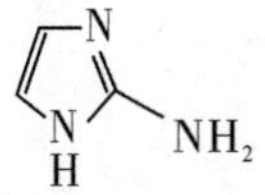

2－氨基咪唑 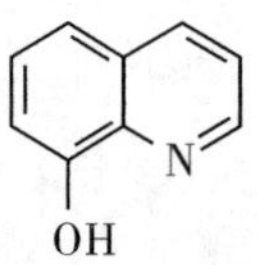　　　　8－羟基喹啉 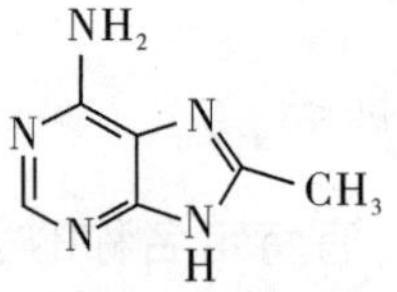　　　　8－甲基－6－氨基－9H－嘌呤

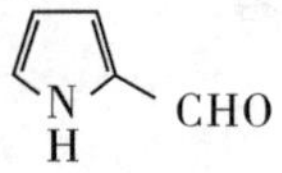

2－呋喃甲酸 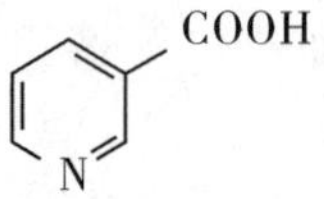　　　　3－吡啶甲酸 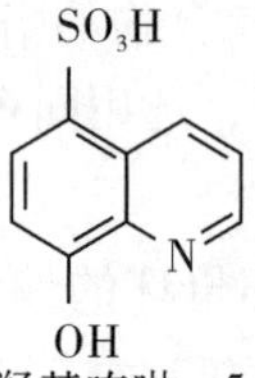　　　　8－羟基喹啉－5－磺酸

14.1.2.4　无特定名称的稠杂环的命名

绝大多数稠杂环无特定名称，可看成两个单杂环并合在一起（也可以是一个碳环与一个杂环并合），并以此为基础进行命名。

1. 基本环与附加环的确定

稠杂环命名时，先将稠合环分为两个环系，一个环系定为基本环；另一个为附加环或取代部分。命名时附加环名称在前，基本环名称在后，中间用“并”字相连。例如：

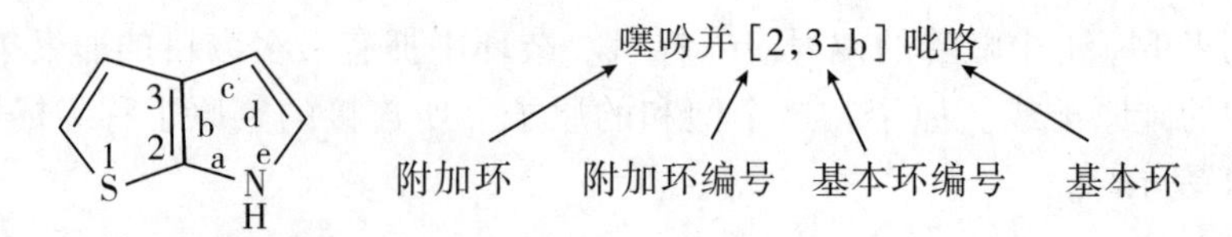

基本环的选择原则：

（1）碳环与杂环组成的稠杂环，以杂环为基本环。例如：

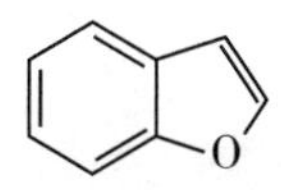

苯并呋喃（呋喃为基本环）

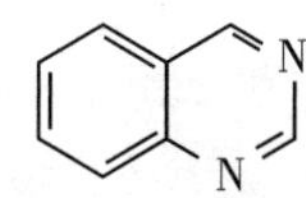

苯并嘧啶（嘧啶为基本环）

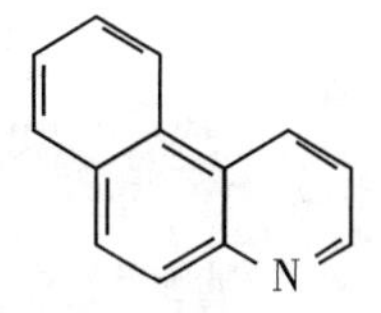

苯并喹啉（喹啉为基本环）

（2）由大小不同的两个杂环组成的稠杂环，以大环为基本环。例如：

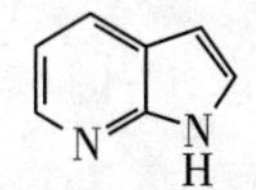

吡咯并吡啶（吡啶为基本环）

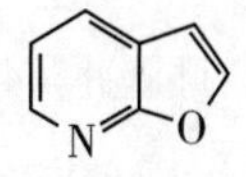

呋喃并吡喃（吡喃为基本环）

（3）大小相同的两个杂环组成的稠杂环，基本环按所含杂原子 N、O、S 顺序优先确定。例如：

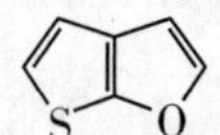

噻吩并呋喃（呋喃为基本环）

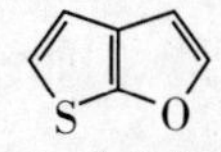

噻吩并吡咯（吡咯为基本环）

（4）两环大小相同，杂原子个数不同时，选杂原子数多的为基本环；杂原子数目相同时，选杂原子种类多的为基本环。例如：

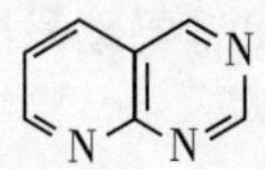

吡啶并嘧啶（嘧啶为基本环）

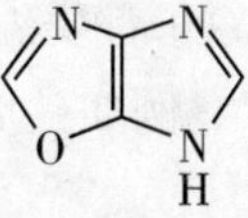

吡唑并噁唑（噁唑为基本环）

（5）如果环大小、杂原子个数都相同时，以稠合前杂原子编号较低者为基本环。例如：

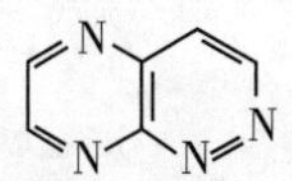

吡嗪并哒嗪（哒嗪为基本环）

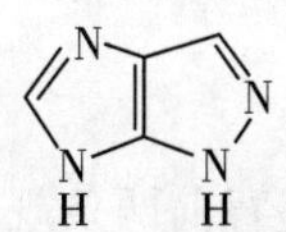

咪唑并吡唑（吡唑为基本环）

（6）当稠合边有杂原子时，共用杂原子同属于两个环。在确定基本环和附加环时，均包含该杂原子，再按上述规则选择基本环。例如：

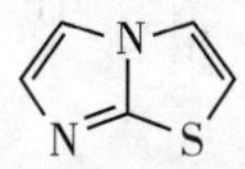

咪唑并噻唑（噻唑为基本环）

2. 稠合边的表示方法

稠合边（共用边）的位置是用附加环和基本环的位号来共同表示的。基本环按照原杂环的编号顺序，将环上各边用英文字母 a、b、c 等表示（1、2 之间为 a；2、3 之间为 b，以此类推）。附加环按原杂环的编号顺序，以阿拉伯数字标注各原子。当有选择时，应使稠合边的编号尽可能小。表示稠合边位置时，在方括号内，阿拉伯数字在前，英文字母在后，中间用短线相连。阿拉伯数字排列顺序按英文字母顺序为准，相同时数字从小到大，相反时从大到小。

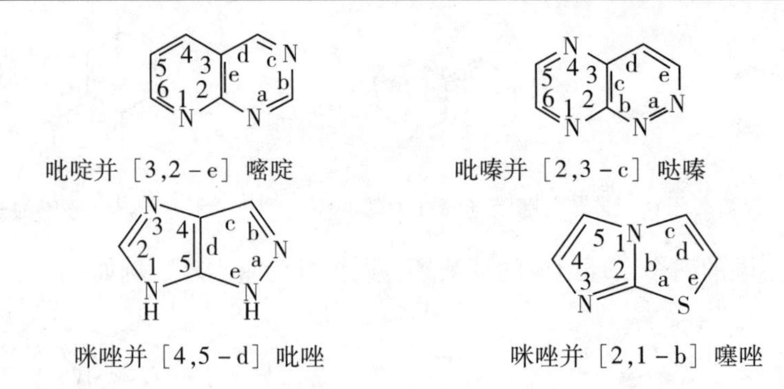

吡啶并［3,2－e］嘧啶　　　　吡嗪并［2,3－c］哒嗪

咪唑并［4,5－d］吡唑　　　　咪唑并［2,1－b］噻唑

3. 周边编号

为了标示稠杂环上的取代基、官能团或氢原子的位置，需要对整个稠杂环的环系进行编号，称为周边编号或大环编号。其编号原则是：

（1）尽可能使所含的杂原子编号最低，在保证编号最低的前提下，再考虑按 O、S、NH、N 的顺序编号。例如：

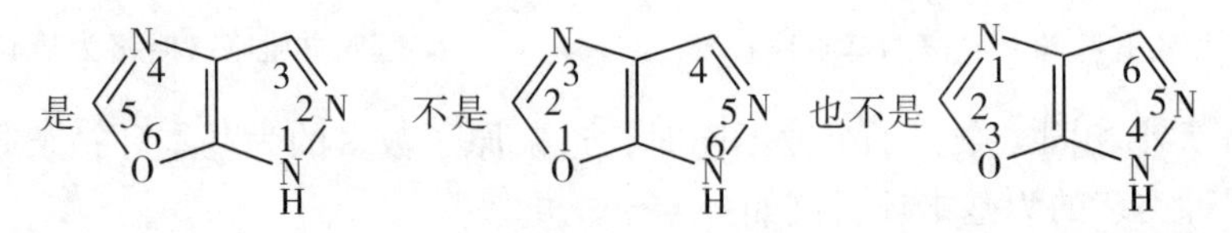

（2）共用杂原子都要编号，共用碳原子一般不编号，如需要编号时，用前面相邻的位号加 a、b 等表示。例如：

（3）在不违背前两条规则的前提下，编号时应使共用杂原子位号尽可能低，使所有氢原子的总位号尽可能小。例如：

4. 命名实例

4－羟基－1H－吡唑并［3,4－d］嘧啶（别嘌醇）　　　　9－甲基苯并［h］异喹啉

14.2 六元杂环化合物

六元杂环化合物是杂环类化合物最重要的部分，尤其是含氮的六元杂环化合物，如吡啶、嘧啶等，广泛存在于自然界，很多合成药物也含有吡啶环和嘧啶环。六元杂环化合物包括含一个杂原子的六元杂环，含两个杂原子的六元杂环，以及六元稠杂环等。

14.2.1 含一个杂原子的六元杂环

14.2.1.1 吡啶

吡啶是从煤焦油中分离出来的具有特殊臭味的无色液体，沸点为115.3℃，比重为0.982，是性能良好的溶剂和脱酸剂。其衍生物广泛存在于自然界，是许多天然药物、染料和生物碱的基本组成成分。

1. 电子结构及芳香性

吡啶的结构与苯非常相似，近代物理方法测得，吡啶分子中的碳碳键长139pm，介于C—N单键（147pm）和C═N双键（128pm）之间，而且其碳碳键与碳氮键的键长数值也相近，键角约为120°，这说明吡啶环上键的平均化程度较高，但没有苯完全。

吡啶环上的碳原子和氮原子均以sp^2杂化轨道相互重叠形成σ键，构成一个平面六元环。每个原子上有一个p轨道垂直于环平面，每个p轨道中有一个电子，这些p轨道侧面重叠形成一个封闭的大π键，π电子数目为6，符合休克尔规则，与苯环类似。因此，吡啶具有一定的芳香性。氮原子上还有一个sp^2杂化轨道没有参与成键，被一对未共用电子对占据，使吡啶具有碱性。吡啶环上的氮原子的电负性较大，对环上电子云密度分布有很大影响，使π电子云向氮原子上偏移，在氮原子周围电子云密度高，而环的其他部分电子云密度降低，尤其是邻、对位上降低显著，故吡啶的芳香性比苯差。见图14－1：

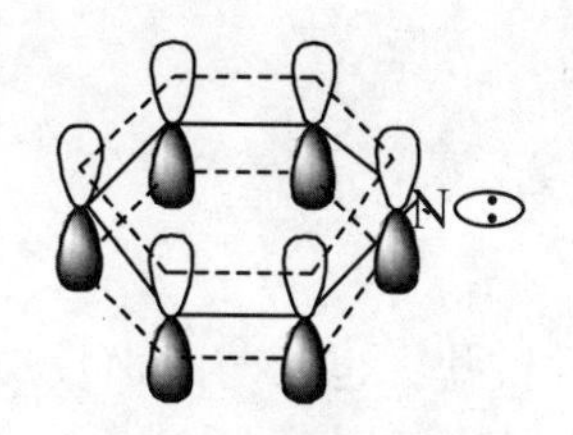

（a）分子轨道示意图

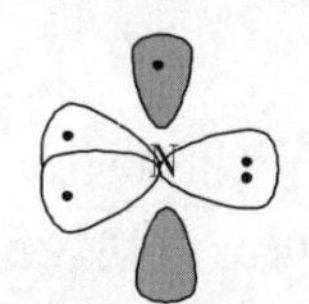

（b）氮原子的杂化轨道

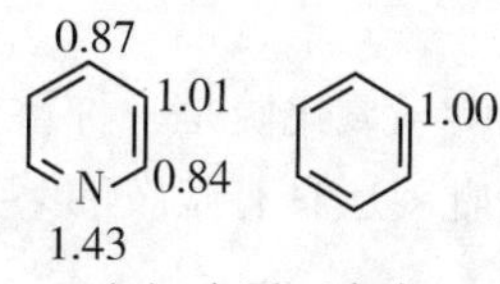

（c）电子云密度

图14－1 吡啶的结构

在吡啶分子中，氮原子的作用类似于硝基苯的硝基，使其邻、对位上的电子云密度比苯环低，间位则与苯环相近，这样，环上碳原子的电子云密度远远低于苯，因此像吡啶这类芳杂环又被称为缺π杂环。这类杂环表现在化学性质上发生亲电取代反应更难，亲核取代反应更易，氧化反应更难，还原反应更易。

2. 物理性质

吡啶为极性分子，其分子极性比饱和化合物——哌啶大。这是因为在哌啶环中，氮原子只有吸电子的诱导效应（－I），而在吡啶环中，氮原子既有吸电子的诱导效应，又有吸电子的共轭效应（－C）。

吡啶与水能以任何比例互溶，同时又能溶解大多数极性及非极性的有机化合物，甚至可以溶解某些无机盐类。所以吡啶是一个有广泛应用价值的溶剂。吡啶分子具有高水溶性，除分子具有较强的极性外，还因为吡啶氮原子上的未共用电子对可以与水形成氢键。吡啶结构中的烃基使它与有机分子有相当的亲和力，可以溶解极性或非极性的有机化合物。而氮原子上的未共用电子对能与一些金属离子如 Ag^{+}、Ni^{2+}、Cu^{2+} 等形成配合物，而使它可以溶解无机盐类。

3. 化学性质

（1）碱性和成盐。吡啶氮原子上的未共用电子对可接受质子而显碱性。吡啶的 pK_a 值为 5.19，比氨（pK_a 值为 9.24）和脂肪胺（pK_a 值为 10～11）都弱。原因是吡啶中氮原子上的未共用电子对处于 sp^2 杂化轨道中，其 s 轨道成分较 sp^3 杂化轨道多，离原子核近，电子受核的束缚较强，给出电子的倾向较小，因而与质子结合较难，碱性较弱。但吡啶与芳香胺（如苯胺，pK_a 值为 4.6）相比，碱性稍强。

吡啶与强酸可以形成稳定的盐，某些结晶型盐可以用于分离、鉴定及精制工作中。吡啶因其碱性在许多化学反应中常作为催化剂脱酸剂，由于吡啶在水中和有机溶剂中的良好溶解性，所以它的催化作用常常是某些无机碱所无法达到的。

吡啶不但可与强酸成盐，还可以与路易斯酸成盐。例如：

$$C_5H_5N + HCl \longrightarrow C_5H_5\overset{+}{N}H\ Cl^- \text{ 或 } C_5H_5N \cdot HCl$$

$$C_5H_5N + BF_3 \longrightarrow C_5H_5\overset{+}{N}{-}BF_3^- \text{ 或 } C_5H_5N \cdot BF_3$$

$$C_5H_5N \xrightarrow{SO_3} C_5H_5\overset{+}{N}{-}SO_3^- \text{ 或 } C_5H_5N \cdot SO_3$$

其中吡啶三氧化硫是一种重要的非质子型的磺化试剂。

此外，吡啶还具有叔胺的某些性质，可与卤代烃反应生成季铵盐，也可与酰卤反应成盐。例如：

$$C_5H_5N \xrightarrow{CH_3I} C_5H_5\overset{+}{N}{-}CH_3\ I^-$$

碘化 N－甲基吡啶

$$C_5H_5N \xrightarrow{CH_3COCl} C_5H_5\overset{+}{N}{-}COCH_3\ Cl^-$$

氯化 N－乙酰基吡啶

吡啶与酰卤生成的 N－酰基吡啶盐是良好的酰化试剂。

（2）亲电取代反应。吡啶是缺 π 杂环，环上电子云密度比苯低，因此其亲电取代反应的活性也比苯低，与硝基苯相当。环上氮原子的钝化作用，使亲电取代反应的条件比较苛刻，且产率较低，取代基主要进入 3（β）位。例如：

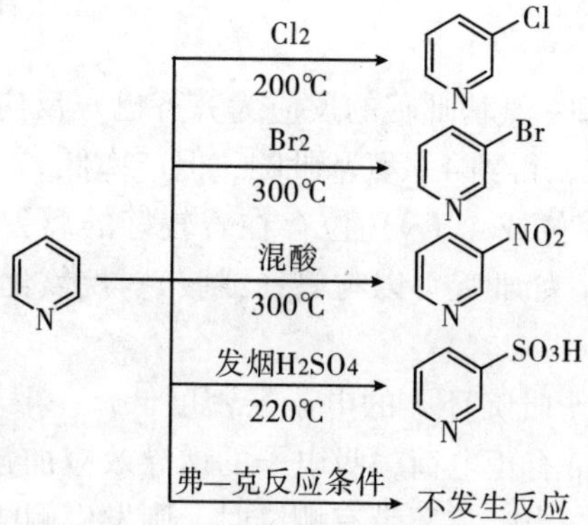

Cl_2，200℃ → 3-Cl

Br_2，300℃ → 3-Br

混酸，300℃ → 3-NO_2

发烟H_2SO_4，220℃ → 3-SO_3H

弗—克反应条件 → 不发生反应

与苯相比，吡啶环亲电取代反应变难，而且取代基主要进入 3（β）位，可以通过中间体的相对稳定性来说明这一作用。

2（α）位取代：

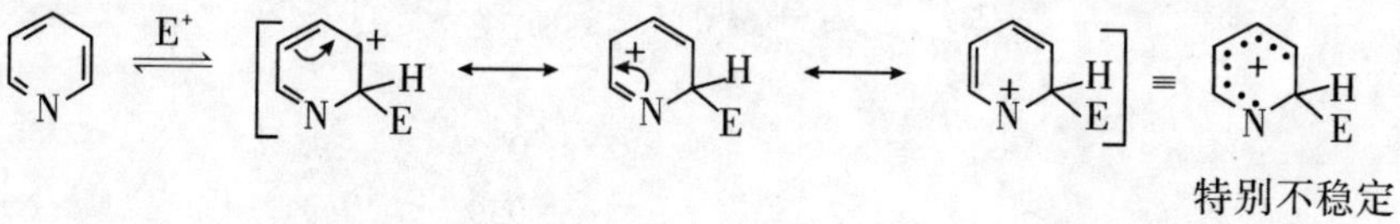

E^+ 特别不稳定

3（β）位取代：

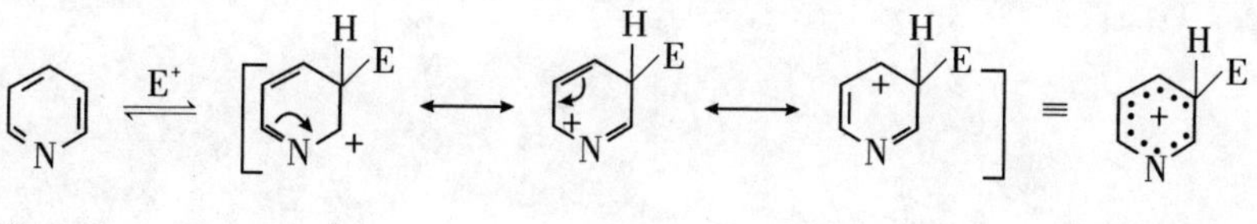

E^+

4（γ）位取代：

E^+

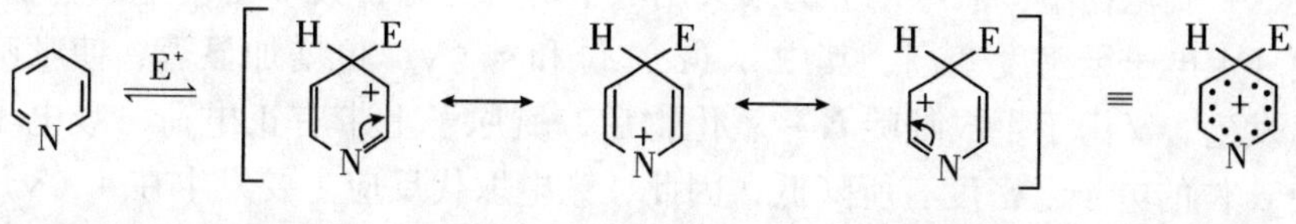

由于吸电性氮原子的存在，中间体正离子都不如苯取代的相应中间体稳定，所以，吡啶的亲电取代反应比苯难。比较亲电试剂进攻的位置可以看出，当进攻 2（α）位和 4（γ）位时，形成的中间体有一个共振极限式是正电荷在电负性较大的氮原子上，这种极限式极不稳定，而 3（β）位取代的中间体没有这个极不稳定的极限式存在，其中间体要比进攻 2（α）位和 4（γ）位的中间体稳定。所以，3（β）位的取代产物更容易生成。

（3）亲核取代反应。由于吡啶环上氮原子的吸电子作用，环上碳原子的电子云密度降低，尤其在 2（α）位和 4（γ）位上的电子云密度更低，因而环上的亲核取代反应容易发生，取代反应主要发生在 2（α）位和 4（γ）位上。例如：

$$\text{吡啶} \xrightarrow{PhLi} \text{2-苯基吡啶 (Ph)}$$

$$\text{吡啶} \xrightarrow{NaNH_2/NH_3\,(液)} \xrightarrow{H_2O} \text{2-氨基吡啶 } (NH_2)$$

吡啶与氨基钠反应生成2－氨基吡啶的反应为齐齐巴宾反应，如果2（α）位已经被占据，则反应发生在4（γ）位，得到4－氨基吡啶，但产率低。

如果在吡啶环的2（α）位或4（γ）位存在着较好的离去基团（如卤素、硝基）时，则很容易发生亲核取代反应。如吡啶可以与氨（或胺）、烷氧化物、水等较弱的亲核试剂发生亲核取代反应。

（4）氧化还原反应。由于吡啶环上的电子云密度低，一般不易被氧化，尤其在酸性条件下，吡啶成盐后氮原子上带有正电荷，吸电子的诱导效应加强，使环上电子云密度更低，更增加了对氧化剂的稳定性。当吡啶环带有侧链时，则发生侧链的氧化反应。

吡啶在特殊氧化条件下可发生类似叔胺的氧化反应，生成N－氧化物。例如吡啶与过氧酸或过氧化氢作用时，可得到吡啶N－氧化物。

$$\text{吡啶} \xrightarrow[65℃]{H_2O_2/CH_3COOH} \text{吡啶 } N^+\text{—}O^-$$

95%

$$\text{3-甲基吡啶 } (CH_3) \xrightarrow{H_2O_2/CH_3COOH} \text{3-甲基吡啶 } N^+\text{—}O^-$$

吡啶N－氧化物可以还原脱去氧。

在吡啶N－氧化物中，氧原子上的未共用电子对可与芳香大π键发生供电子的p－π共轭作用，使环上电子云密度变高，其中2（α）位和4（γ）位增加显著，使吡啶环亲电取代反应容易发生。又由于生成吡啶N－氧化物后，氮原子上带有正电荷，吸电子的诱导效应增加，使α位的电子云密度有所降低，因此，亲电取代反应主要发生在4（γ）位上。同时，吡啶N－氧化物也容易发生亲核取代反应。例如：

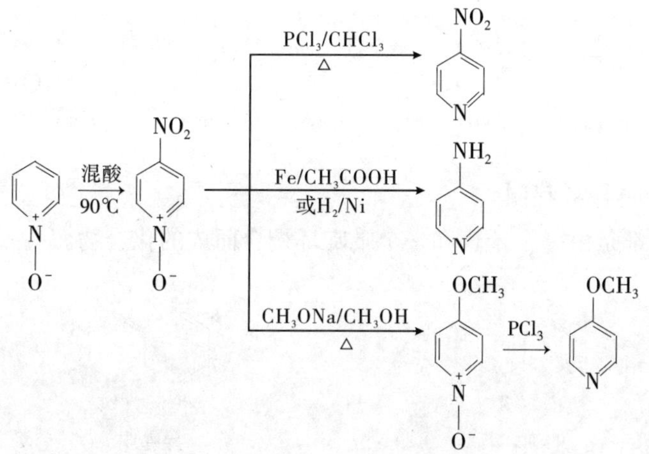

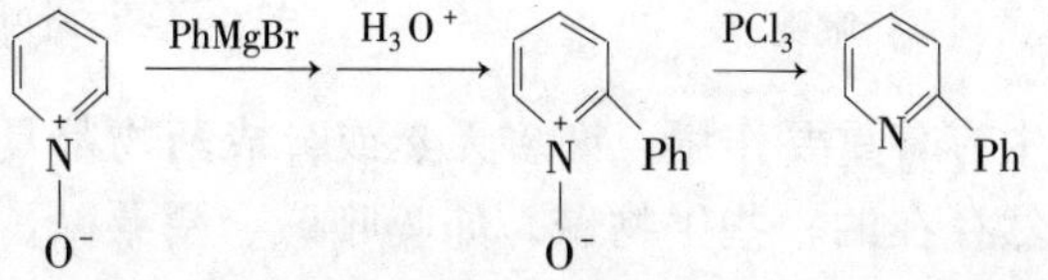

NO_2

$PCl_3/CHCl_3$，△

NO_2

混酸，90℃

Fe/CH_3COOH 或 H_2/Ni

NH_2

CH_3ONa/CH_3OH，△

OCH_3

PCl_3

OCH_3

PhMgBr　H_3O^+　PCl_3　Ph　Ph

与氧化反应相反，吡啶环比苯环容易发生加氢还原反应，用催化加氢和化学试剂都可以还原。例如：

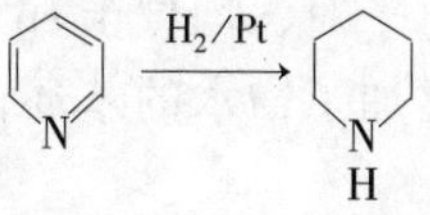

H_2/Pt

哌啶

C_2H_5　Na/C_2H_5OH，△　C_2H_5

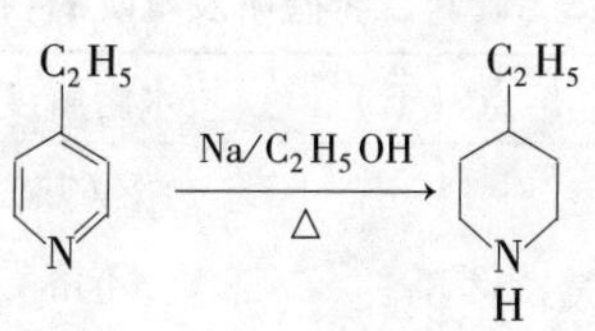

吡啶的还原产物为六氢吡啶（哌啶），具有仲胺的性质，碱性比吡啶强（pK_a 值为 11.2），沸点 106℃。很多天然产物具有此环系，是常用的有机碱。

（5）环上取代基与母体的影响。取代基对水溶解度的影响：当吡啶环上连有—OH、—NH_2后，其衍生物的水溶度明显降低，并且连有—OH、—NH_2数目越多，水溶解度越小。例如：

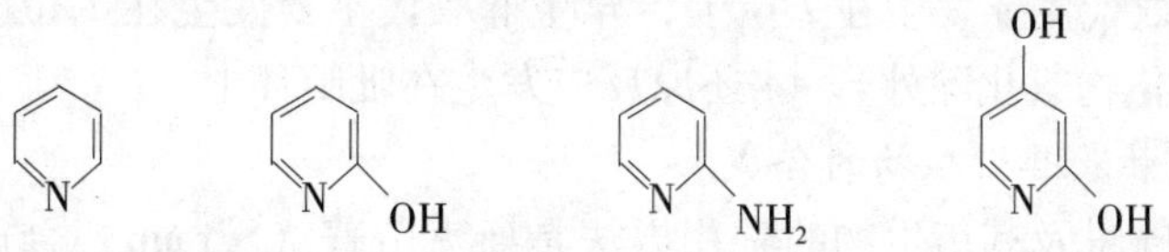

	吡啶	2-羟基吡啶（OH）	2-氨基吡啶（NH_2）	2,4-二羟基吡啶（OH，OH）
水溶解度	∞	1∶1	1∶1	溶解

其原因是吡啶环上的氮原子与羟基或氨基上的氢形成了氢键，阻碍了与水分子的缔合。

取代基对碱性的影响：当吡啶环上连有供电基时，吡啶环的碱性增加，连有吸电基时，则碱性降低，与取代苯胺影响规律相似。例如：

	吡啶	2-甲基吡啶	4-甲基吡啶	4-氯吡啶	2-吡啶甲醛	4-硝基吡啶
pK_a 值	5.19	5.60	6.02	3.53	3.80	0.80

14.2.1.2 喹啉与异喹啉

喹啉和异喹啉都是由一个苯环和一个吡啶环稠合而成的化合物。

喹啉
苯并［b］吡啶

异喹啉
苯并［c］吡啶

喹啉衍生物在医药中有着重要作用，许多天然或合成药物都具有喹啉的环系结构，如奎宁、喜树碱等。而天然存在的一些生物碱，如吗啡碱、罂粟碱、小檗碱等，均含有异喹啉的结构。

1. 结构与物理性质

喹啉和异喹啉都是平面性分子，含有10个π电子的芳香大π键，结构与萘相似。喹啉和异喹啉的氮原子上有一对未共用电子对，均位于 sp^2 杂化轨道中，与吡啶的氮原子相同，其碱性与吡啶也相似。由于分子中增加了憎水的苯环，故水溶解度远小于吡啶。其物理性质见表14－2：

表14－2 喹啉、异喹啉及吡啶的物理性质

名称	沸点（℃）	熔点（℃）	水溶解度	苯溶解度	pK_a 值
喹啉	238	－15.6	溶（热）	混溶	4.90
异喹啉	243	26.5	不溶	混溶	5.42
吡啶	115.5	－42	混溶	混溶	5.19

2. 化学性质

由于苯环和吡啶环的相互影响，喹啉和异喹啉发生亲电取代反应、亲核取代反应、氧化反应和还原反应时有以下规律：①亲电取代反应发生在苯环上，其反应活性比萘弱，比吡啶强，取代基主要进入5位和8位。②亲核取代反应发生在吡啶环上，反应活性比吡啶强。喹啉取代主要发生在2位上，异喹啉取代主要发生在1位上。③氧化反应发生在苯环上（过氧化物氧化除外）。④还原反应发生在吡啶环上。

3. 喹啉及其衍生物的合成

合成喹啉及其衍生物的常用方法是斯克劳普（Skraup）合成法。用苯胺（或其他芳香胺）、甘油（或α,β不饱和醛酮）、硫酸、硝基苯（相应于所用芳香胺）共热，即可得到喹啉及其衍生物。

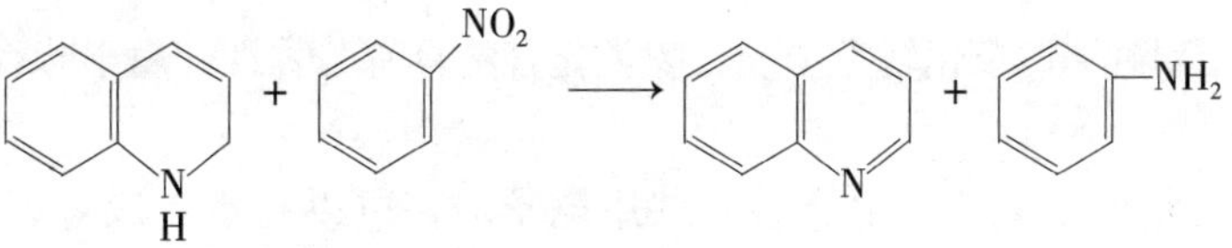

反应过程包括以下步骤：

（1）甘油在浓硫酸作用下脱水生成丙烯醛；

$$\underset{\text{OH}}{\underset{|}{CH_2}}\text{—}\underset{\text{OH}}{\underset{|}{CH}}\text{—}CH_2OH \xrightarrow[\triangle]{H_2SO_4} CH_2{=}CHCHO + H_2O$$

（2）苯胺与丙烯醛经迈克尔加成生成β－苯胺基丙醛；

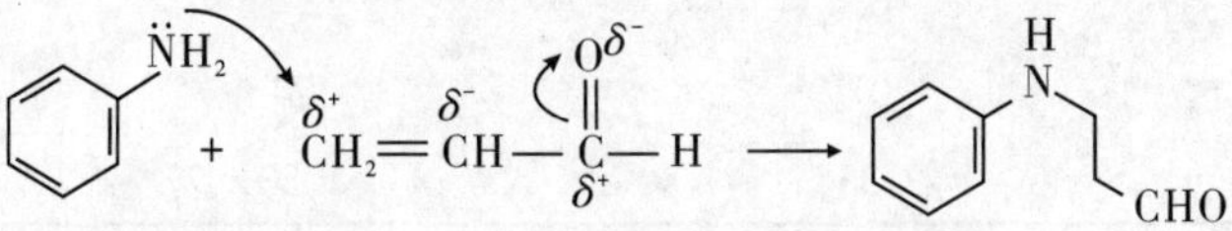

（3）醛经过烯醇式在酸催化下脱水关环得到二氢喹啉；

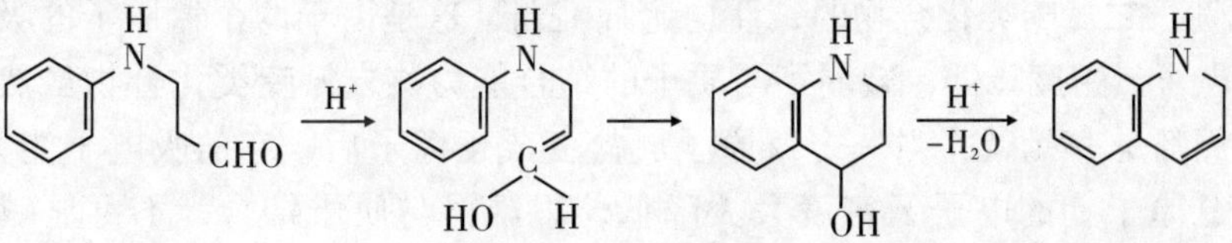

（4）二氢喹啉与硝基苯作用脱氢成喹啉，硝基苯被还原成苯胺，继续进行反应。

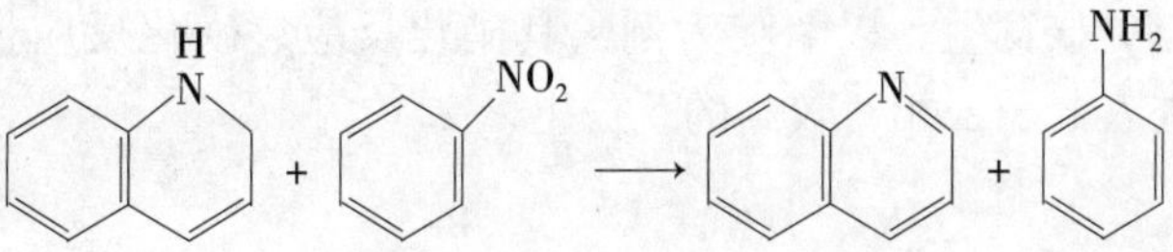

14.2.2 含两个杂原子的六元杂环

含两个氮原子的六元杂环化合物总称为二氮嗪类化合物。“嗪”表示含有多于一个氮原子的六元杂环。二氮嗪类化合物共有三种异构体，其结构和名称如下：

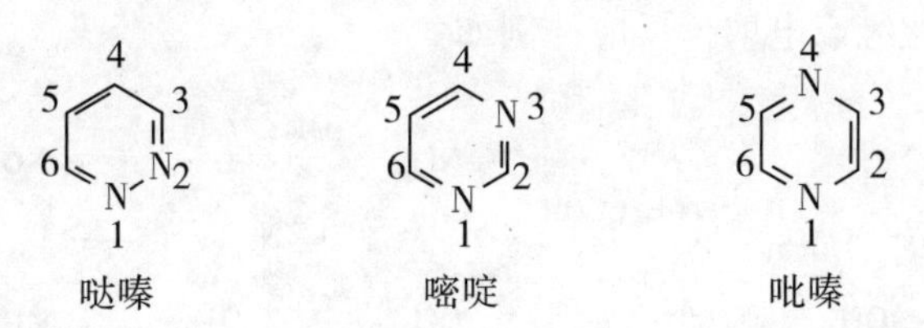

哒嗪、嘧啶和吡嗪是许多重要杂环化合物的母核，其中以嘧啶环系最为重要，广泛存在于动植物中，并在动植物的新陈代谢中起重要作用。如核酸中的碱基有三种含嘧啶的衍生物，某些维生素及合成药物（如磺胺药物及巴比妥药物等）都含有嘧啶环系。

1. 结构与芳香性

二氮嗪类化合物都是平面型分子，与吡啶相似。所有碳原子和氮原子都是 sp^2 杂化的，每个原子未参与杂化的 p 轨道（每个 p 轨道有一个电子）侧面重叠形成大 π 键，两个氮原子各有一对未共用电子对在 sp^2 杂化轨道中。二嗪类化合物具有芳香性，属于芳香杂环化合物。

2. 物理性质

二氮嗪类化合物由于氮原子上含有未共用电子对，可以与水形成氢键，所以哒嗪和嘧啶与水互溶，而吡嗪由于分子对称，极性小，水溶解度降低。三种二氮嗪类化合物的物理性质见表 14－3：

表 14－3　哒嗪、嘧啶及吡嗪的物理性质

	哒嗪	嘧啶	吡嗪
偶极矩（C·m）	13.1×10^{-30}	6.99×10^{-30}	0
水溶度	∞	∞	溶解
熔点（℃）	－6.4	22.5	54
沸点（℃）	207	124	121
pK_a 值	2.33	1.30	0.65

3. 化学性质

（1）碱性。二氮嗪类化合物的碱性均比吡啶弱，这是由于两个氮原子的吸电作用相互影响，使其电子云密度降低，减弱了与质子的结合能力。二氮嗪类化合物虽然含有两个氮原子，但它们都是一元碱，当一个氮原子成盐变成正离子后，它的吸电子能力大大增强，致使另一个氮原子上的电子云密度大大降低，很难再与质子结合，不再显碱性，故为一元碱。

（2）亲电取代反应。二氮嗪类化合物由于两个氮原子的强吸电作用使环上电子云密度更低，亲电取代反应更难发生。以嘧啶为例，其硝化反应、磺化反应很难进行，但可以发生卤代反应，卤素进入电子云相对较高的 5 位上。

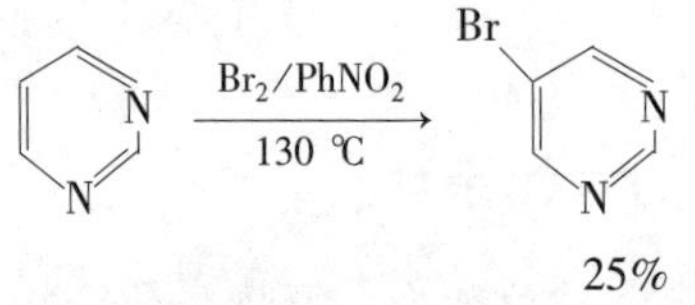

嘧啶 $\xrightarrow[130\ ℃]{Br_2/PhNO_2}$ 5-溴嘧啶（25%）

但是，当环上连有羟基、氨基等供电子基时，由于环上电子云密度增高，反应活性增强，能发生硝化、磺化等亲电取代反应。例如：

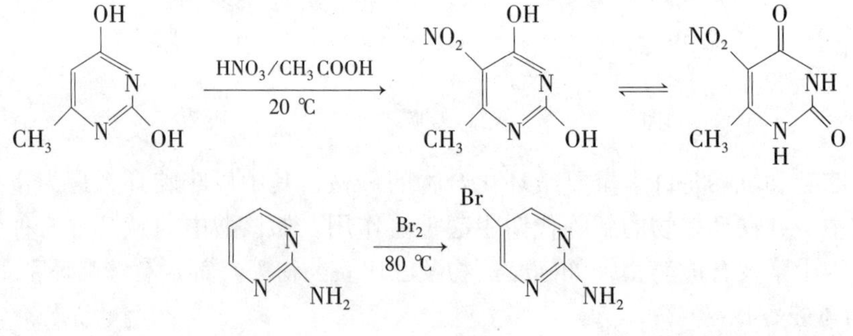

2,4-二羟基-6-甲基嘧啶 $\xrightarrow[20\ ℃]{HNO_3/CH_3COOH}$ 5-硝基-2,4-二羟基-6-甲基嘧啶 ⇌ 5-硝基-6-甲基尿嘧啶（酮式）

2-氨基嘧啶 $\xrightarrow[80\ ℃]{Br_2}$ 2-氨基-5-溴嘧啶

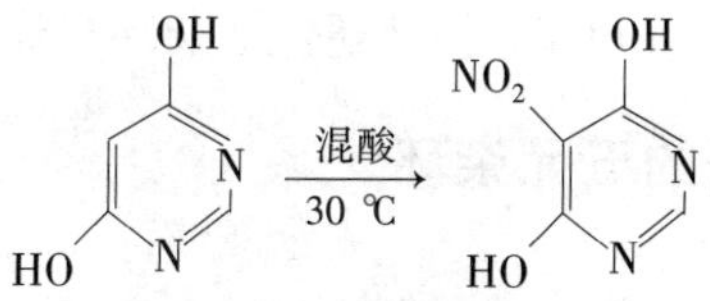

（3）亲核取代反应。二氮嗪类化合物可以与亲核试剂反应，如嘧啶的2、4、6位分别处于两个氮原子的邻位或对位，受双重吸电子的影响，电子云密度低，是亲核试剂进入的主要位置。例如：

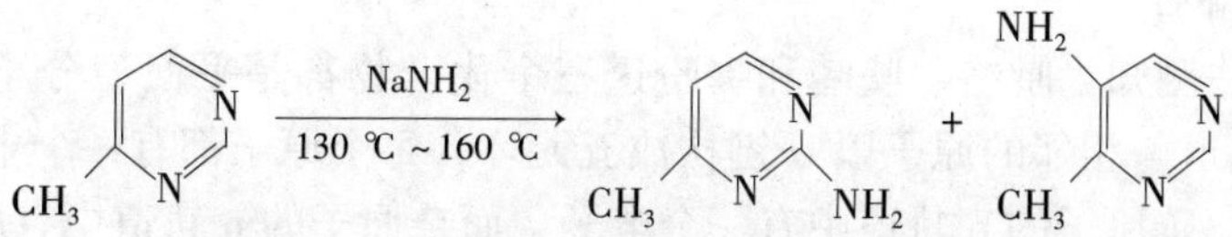

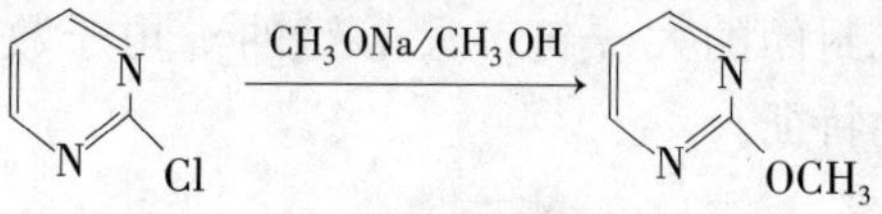

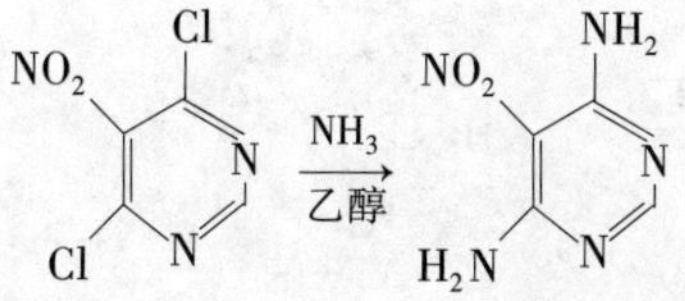

VB$_4$中间体

（4）氧化反应。二氮嗪类化合物母核不易氧化，当有侧链及苯并二氮嗪氧化时，侧链及苯环可氧化成羧酸及二羧酸。

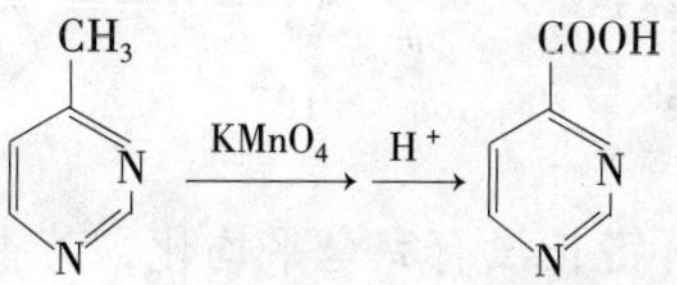

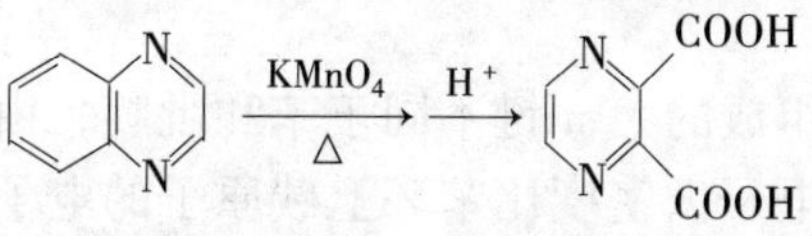

与吡啶类似，二氮嗪类化合物在过氧酸或过氧化氢中可发生反应，生成单氮氧化物。单氮氧化物容易发生亲电、亲核取代反应。

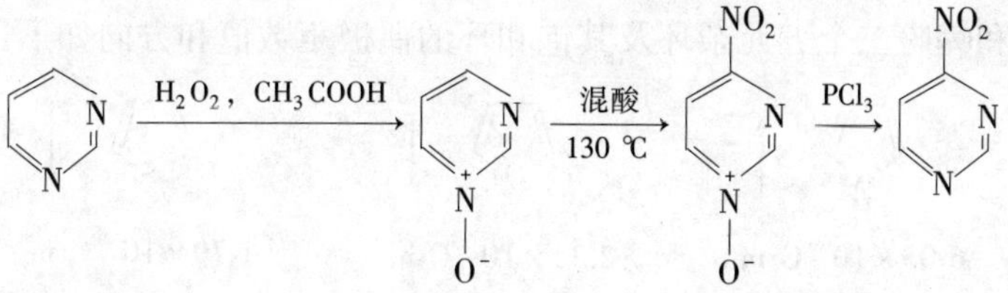

14.3　五元杂环化合物

与六元杂环相类似，五元杂环包括含一个杂原子的五元杂环和含两个或以上杂原子的五元杂环；其中杂原子主要是氮、氧和硫。另外还包括杂环与苯环或其他杂环稠合的多种环系。

14.3.1 含一个杂原子的五元杂环

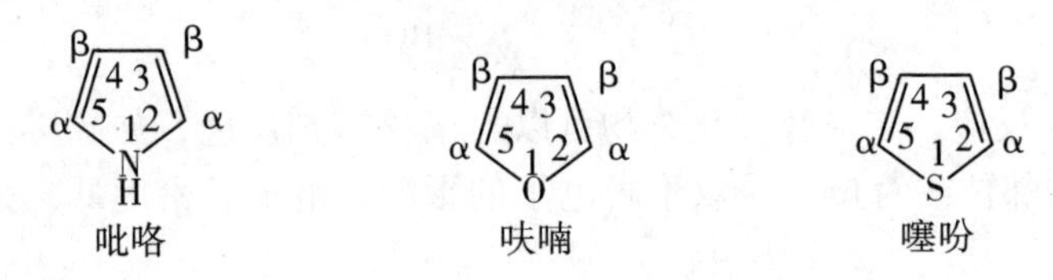

1. 结构及芳香性

近代物理方法测知，吡咯、呋喃和噻吩这三个化合物都是平面型分子。碳原子与杂原子均以 sp^2 杂化轨道与相邻的原子以 σ 键构成五元环，每个原子都有一个未参与杂化的 p 轨道与环平面垂直，碳原子的 p 轨道中有一个电子，而杂原子的 p 轨道中有两个电子，这些 p 轨道相互侧面垂直重叠形成封闭的大 π 键，大 π 键的 π 电子数是 6 个，符合休克尔规则，因此，这些杂环具有芳香性特征。

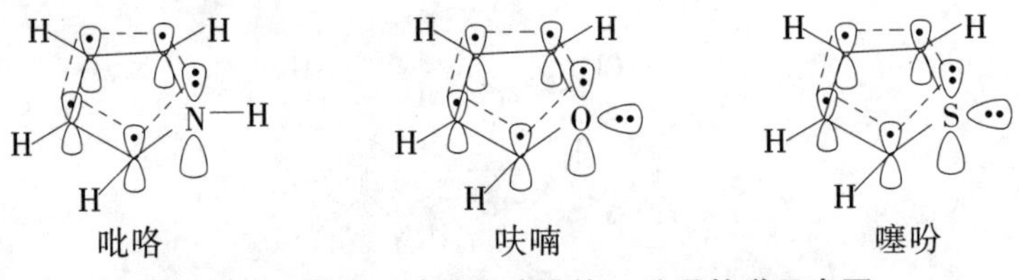

图 14-2 吡咯、呋喃和噻吩的 π 分子轨道示意图

三个五元杂环的键长数据如下（单位为 pm）：

从键长数据来看，五元杂环键长没有完全平均化，芳香性不如苯和吡啶强，其稳定性比苯和吡啶差。

在这三个五元杂环中，组成的大 π 键不同于苯和吡啶，由于 5 个 p 轨道中分布着 6 个电子，因此杂环上碳原子的电子云密度比苯环上碳原子的电子云密度高，所以又称这类杂环为多 π（富电子）杂环。多 π 杂环的芳香稳定性不如苯环，它们与缺 π 的六元杂环在性质上有显著差别。可以预测，它们进行亲电取代反应将比苯容易得多。

2. 物理性质

吡咯、呋喃和噻吩三个五元杂环及其饱和环的偶极矩数值和方向如下：

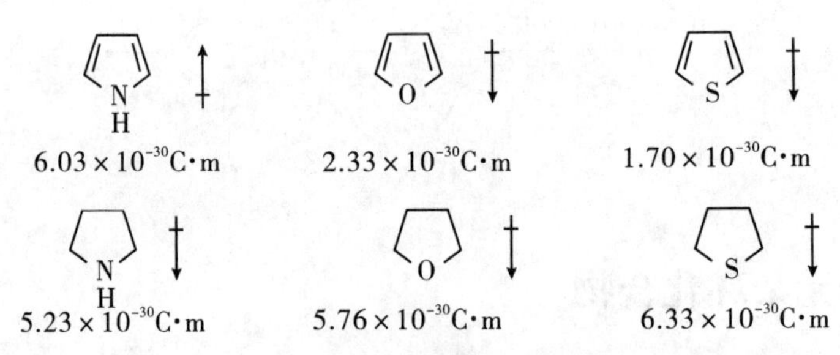

在饱和杂环中，杂原子的吸电子诱导效应，使偶极矩朝向杂原子一端；在杂环中，杂原子除了具有吸电子的诱导效应，还具有反方向的供电子共轭效应，致使呋喃和噻吩的偶极矩数值变小，而在吡咯中，氮原子的供电子共轭效应大于吸电子诱导效应，使偶极矩方向逆转。

三个五元杂环都难溶于水。其原因是杂原子的一对 p 电子都参与形成大 π 键，杂原子上的电子云密度降低，与水结合能力减弱。但是它们的水溶性仍有差别，吡咯氮上的氢可与水形成氢键，呋喃环上的氧与水也能形成氢键，但相对较弱，而噻吩环上的硫不能与水形成氢键，因此三个杂环的水溶解度大小顺序为：吡咯 > 呋喃 > 噻吩。

3. 化学性质

（1）酸碱性。吡咯分子中虽有仲胺结构，但没有碱性，其原因是氮原子上的一对电子都已参与形成大 π 键，不再具有给出电子对的能力，与质子难以结合。相反氮上的氢原子却显示出弱酸性，其 pK_a 值为 17.5，因此吡咯能与强碱如金属钾及干燥的氢氧化钾共热成盐。

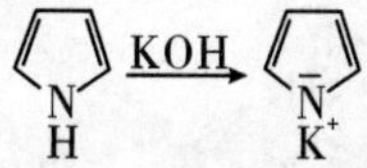

KOH

呋喃中的氧原子也因参与形成大 π 键而失去了醚的弱碱性，不易生成鲜盐。噻吩中的硫原子不能与质子结合，因此也不显碱性。

（2）亲电取代反应。三个五元杂环都属于多 π 杂环，碳原子上的电子云密度都比苯高，亲电取代反应容易发生，活性强弱顺序为：吡咯 > 呋喃 > 噻吩≫苯。亲电取代反应需在较弱的亲电试剂与温和的条件下进行。相反在强酸性条件下，吡咯和呋喃会因发生质子化而破坏芳香性，会发生水解、聚合等副反应。另外，亲电取代反应主要发生在 α 位上，β 位产物较少，这可用其反应中间体的相对稳定性来解释。

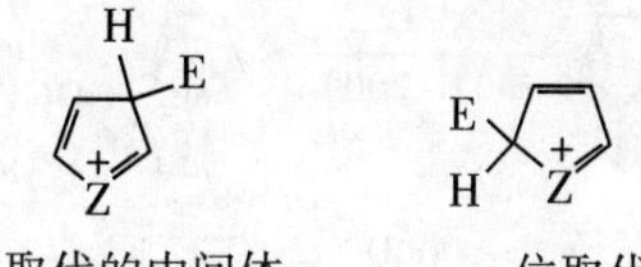

β 位取代的中间体　　α 位取代的中间体

α 位取代时，中间体的正电荷离域程度高，能量低，比较稳定，而 β 位取代的反应中间体的正电荷离域程度低，能量高，不稳定，所以，亲电取代反应产物以 α 位取代产物为主。

①卤代反应：

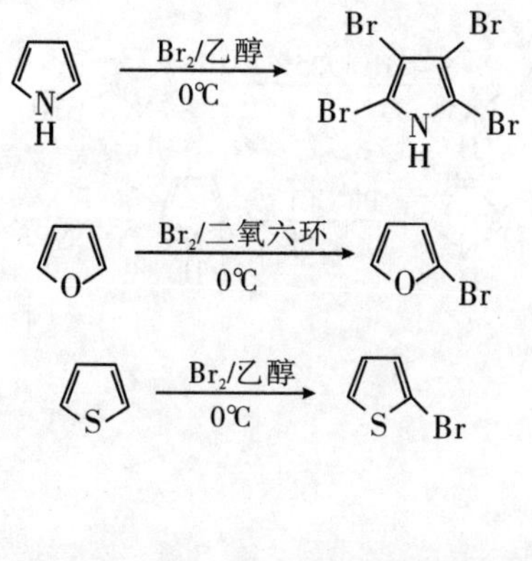

Br_2/乙醇，0℃

Br_2/二氧六环，0℃

Br_2/乙醇，0℃

②硝化反应。不能用硝酸或混酸进行硝化反应，只能用较温和的非质子性的硝乙酐作为硝化试剂，并且在低温条件下进行反应。

$$\underset{\text{H}}{\text{N}} \xrightarrow[\text{NaOH, Ac}_2\text{O/5℃}]{CH_3COONO_2} \underset{\text{H}}{\text{N}}\ \ NO_2$$

$$\text{O} \xrightarrow[-30℃\sim-5℃]{CH_3COONO_2} \text{O}\ \ NO_2$$

$$\text{S} \xrightarrow[\text{AC}_2\text{O，0℃}]{CH_3COONO_2} \text{S}\ \ NO_2$$

③磺化反应。吡咯和呋喃的磺化反应也需要使用比较温和的非质子性的磺化试剂，常用吡啶三氧化硫作为磺化试剂。例如：

$$\underset{\text{H}}{\text{N}} + \underset{SO_3^-}{\overset{+}{\text{N}}} \xrightarrow{100℃} \xrightarrow{\text{HCl}} \underset{\text{H}}{\text{N}}\ \ SO_3H$$

$$\text{O} + \underset{SO_3^-}{\overset{+}{\text{N}}} \xrightarrow{\text{二氯乙烷}} \xrightarrow{\text{HCl}} \text{O}\ \ SO_3H$$

$$\text{S} \xrightarrow{95\%H_2SO_4} \text{S}\ \ SO_3H$$

由于噻吩比较稳定，可直接用硫酸进行磺化反应。利用此反应可以把煤焦油中共存的苯和噻吩分离开来。

④弗—克酰基化：

$$\underset{\text{H}}{\text{N}} \xrightarrow[150℃\sim200℃]{Ac_2O} \underset{\text{H}}{\text{N}}\ \ COCH_3$$

$$\text{O} \xrightarrow[BF_3]{Ac_2O} \text{O}\ \ COCH_3$$

$$\text{S} \xrightarrow[H_3PO_4]{Ac_2O} \text{S}\ \ COCH_3$$

除上述反应外，吡咯还可以发生与苯酚类似的反应，如可以发生瑞默尔—梯门反应和与重氮盐偶合反应。

$$\underset{\text{H}}{\text{N}} \xrightarrow{CHCl_3/25\%\ KOH} \underset{\text{H}}{\text{N}}\ \ CHO$$

$$\underset{\text{H}}{\text{N}} \xrightarrow[\text{乙醇/水}]{PhN_2^+Cl^-} \underset{\text{H}}{\text{N}}\ \ N{=}NPh$$

（3）加成反应。

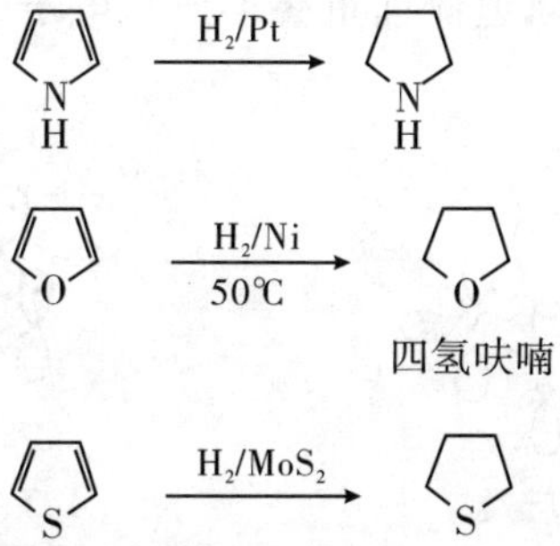

$\xrightarrow{H_2/Pt}$

$\xrightarrow[50℃]{H_2/Ni}$ 四氢呋喃

$\xrightarrow{H_2/MoS_2}$

呋喃的离域能较小，环稳定性差，具有明显的共轭二烯烃的性质，可以发生双烯加成类的反应（弟尔斯—阿尔德反应）。

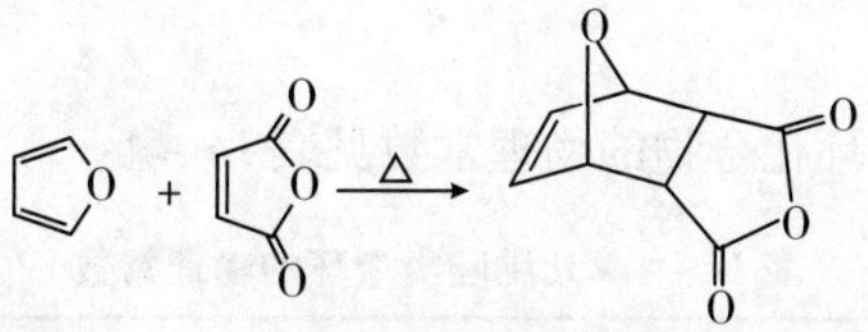

$\xrightarrow{\triangle}$

（4）环上取代基的反应。杂环上的取代基一般保持原来的性质，如呋喃甲醛（糠醛）就具有芳香醛的性质。

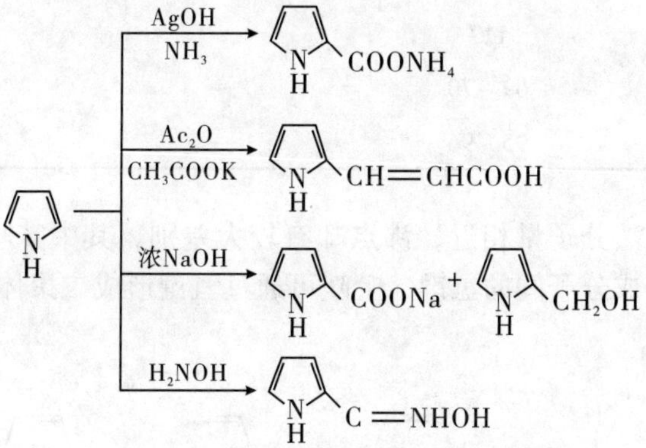

$\xrightarrow[NH_3]{AgOH}$ $COONH_4$

$\xrightarrow[CH_3COOK]{Ac_2O}$ $CH{=}CHCOOH$

$\xrightarrow{浓NaOH}$ $COONa$ + CH_2OH

$\xrightarrow{H_2NOH}$ $C{=}NHOH$

14.3.2　含两个杂原子的五元杂环化合物

含有两个或两个以上杂原子的五元杂环化合物至少都含有一个氮原子，其余的杂原子可以是氧原子或硫原子。这类化合物通称为唑类。含两个杂原子的五元杂环可以看成吡咯、呋喃和噻吩的氮取代物，根据两个杂原子的位置可分为1,2二唑和1,3二唑两类。

1. 结构和芳香性

唑类可以看成吡咯、呋喃和噻吩环上的2位或3位的碳原子被氮原子所替代，这个氮原子的电子构型与吡啶环中的氮原子是相同的，为 sp^2杂化，未参与杂化的 p 轨道中有一个电子，与碳原子及杂原子的 p 轨道侧面重叠形成六电子的共轭大 π 键，因此具有芳香性。见图 14－3：

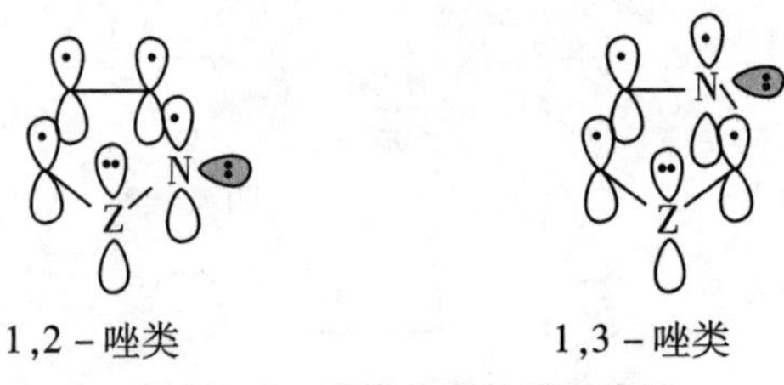

图 14－3 唑类分子轨道示意图

在增加的氮原子的 sp^2杂化轨道中有一对未共用电子对，吸电性的氮原子使唑类环上的电子云密度降低，环稳定性增强。

2. 物理性质

含两个杂原子的五元杂环化合物的物理常数见表 14－4：

表 14－4 几种唑类杂环的物理常数

名称	分子量	沸点（℃）	熔点（℃）	水溶度	pK_a 值
吡唑	68	186～188	69～70	1∶1	2.5
咪唑	68	257	90～91	易溶	7.0
噻唑	85	117	—	微溶	2.4
噁唑	69	69～70	—	—	0.8
异噁唑	69	95～96	—	溶解	－2.03

五种唑类化合物虽然分子量相近，沸点却有较大差别，其中咪唑和吡唑具有较高的沸点。这是因为咪唑可形成分子间的氢键，吡唑可通过氢键形成二聚体而使沸点升高。

吡咯二聚体　　咪唑线型多聚体

五个唑类化合物的水溶度都比吡咯、呋喃、噻吩大，这是由于结构中增加了一个带有未共用电子对的氮原子可与水形成氢键。

3. 化学性质

（1）酸碱性。唑类碱性都比吡咯强，但除咪唑外，碱性都比吡啶弱。咪唑碱性最强，比吡啶和苯胺都强，原因是咪唑与质子结合后的正离子稳定，它有两种能量相等的共振极限式，使其共轭酸能量低，稳定性高。

咪唑的碱性在生命过程中有重要意义，例如在酶的活性位置上，组胺酸中的咪唑环常作为质子的接受体。

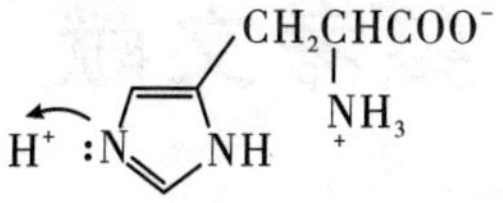

吡唑分子中有两个氮原子直接相连，吸电子的诱导效应更显著，碱性被削弱了，还有异噁唑也属于这种情况。

吡唑和咪唑氮上氢的酸性也比吡咯强。这是因为它们共轭碱的负电荷可以被电负性的氮原子分散，使其共轭碱更稳定。

（2）吡唑和咪唑环的互变异构。吡唑和咪唑环都有互变异构体，当环上无取代基时，这一现象不易辨别，当环上有取代基时则很明显。

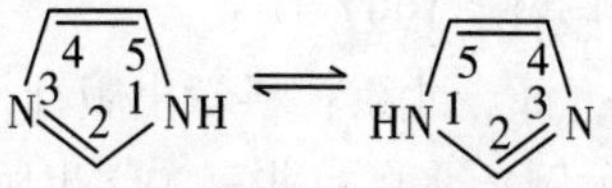

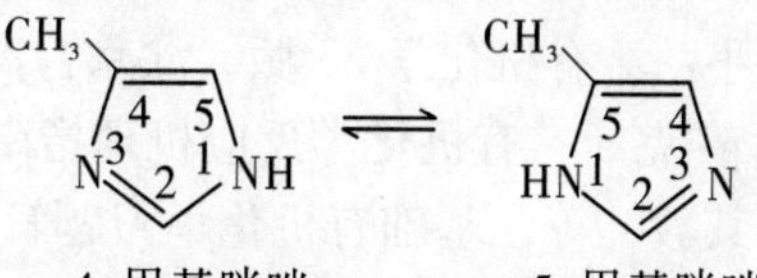

4-甲基咪唑 5-甲基咪唑

由于两个互变异构体很难分离，因此咪唑的4位与5位是相同的，上例中的化合物可命名为4(5)-甲基咪唑。

与咪唑相似，吡唑环的3位与5位是相同的。例如：

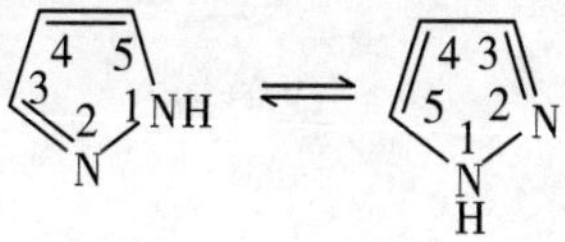

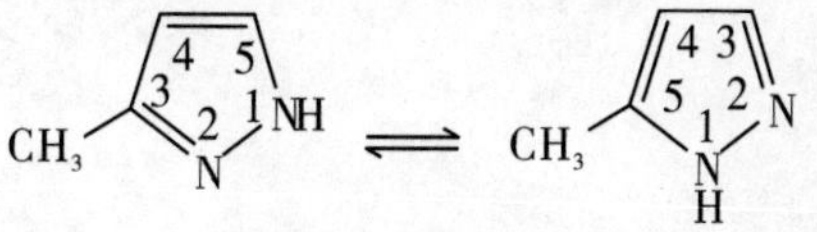

3-甲基吡唑 5-甲基吡唑

3（5）-甲基吡唑

（3）亲电取代反应。唑类化合物因分子中增加了一个吸电性的氮原子（类似于苯环上的硝基），其亲电取代反应活性明显降低，对氧化剂、强酸都不敏感。例如：

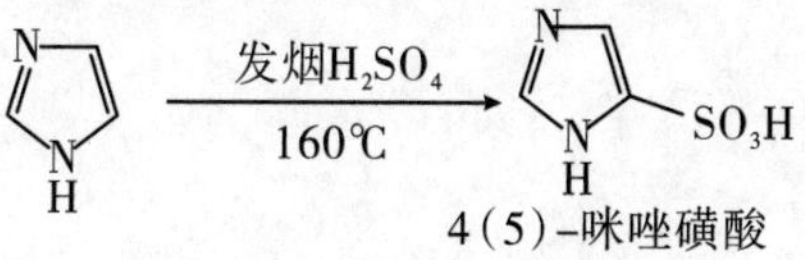

发烟H_2SO_4，160℃

4(5)-咪唑磺酸

混酸

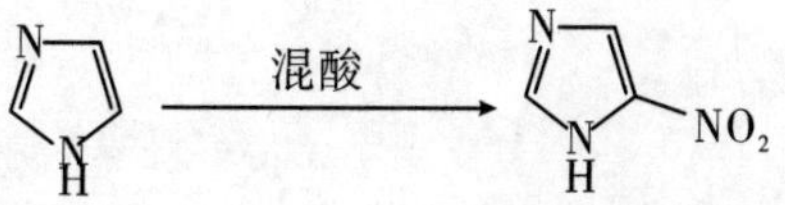

4(5)-硝基咪唑

发烟H_2SO_4/$HgSO_4$，250℃

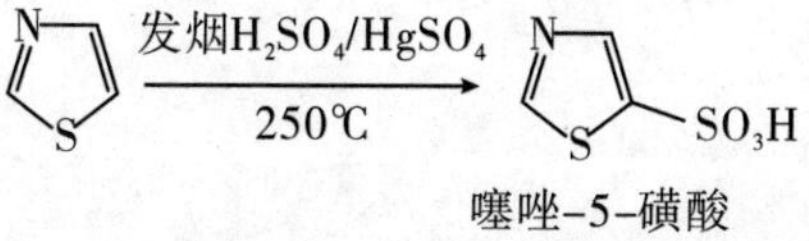

噻唑-5-磺酸

参考文献

[1] 邢其毅，等．基础有机化学：上、下册．2 版．北京：高等教育出版社，1993.

[2] 胡宏纹．有机化学．2 版．北京：高等教育出版社，1990.

[3] 高鸿宾．有机化学简明教程．天津：天津大学出版社，2001.

[4] 徐寿昌．有机化学．2 版．北京：高等教育出版社，1993.

[5] R. T. 莫里森，R. N. 博伊德．有机化学：上、下册．2 版．复旦大学化学系有机化学教研室，译．北京：科学出版社，1992.

[6] 汪小兰．有机化学．3 版．北京：高等教育出版社，1997.

[7] P. 赛克斯．有机化学反应机理指南．王世椿，译．北京：科学出版社，1983.

[8] 邢其毅，等．基础有机化学习题解答与解题示例．北京：北京大学出版社，1998.

[9] 杨悟子，金素文．有机化学习题——反应纵横、习题和解答．上海：华东化工学院出版社，1993.

[10] 胡春．有机化学．北京：高等教育出版社，2013.

[11] 倪沛洲．有机化学．6 版．北京：人民卫生出版社，2007.